服務行銷學

主編 • 沈鵬熠

崧燁文化

前 言

　　隨著服務業的發展,服務行銷理念與方法越來越受到重視。服務行銷是服務業從業人員的重要職責，服務行銷管理是服務業管理者的主要任務。服務行銷管理學則是站在服務性企業行銷管理者的角度，分析研究服務行銷領域涉及的諸多問題。

　　直到20世紀70年代中後期，美國及北歐才陸續有市場行銷領域的學者正式開展服務市場行銷學的研究工作，並逐步創立了較為獨立的服務行銷學。服務行銷學的發展經歷了三個階段。起步階段（1980年以前），此階段的研究主要是探討服務與有形產品的異同，並試圖界定大多數服務所共有的特徵——不可感知性、不可分離性、差異性、不可儲存性和缺乏所有權。探索階段（1980—1985年），此階段的研究主要包括兩個方面：一是探討服務的特徵如何影響消費者的購買行為，尤其是集中於消費者對服務的特徵、優缺點以及潛在的購買風險的評估；二是探討如何根據服務的特徵將其劃分為不同的種類，不同種類的服務需要市場行銷人員運用不同的市場行銷戰略和技巧來進行推廣。發展階段（1986年至今），此階段研究的成果：一是探討服務行銷組合應包括哪些因素，二是對服務質量進行了深入的研究，三是提出了有關「服務接觸」的理論，四是服務行銷的一些特殊領域的專題研究。目前，服務行銷在國內日益受到關注和得到普及，具有廣闊的發展前景。深化對服務行銷的認識，加強關於服務行銷的研究和應用，正在成為一個具有學術價值和實用意義的熱點課題。為了把完整的服務行銷理論體系與前沿的服務行銷策略和方法全面介紹給學習者與實踐應用者，筆者特地編寫了這本教材。

　　本書主要分析研究服務企業的市場行銷問題，全書共分為13章。第一章是服務行

銷學概論；第二章是服務行銷學的相關理論；第三章是服務消費行為；第四章是服務行銷戰略；第五章是服務產品策略；第六章是服務質量；第七章是服務定價策略；第八章是服務分銷策略；第九章是服務促銷策略；第十章是服務人員和內部行銷；第十一章是服務過程策略；第十二章是服務的有形展示；第十三章是服務失誤與補救。以上各章均是按學習目標與要求、引例、正文、本章小結、關鍵概念、復習思考題的順序結構編寫的，強化了本書的可讀性和實用性。

　　本教材由沈鵬熠副教授主編，在教材的編寫過程中得到了市場行銷專業老師和學生的大力支持，尤其是萬德敏、石青青、付英霞、張天驕、岑君蓉、葉麗君等同學對資料的收集、整理做出了貢獻，在這裡對他們的支持表示感謝。

　　由於編者的水準有限，加之時間倉促，難免存在不當與疏漏之處，懇請各位專家和讀者批評指正。

編者

目 錄

第一章 服務行銷學概論 ……………………………………………… (1)
 學習目標與要求 ……………………………………………………… (1)
 〔引例〕迪士尼樂園：以優質服務吸引顧客 ……………………… (1)
 第一節 服務、服務業和服務經濟 ………………………………… (3)
  一、服務的含義、特徵與類型 …………………………………… (3)
  二、服務業的概念、類型和發展 ………………………………… (9)
  三、服務經濟的興起和發展 ……………………………………… (13)
 第二節 服務行銷的含義、特點和階段 …………………………… (16)
  一、服務行銷的含義 ……………………………………………… (16)
  二、服務行銷的特點 ……………………………………………… (16)
  三、服務行銷活動的幾個階段 …………………………………… (17)
 第三節 服務行銷學的興起和發展 ………………………………… (18)
  一、服務行銷學的發展歷史 ……………………………………… (18)
  二、中國服務行銷的現狀及其面臨的威脅 ……………………… (20)
 第四節 服務行銷學與市場行銷學的區別和聯繫 ………………… (21)
 本章小結 ……………………………………………………………… (22)
 關鍵概念 ……………………………………………………………… (22)
 復習思考題 …………………………………………………………… (23)

第二章 服務行銷學的相關理論 ……………………………………… (24)
 學習目標與要求 ……………………………………………………… (24)
 〔引例〕花旗銀行服務行銷 ………………………………………… (24)
 第一節 顧客滿意 …………………………………………………… (25)
  一、顧客滿意的內涵 ……………………………………………… (25)
  二、顧客滿意的作用 ……………………………………………… (26)
  三、顧客滿意的指標 ……………………………………………… (26)
  四、實施顧客滿意的行銷策略 …………………………………… (27)

1

第二節 關係行銷 ·· (28)
  一、關係行銷的概念 ·· (28)
  二、關係行銷的目標 ·· (30)
  三、關係行銷的實施途徑 ·· (31)
  四、實施關係行銷的意義 ·· (33)
第三節 服務體驗 ·· (34)
  一、服務體驗的內涵及其本質 ·· (34)
  二、顧客服務體驗的影響因素 ·· (35)
  三、服務體驗與顧客滿意的關係 ·· (36)
  四、顧客服務體驗的管理方法 ·· (36)
本章小結 ·· (39)
關鍵概念 ·· (39)
復習思考題 ·· (39)

第三章　服務消費行為 ·· (40)

學習目標與要求 ·· (40)
[引例] 希爾頓瞄準時間匱乏的消費者 ·· (40)
第一節 服務消費行為的含義和特點 ·· (41)
  一、服務消費行為的含義和分類 ·· (41)
  二、服務消費者的購買心理 ·· (43)
  三、顧客購買行為在有形產品和服務產品市場上的差異 ·························· (44)
第二節 服務購買決策過程 ·· (46)
  一、購前階段 ·· (46)
  二、消費階段 ·· (49)
  三、購後評價階段 ·· (49)
第三節 影響服務購買決策的因素 ·· (51)
  一、影響購買決定的外部因素 ·· (51)
  二、影響購買決定的內部因素 ·· (52)
第四節 服務消費中的顧客決策理論及模型 ·· (56)
  一、風險承擔論 ·· (56)
  二、心理控制論 ·· (57)

三、多重屬性論及其模型…………………………………………（58）
　本章小結………………………………………………………………（59）
　關鍵概念………………………………………………………………（59）
　復習思考題……………………………………………………………（60）

第四章　服務行銷戰略……………………………………………（61）
　學習目標與要求………………………………………………………（61）
　[引例]　美國西南航空公司的服務行銷戰略………………………（61）
　第一節　服務行銷戰略概述…………………………………………（62）
　　一、服務行銷戰略的含義……………………………………………（62）
　　二、服務行銷戰略的前提——環境分析……………………………（62）
　　三、服務行銷戰略管理過程…………………………………………（64）
　第二節　服務市場細分………………………………………………（65）
　　一、市場細分的概念…………………………………………………（65）
　　二、市場細分的意義…………………………………………………（65）
　　三、市場細分的步驟…………………………………………………（67）
　第三節　目標服務市場選擇…………………………………………（70）
　　一、選擇目標市場……………………………………………………（70）
　　二、目標市場戰略……………………………………………………（71）
　第四節　服務市場定位………………………………………………（72）
　　一、市場定位的內涵…………………………………………………（72）
　　二、市場定位方式……………………………………………………（72）
　　三、服務市場定位策略………………………………………………（74）
　　四、服務產品市場定位的誤區………………………………………（75）
　　五、定位標準與定位選擇……………………………………………（76）
　　六、定位程序…………………………………………………………（77）
　第五節　服務行銷組合………………………………………………（78）
　　一、傳統的產品行銷組合……………………………………………（78）
　　二、服務行銷組合……………………………………………………（79）
　本章小結………………………………………………………………（81）
　關鍵概念………………………………………………………………（82）

復習思考題 ……………………………………………………………… (82)

第五章　服務產品策略 …………………………………………………… (83)

　　學習目標與要求 ………………………………………………………… (83)
　　［引例］麥當勞的 Q、S、C、V 經營理念 …………………………… (83)
　　第一節　服務產品及服務包 …………………………………………… (84)
　　　一、服務產品的概念和層次 ………………………………………… (84)
　　　二、服務包相關知識 ………………………………………………… (86)
　　第二節　服務產品生命週期 …………………………………………… (88)
　　　一、服務產品的生命週期理論 ……………………………………… (88)
　　　二、服務產品在不同生命週期的特點和所應採取的策略 ………… (89)
　　第三節　新產品開發 …………………………………………………… (92)
　　　一、新產品開發的必要性 …………………………………………… (93)
　　　二、新產品開發的途徑和要求 ……………………………………… (93)
　　　三、新產品的開發程序 ……………………………………………… (94)
　　　四、新產品的推廣 …………………………………………………… (96)
　　第四節　服務產品組合與服務產品創新 ……………………………… (96)
　　　一、服務產品組合 …………………………………………………… (96)
　　　二、服務產品創新 …………………………………………………… (98)
　　本章小結 ………………………………………………………………… (99)
　　關鍵概念 ………………………………………………………………… (99)
　　復習思考題 ……………………………………………………………… (100)

第六章　服務質量 ………………………………………………………… (101)

　　學習目標與要求 ………………………………………………………… (101)
　　［引例］人性服務 讓顧客為你宣傳 ………………………………… (101)
　　第一節　服務質量的概念和特性 ……………………………………… (102)
　　　一、服務質量的概念 ………………………………………………… (102)
　　　二、服務質量的特性 ………………………………………………… (102)
　　第二節　服務質量的測量 ……………………………………………… (104)
　　　一、服務質量評估過程 ……………………………………………… (104)

二、服務質量測量模型 …………………………………………… (104)
　第三節　服務質量的管理 ………………………………………………… (110)
　　一、服務質量管理模式 …………………………………………… (110)
　　二、服務質量管理的實操要點 …………………………………… (112)
　本章小結 ……………………………………………………………………… (113)
　關鍵概念 ……………………………………………………………………… (114)
　復習思考題 …………………………………………………………………… (114)

第七章　服務定價策略 …………………………………………………… (115)

　學習目標與要求 …………………………………………………………… (115)
　[引例] 法航和美國西北航空的定價策略 ……………………………… (115)
　第一節　服務定價的目標與定價的特殊性 …………………………… (116)
　　一、服務定價目標 ………………………………………………… (116)
　　二、服務定價的特殊性 …………………………………………… (117)
　第二節　影響服務定價的因素 …………………………………………… (117)
　　一、服務定價的依據 ……………………………………………… (117)
　　二、服務定價的影響因素 ………………………………………… (118)
　第三節　服務定價方法 …………………………………………………… (119)
　　一、成本導向定價法 ……………………………………………… (119)
　　二、競爭導向定價法 ……………………………………………… (120)
　　三、需求導向定價法 ……………………………………………… (120)
　第四節　服務價格策略 …………………………………………………… (122)
　　一、心理定價策略 ………………………………………………… (122)
　　二、折扣定價策略 ………………………………………………… (123)
　　三、差異定價策略 ………………………………………………… (124)
　　四、等級定價策略 ………………………………………………… (125)
　　五、階段定價策略 ………………………………………………… (125)
　　六、組合定價策略 ………………………………………………… (126)
　本章小結 ……………………………………………………………………… (127)
　關鍵概念 ……………………………………………………………………… (128)
　復習思考題 …………………………………………………………………… (128)

第八章 服務分銷策略 ……………………………………………………… (129)
學習目標與要求 ………………………………………………………… (129)
[引例] 分銷渠道是國內電信營運商的競爭要素 …………………… (129)
第一節 服務網點的位置決策 ………………………………………… (130)
一、服務網點的含義 ………………………………………………… (130)
二、服務網點的分類 ………………………………………………… (130)
三、服務網點的佈局 ………………………………………………… (131)
第二節 服務渠道選擇與評估 ………………………………………… (132)
一、服務渠道的定義 ………………………………………………… (132)
二、服務渠道的分類 ………………………………………………… (133)
三、服務渠道設計考慮的因素 ……………………………………… (134)
第三節 服務渠道發展與創新 ………………………………………… (135)
一、租賃服務 ………………………………………………………… (135)
二、特許經營 ………………………………………………………… (136)
三、綜合服務 ………………………………………………………… (138)
四、準零售化 ………………………………………………………… (138)
五、網絡銷售 ………………………………………………………… (139)
本章小結 ………………………………………………………………… (140)
關鍵概念 ………………………………………………………………… (140)
復習思考題 ……………………………………………………………… (140)

第九章 服務促銷策略 ……………………………………………………… (141)
學習目標與要求 ………………………………………………………… (141)
[引例] 黃太吉煎餅的促銷策略 ……………………………………… (141)
第一節 服務促銷概述 ………………………………………………… (142)
一、服務促銷的目標 ………………………………………………… (142)
二、服務促銷應遵循的原則 ………………………………………… (143)
三、服務促銷的意義 ………………………………………………… (144)
第二節 服務促銷組合 ………………………………………………… (145)
一、廣告 ……………………………………………………………… (145)

二、人員推銷 ………………………………………………………… (146)
　　三、營業推廣 ………………………………………………………… (149)
　　四、公共關係 ………………………………………………………… (150)
　第三節　服務溝通與促銷策略 ……………………………………………… (152)
　　一、綜合運用行銷組合要素進行溝通 ……………………………… (152)
　　二、利用互聯網進行服務促銷 ……………………………………… (153)
　　三、口碑傳播 ………………………………………………………… (153)
　　四、溝通循環圈 ……………………………………………………… (155)
　本章小結 …………………………………………………………………… (157)
　關鍵概念 …………………………………………………………………… (157)
　復習思考題 ………………………………………………………………… (157)

第十章　服務人員和內部行銷 ……………………………………………… (158)
　學習目標與要求 …………………………………………………………… (158)
　[引例] 玫琳凱的內部行銷 ……………………………………………… (158)
　第一節　服務人員的地位和作用 …………………………………………… (159)
　　一、服務人員的地位 ………………………………………………… (159)
　　二、服務人員與顧客 ………………………………………………… (160)
　第二節　服務人員的條件 …………………………………………………… (162)
　　一、服務提供者的基本素質 ………………………………………… (162)
　　二、內部員工的招聘 ………………………………………………… (162)
　第三節　內部行銷 …………………………………………………………… (163)
　　一、內部行銷的概述 ………………………………………………… (163)
　　二、內部行銷的必然性 ……………………………………………… (164)
　　三、內部行銷策略 …………………………………………………… (165)
　第四節　服務人員的內部管理 ……………………………………………… (166)
　　一、服務人員在服務行銷中的作用 ………………………………… (166)
　　二、「顧客-員工關係反應」分析 …………………………………… (167)
　　三、管理人員對員工的管理 ………………………………………… (168)
　第五節　服務人員的培訓 …………………………………………………… (169)
　　一、管理層的培訓 …………………………………………………… (169)

二、操作層人員的培訓 …………………………………………（169）
　本章小結 ………………………………………………………（170）
　關鍵概念 ………………………………………………………（170）
　復習思考題 ……………………………………………………（170）

第十一章　服務過程策略 …………………………………………（171）
　學習目標與要求 ………………………………………………（171）
　[引例] 新大谷飯店的啟示 ……………………………………（171）
　第一節　服務過程的定義、要素和分類 ………………………（172）
　　一、服務過程的定義 …………………………………………（172）
　　二、服務過程的要素 …………………………………………（173）
　　三、服務過程的分類 …………………………………………（174）
　　四、服務過程的重要性 ………………………………………（176）
　第二節　服務過程管理 …………………………………………（176）
　　一、服務過程管理的依據 ……………………………………（176）
　　二、影響服務過程的因素 ……………………………………（177）
　　三、服務過程的管理 …………………………………………（178）
　第三節　服務流程設計 …………………………………………（182）
　　一、服務流程設計的優點 ……………………………………（182）
　　二、服務流程設計的問題 ……………………………………（182）
　　三、服務流程設計的圖形設計法 ……………………………（182）
　　四、服務流程設計的客戶合作法 ……………………………（186）
　　五、服務流程設計的生產線法 ………………………………（187）
　本章小結 ………………………………………………………（188）
　關鍵概念 ………………………………………………………（189）
　復習思考題 ……………………………………………………（189）

第十二章　服務的有形展示 ………………………………………（190）
　學習目標與要求 ………………………………………………（190）
　[引例] 肯德基的有形展示 ……………………………………（190）
　第一節　有形展示的含義、類型與作用 ………………………（191）

  一、有形展示的含義 ………………………………………………………………… (191)
  二、有形展示的意義 ………………………………………………………………… (192)
  三、有形展示的類型 ………………………………………………………………… (194)
 第二節　有形展示的設計與管理 ……………………………………………………… (196)
  一、有形展示運用中容易產生的誤區 …………………………………………… (197)
  二、有形展示技巧 …………………………………………………………………… (197)
  三、有形展示設計和管理的原則 ………………………………………………… (198)
  四、有形展示的內容 ………………………………………………………………… (199)
  五、實施服務行銷有形展示的注意事項 ………………………………………… (202)
 第三節　服務環境的設計 ……………………………………………………………… (202)
  一、服務環境的特點 ………………………………………………………………… (203)
  二、理想服務環境的創造 …………………………………………………………… (203)
 本章小結 …………………………………………………………………………………… (204)
 關鍵概念 …………………………………………………………………………………… (204)
 復習思考題 ………………………………………………………………………………… (204)

第十三章　服務失誤與補救 …………………………………………………………… (205)
 學習目標與要求 …………………………………………………………………………… (205)
 [引例] 美國聯邦快遞公司重視服務補救管理 …………………………………… (205)
 第一節　服務失誤 ……………………………………………………………………… (206)
  一、服務失誤發生的必然性 ……………………………………………………… (206)
  二、服務失誤發生時的顧客反應及原因 ………………………………………… (207)
  三、顧客抱怨時的期望 …………………………………………………………… (209)
 第二節　服務補救 ……………………………………………………………………… (210)
  一、服務補救的定義 ………………………………………………………………… (210)
  二、服務補救與顧客抱怨管理的區別 …………………………………………… (211)
  三、服務補救的影響 ………………………………………………………………… (211)
  四、服務補救的原則 ………………………………………………………………… (212)
  五、服務補救策略 …………………………………………………………………… (213)
  六、建立有效的服務補救系統 …………………………………………………… (215)
  七、服務補救方式的選擇 ………………………………………………………… (216)

本章小結 …………………………………………………………（217）
關鍵概念 …………………………………………………………（217）
復習思考題 ………………………………………………………（217）

第一章　服務行銷學概論

學習目標與要求

1. 熟悉服務的概念及其特點
2. 瞭解服務業的分類方法
3. 瞭解服務經濟的發展狀況
4. 掌握服務行銷的含義和特點
5. 掌握服務行銷學和市場行銷學的差異
6. 瞭解服務行銷學的研究現狀

［引例］迪士尼樂園：以優質服務吸引顧客

迪士尼樂園每年接待著數百萬計慕名而來的遊客。人們來到這裡，仿佛進入了童話般的世界，流連忘返。然而，人們更為稱贊的是它高品質的服務、清新潔淨的環境、高雅歡樂的氛圍以及它熱情友好的員工。

迪士尼樂園的魅力在於它為顧客所創造的獨特體驗

迪士尼樂園擁有許多獨具特色的娛樂性建築。如天鵝賓館棚頂的一對29噸重的天鵝雕塑、海豚旅館栩栩如生的海豚塑像，為迪士尼的景觀增添了不少特色。這兩家旅館由著名的後現代派建築師麥考爾·格然吾斯設計，充滿了創造性和詼諧生動的視覺感受，擴展了主題公園的夢幻感覺。

迪士尼樂園不僅是大人們娛樂休息的地方，更是兒童們遊樂的世界。景區裡不僅有金魚、火箭、大象等形狀的遊藝車，還有米老鼠童話世界的小房屋、小宮殿、小風車，這一切使孩子們產生了平時在學校裡和大城市生活中難以被激發的美好神奇的幻想。樂園環形火車站臺的工作人員整齊的制服著裝、一絲不苟的認真作風都給這些幼小的心靈留下不需要言傳的深刻印象，而這一切都將會在他們的腦海中留下美好的回憶。此外，迪士尼還時時刻刻為兒童做出周全的設想。以喝水池為例，都是一大一小兩個。垃圾筒的高度也讓孩子們伸手可及。更有動聽的音樂隨時陪伴，還有專供小朋友們照相的卡通人物，連公園裡的食品都是孩子們喜歡吃的，孩子們到了這裡就如同愛麗絲漫遊仙境一般。並且，樂園裡專為小朋友們準備了安全的刺激性較小的遊玩項目，且指定必須有大人陪同參加，像旋轉木馬、小飛象、小人國等。

迪士尼提供周到的服務和良好的衛生環境

在樂園大門口有旅客接待站，對帶孩子的旅客可以免費提供童車和嬰兒車；門口還有狗舍，狗不得入園，但可以寄養；進入大門後還有輪椅供殘疾人使用。園內的許多景區也都有大量童車、嬰兒車及輪椅供人使用。整個樂園分成「美國主街」「夢幻世界」「未來世界」「美國河」「動物樹」「冒險樂園」「米老鼠童話世界」等景區，遊人在其中可以參加所有的遊藝活動。這使遊人們能全身心地投入娛樂之中，忘卻疲勞與煩惱。所有的小賣部、飲食店、表演場所、街景區都設有大量的形狀整潔、與景觀相協調、清掃方便的大容量垃圾箱。公共場所的椅、桌、窗臺、玻璃等都顯得乾淨、利落；草地、花卉、樹木修飾整齊；娛樂設施幾乎都保持良好狀態。

迪士尼致力於研究顧客、瞭解顧客

迪士尼致力於研究「遊客學」，瞭解誰是遊客、他們的最初需求是什麼。在這一理念指導下，迪士尼站在遊客的角度，審視自身的每一項經營決策。為了準確把握遊客需求動態，公司設立調查統計部、信訪部、行銷部、工程部、財務部和信息中心等部門，使其分工合作。調查統計部每年要開展200餘項市場調查和諮詢項目。財務部根據調查中發現的問題和可供選擇的方案，找出結論性意見，以確定新的預算和投資。行銷部重點研究遊客們對未來娛樂項目的期望、遊玩熱點和興趣轉移。信息中心存貯了大量關於遊客需求和偏好的信息。信訪部把遊客意見每週匯總，及時報告給上層管理人員，保證顧客投訴得到及時處理。工程部的責任是設計和開發新的遊玩項目，並確保園區的技術服務質量。另外，現場走訪是瞭解遊客需求的最重要的工作。上層管理人員經常到各娛樂項目點上，直接同遊客和員工交談，以期望獲取第一手資料，掌握遊客的真實需求。同時，一旦發現系統運作有誤，管理人員將及時加以糾正。

迪士尼致力於提高員工的素質，培養熱情友好的員工

為了明確崗位職責，迪士尼樂園中的每一工作崗位都有詳盡的書面職務說明。工作要求明白無誤、細緻具體、環環緊扣、有規可循，同時強調紀律、認真和努力工作。每隔一個週期，公司會嚴格進行工作考評。

公司要求員工都能學會正確地與遊客溝通和處事，因而制定了統一的處事原則，其原則的要素構成和重要順序依次為安全、禮貌、演技、效率。公司並以此原則來考查員工們的工作表現。

同時，迪士尼還十分注重對全體服務人員的外貌管理。所有迎接顧客的公園職員（「舞臺成員」）每天都穿著潔淨的戲服，通過地下階梯（「地下舞臺」）進入自己的活動地點。他們從不離開自己表演的主題。對於服務員工，迪士尼樂園制定了嚴格的個人著裝標準。職工的頭髮長度、首飾、化妝和其他個人修飾因素都有嚴格的規定，且被嚴格地執行。迪士尼的大量著裝整潔、神採奕奕、訓練有素的「舞臺成員」對於創造這個夢幻王國至關重要。

此外，公司還經常對員工開展傳統教育和榮譽教育，告誡員工：迪士尼數十年輝煌的歷程、商譽和形象都具體體現在員工們每日對遊客的服務之中。創譽難，守譽更難。員工們日常的服務工作都將起到增強或削弱迪士尼商譽的作用。公司還指出：遊客掌握著服務質量優劣的最終評價權。他們常常通過事先的期望和對服務後的實際體

驗的比較評價來確定服務質量的優劣。因此，迪士尼教育員工：一線員工所提供的服務水準必須努力超過遊客的期望值，從而使迪士尼樂園真正成為創造奇跡和夢幻的樂園。同時，為了調動員工的積極性，迪士尼要求管理者勤奮、正直、積極地推進工作。在遊園旺季，管理人員常常放下手中的書面文件，到餐飲部門、演出後臺、遊樂服務點等處加班。這樣，強化了一線崗位的職責，保證了服務質量，而管理者也得到了一線員工的尊重。

第一節　服務、服務業和服務經濟

一、服務的含義、特徵與類型

（一）服務的含義

國外對服務管理的集中研究大體始於 20 世紀 60 年代。當時，西方國家對服務業放鬆管制帶來服務業競爭的空前激化，不少傳統的壟斷性行業轉變為競爭性行業。經營環境的變化促使企業尋求提高管理水準和競爭力的方法。然而，當人們試圖借助於基於製造業的傳統的管理理論和方法時卻發現，它們在解決服務問題時有諸多局限。在這種背景下，來自市場行銷、生產營運和人力資源管理等不同學科的學者從不同角度出發，致力於開發符合服務特性的行銷管理理論和方法。經過數十年的努力和不同學科的相互滲透和整合，服務行銷這門新興的學科初步形成。

在市場行銷學中，美國市場行銷學會（AMA）於 1960 年給出了一個比較早的服務定義，它把服務定義為「用於出售或者是同產品連在一起進行出售的活動、利益或滿足感」。這個定義在早期雖然被廣泛採用，但其局限性也較為明顯。它並沒有把服務的特性歸納出來，也沒有把服務與其他有形產品充分區分開來，因為任何一個產品提供給購買者使用的效用都是某種利益或滿足感。著名學者威廉·J. 里甘（William J. Regan）（1963）把「服務」定義為「直接提供滿足（交通、租房）或者與有形商品或其他服務一起提供滿足的不可感知活動」。威廉·J. 斯坦頓（William J. Stanton）（1974）認為服務是「可被獨立識別的不可感知活動，為消費者或工業用戶提供滿足感，但並非一定要與某個產品或服務連在一起出售」。著名的服務行銷家克里斯托弗·格隆魯斯（Christopher Gronroos）（1990）則在總結前人定義的基礎上，把服務的定義概括為：服務是指或多或少具有無形特徵的一種或一系列活動，通常（但並非一定）發生在顧客與服務的提供者及其有形的資源、商品或系統相互作用的過程中，以便解決消費者的有關問題。菲利普·科特勒將服務定義為「一方能夠向另一方提供的任何一項活動或利益，它本質上是無形的，並且不產生對任何東西的所有權問題，它的生產可能與實際產品有關，也可能無關」。美國北卡羅來納大學的瓦拉瑞爾·A. 澤絲爾曼和亞利桑那州立大學的瑪麗·喬·比特納兩位女教授則直接將服務定義為「一種行動、過程和表現」。她們解釋道：「IBM 提供的服務並不是能夠接觸到、看得到或者感覺得到的有形產品，而是一種無形的行為。具體來說，IBM 為設備提供維修和維

護服務，為信息技術和電子商務應用提供諮詢服務、培訓服務、網頁設計和其他服務。這些服務中的每一項可能包括一個最終形成的報告，或是員工培訓中包括的指導材料，或通過問題分析活動、與客戶會見、進一步的電話聯繫和報告這一系列行動、過程和行為，把整個服務展示給客戶。相似地，醫院、飯店、銀行和公用事業提供的核心服務內容也主要包括向客戶展示行為和活動。」另外，她們指出了行銷學中的服務含義和經濟學中的服務含義間的細微區別；後者「包括所有產出為非有形產品或構建品的全部經濟活動。通常在生產時被消費，並以便捷、愉悅、省時、舒適或健康的形式提供附加價值」。並且她們提出，這個定義可以用來描述經濟活動中的服務部門。

中國國內有學者在綜合多種國外學者對服務的定義的基礎上，提出了對於服務的簡單定義：「服務是具有無形性特徵卻可給人帶來某種利益或滿足感的可供有償轉讓的一種或一系列活動。」顯然，服務定義的差異源自定義角度的不同：如果從服務企業營運的角度看，服務同樣是一個投入—變換—產出的過程。這和生產企業沒有多大不同。不同點在於產出的產品的形態比較特殊。如果從交易的角度看，服務是一個過程、一種活動。這個過程需要顧客參與其中。如果從服務產品的質量控制看，ISO9000 系列標準將服務定義為「服務是為滿足顧客的需要，在同顧客的接觸中，供方的活動和供方活動的結果」。

以上關於服務的定義頗具代表性。但是，由於服務的多樣性，不適用於上述任何定義的服務的例子常常可以找到。為了便於掌握，我們綜合以上各種定義，將服務定義為：服務是具有無形特徵卻可給人帶來某種利益或滿足感的可供有償轉讓的一種或一系列活動。

服務和產品由交融在一起到彼此分離，呈現 4 種狀態，即：

（1）純有形商品狀態。產品本身沒有附帶服務，銷售的標的物是實體物品。如牙膏、香皂、食鹽等。

（2）附帶服務的有形商品狀態。附帶服務以提高其對顧客的吸引力。如家電產品、計算機等。

（3）附帶少部分商品的服務狀態。如飛機的頭等艙，除提供服務外，另附食品、飲料、報紙雜志等。

（4）純服務狀態。服務者直接為顧客提供相應的服務。如心理諮詢、照顧兒童、按摩等。

以上四類可以排成一種連續譜系，如圖 1-1 所示。

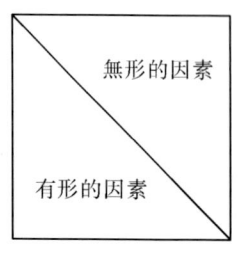

圖 1-1　有形和無形的連續譜

圖 1-1 的連續譜系所強調的是，大多數產品都是不同屬性的結合體，純粹的服務和純粹的產品都很少。服務與產品兩者的區別在於有形性程度的不同，從高度無形到高度有形之間存在一個連續譜。

(二) 服務的特徵

服務在社會經濟活動中的重要性與日俱增，社會經濟越發達，服務的地位越突出。服務既是企業間競爭的焦點，也為企業的發展提供機遇，不論是服務業還是以產品行銷為主體的企業，服務都將成為企業價值和利益的核心。服務的這種突出的核心地位是由市場驅動和技術驅動這兩個原因決定的：一方面顧客已經不滿足於用技術手段解決需求問題，顧客需要企業提供更多的形象價值、人員價值、超值服務，盡量減少顧客的時間成本、精力成本，這驅使企業向顧客增加服務；另一方面由於技術的發展，尤其是在信息技術領先發展的條件下，企業的創新服務變得更加便捷，使企業的服務高性能化、智能化。

服務競爭的過程也是企業核心價值集中於服務的過程。在這個轉移中企業將得到服務機遇。服務機遇是顧客與企業各種資源相互作用而形成的。服務有以下的特點：

1. 不可感知性

不可感知性包括兩層含義，即：①服務與實體商品相比較，服務的特質及組成服務的元素，許多情況下都是無形無質的，讓人不能觸摸或憑視覺感到其存在；②消費者在消費服務後所獲得的利益，也很難被察覺，或是要經過一段時間後，消費服務的享用者才能感覺出利益的存在。服務的這一特徵決定了消費者在購買服務前，不能像對待實物商品一樣以觸摸、嘗試、嗅、聆聽等去判斷服務的優劣，而只能以搜尋信息的辦法，參考多方意見及自身的過往體驗來做出判斷。

正因為服務的不可感知性，許多服務業為了變不可感知為可感知，常常通過服務人員、服務過程及服務的有形展示，並綜合運用服務設施、服務環境、服務方式和手段等來體現服務的可感知性。

服務的不可感知性只是用以和實物商品相區別，其意義在於提供一個視角分清服務與實物商品。服務有時是需要一定的載體的，如錄音帶、錄像帶等作為音樂、電視服務的載體。載體的有效性的強弱，體現了服務質量的高低。如優質磁帶聲音清晰，使人欣賞音樂的體驗得以提升；相反，劣質磁帶的服務效果就比較差。

服務的不可感知性要求服務業提供服務介紹和承諾。服務介紹的誠實性與準確性是服務質量所要求的。服務承諾的針對性與周到性及服務履約的及時性、兌現性，也是服務質量水準的體現。

2. 不可分離性

有形產品是在相對封閉的環境（工廠）中生產出來的，而服務則是在服務提供者與顧客互動這一開放過程中生產出來的。對於製造業來說，生產和消費的過程是分離的，企業會先生產，然後將生產出來的產品在市場上進行銷售，顧客購買時才產生消費。例如，一部手機可以在美國或芬蘭任何一個地方生產，然後被運輸到中國。也許一個月後被賣掉，並在數年內完成消費。但是，對於服務業來說，這是行不通的。顧

客如果生病，必須親自到醫院就診，而且必須向醫生提供真實的病歷信息，積極配合醫生治療，否則醫療服務就會失敗。醫生為患者提供醫療服務，顧客在同一時間內參與醫療服務的生產，並同時消費醫生提供的醫療服務。兩者共同決定了醫療服務質量的結果。

服務的這一特徵要求將顧客參與生產的過程納入管理，而不只局限於對員工的管理。因而對顧客宣傳其服務知識，提高顧客參與服務生產過程的水準十分重要。服務行銷就是要妥善地引導顧客參與服務生產過程，並使服務人員與顧客及時溝通，促使顧客在服務生產過程中扮演好自身的角色，以保證服務生產過程亦即顧客的服務消費過程高質量地完成。同時，服務的這一特徵表明服務人員與顧客的互動行為既是服務質量高低的影響因素，也是服務企業與顧客之間關係的影響因素。服務質量管理是服務業的生命。服務質量管理應包括對服務生產全過程中對員工和顧客的雙重管理，要促進服務人員與顧客的良性互動，以全面提高質量，樹立企業的形象。服務人員與顧客的良性互動的關鍵是溝通，適時恰當的溝通是全面推行服務質量管理的中心環節。

3. 異質性

在服務領域，始終如一地提供一致的、穩定的、同樣出色的服務是件非常困難的事情。換言之，對於不同的顧客提供完全相同的服務是很難做到的。這就是所謂的服務異質性特性。這是因為服務基本上是由人表現出來的一系列行為，而人的行為可能每時每刻都會有所不同。再加上不同的顧客的參與性和互動性的不同特徵，使得服務的異質性問題廣泛存在。

服務的異質性給服務行銷帶來的第一個麻煩是服務質量的難以控制性。如何確保服務質量一直是服務行銷中比較突出的問題。服務的主體是人，服務的對象也是人，人是服務的中心。而人又是特別複雜的，人有思想、有情感、有個性。這些都是會影響到服務的重要因素。服務的異質性給服務行銷帶來的第二個麻煩是服務產出效率的衡量困難性。如何準確地評估服務效率是服務營運管理中的一個重要任務，服務的異質性特性使這個問題顯得比較麻煩。一個員工在一個小時內服務了兩位顧客，而另外一個員工只服務了一位顧客，誰的效率更高？是前者？從數量上看似乎是前者，但前者的服務如果並沒有使顧客十分滿意，他的「高效率」使企業流失了兩位顧客。是後者？後者是「慢工」。但問題是後者這樣的「慢工」是否真的出了細活！所以，不能簡單下結論。

4. 不可貯存性

服務的不可貯存性是指服務產品既不能在時間上儲存下來，以備未來使用；也不能在空間上，將服務轉移帶回家去安放下來。不能及時消費會造成服務的損失。如車船、電影、劇院的空位現象。其損失表現為機會的喪失和折舊的發生。服務企業沒有辦法像製造業那樣，利用庫存作為需求的「調節器」，淡季時將生產好的產品儲存起來，然後在旺季時再進行銷售。正因為如此，在服務企業中，服務需求與服務供給之間的調節與平衡是非常困難的，如果兩者無法平衡，則會造成服務資源的巨大浪費。一架飛機起飛後，其未賣出去的座位就浪費掉了，它們只能再次參與到下一個服務過程。

服務的不可貯存性是由其不可感知性和服務的生產消費的不可分離性決定的。不可貯存性表明服務不需要貯存費用、存貨費用和運輸費用。但同時帶來的問題是：服務企業必須解決由於缺乏庫存所引致的產品供求不平衡問題。服務業在制定分銷戰略、選擇分銷渠道和分銷商等方面有別於實體商品的銷售。

服務的不可貯存性使得加速服務產品的生產、擴大服務的規模出現困難。服務商只有在加大服務促銷、推廣優質服務示範的基礎上積極開發服務資源，才能轉化被動的狀態。

5. 所有權的不可轉讓性

服務與有形產品最本質的區別就在於在服務交易過程中，不存在服務所有權的轉移。也就是說，顧客購買服務，購買的只是服務的使用權，並不包括服務的所有權。乘客接受航空服務，服務的結果是從空間上講，顧客發生了位移。但是，顧客所乘坐的飛機座位，不管是經濟艙還是頭等艙，所有權依然屬於航空公司。乘客擁有的只是在特定的時段內的排他性使用權。一旦服務過程結束，這種排他性使用權即會喪失。

這一特徵是導致服務風險的根源。由於缺乏所有權的轉移，消費者在購買服務時並未獲得對某種東西的所有權，因此可能會感受到購買服務的風險，而造成消費心理障礙。為了克服消費者的這種心理障礙，服務業的行銷管理者逐漸採用「會員制度」，以圖維繫企業與顧客的關係。顧客作為企業的會員可享受某些優惠，從而在心理上產生擁有企業所提供的服務的感覺。

(三) 服務的類型

服務的分類有多種，幾乎找不到一種分類法使得到的不同服務類別相互完全相斥（交集為零）。這裡介紹常用的幾種分類方法。

1. 服務推廣顧客參與度分類法

戚斯根據顧客參與服務推廣的程度將服務分為 3 大類：高接觸性服務、中接觸性服務和低接觸性服務。

高接觸性服務是指顧客在服務推廣過程中參與其中全部或大部分的活動，如美容美髮、旅遊、娛樂、公共交通、學校、心理諮詢等部門所提供的服務。

中接觸性服務是指顧客只是部分地或在局部時間內參與其中的活動，如銀行、律師、地產經紀人等所提供的服務。

低接觸性服務是指在服務推廣中顧客與服務的提供者接觸較少的服務，其間的交往主要是通過儀器設備進行的，如信息業、郵電業等提供的職務。

這種分類法的優點是便於行銷企業針對服務中顧客參與服務推廣的程度設計出有針對性的行銷措施。顯然高接觸性服務會比低接觸性服務有更高的要求，因為這類顧客的需求會更加多樣，需要採取差異化的服務行銷策略滿足這類高接觸性服務對象的需求。這種分類方法的缺點是過於粗略。

2. 服務比重分類法

服務產品往往是與實體產品結合在一起的，構成一個服務組合。菲利普・科特勒就根據服務組合中服務所占的比重來劃分服務產品。他認為，一個公司對市場的供應

通常包含某些服務在內。這種服務成分可能是全部供應的較小部分，或者是全部供應的較大部分。服務因此可分為5種類型：

純粹有形商品：此類供應主要是有形物品，諸如肥皂、牙膏或鹽等。產品中沒有伴隨服務。

伴隨服務的有形商品：此類供應包括附帶旨在提高對顧客的吸引力的一種或多種服務的有形商品。例如，普通產品（如汽車、計算機）的技術越複雜，它的銷售就越發取決於其伴隨的服務的質量和效用（如展覽室、送貨、修理和保養、幫助操作、培訓操作人員、裝配指導、履行保證等）。

有形商品與服務的結合：此類供應包括相當的有形商品與服務。例如，餐館既提供食品又提供服務。

主要服務伴隨小物品和小服務：此類供應由一項主要服務和某些附加的服務或輔助品組成。例如，航空公司的乘客購買的是運輸服務，他們到達目的地的開支並沒有表現為任何有形的物品。但是，一次旅程會供給某些有形物品，如食物與飲料、票根和航空雜誌。這種服務的實現需要有被稱作飛機的資本密集的實物，但是其主要項目是服務。

純粹服務：此類供應主要是服務，例如照看小孩、精神治療和按摩。

3. 依據服務活動的本質可分為4類：

（1）作用於人的有形服務，如民航、理髮服務等。

（2）作用於物的有形服務，如航空貨運、草坪修整等。

（3）作用於人的無形服務，如教育、廣播等。

（4）作用於物的無形服務，如諮詢、保險等。

4. 依據顧客與服務組織的聯繫狀態可分為4類：

（1）連續性、會員關係的服務，如俱樂部、郵迷協會等。

（2）連續性、非正式關係的服務，如廣播電臺、警察保護等。

（3）間斷的、會員關係的服務，如電話購買服務、擔保維修等。

（4）間斷的、非正式關係的服務，如郵購、街頭收費電話等。

5. 依據服務方式及滿足程度可分為4類：

（1）標準化服務，選擇自由度小，難以滿足顧客的個性需求，如公共汽車載客服務等。

（2）易於滿足要求，但服務方式選擇自由度小的服務，如電話服務、旅館服務等。

（3）提供者選擇餘地大，而難以滿足個性要求的服務，如教師授課等。

（4）需求能滿足且服務提供者有發揮空間的服務，如美容、建築設計、律師和醫療等。

6. 依據服務供求關係可分為3類：

（1）需求波動較小的服務，如保險、法律、銀行服務等。

（2）需求波動大而供應基本能跟上的服務，如電力、天然氣、電話等。

（3）需求波動幅度大並會超出供應能力的服務，如交通運輸、飯店和賓館等。

7. 依據服務推廣的方法可分為 6 類：
(1) 在單一地點顧客主動接觸服務組織，如電影院、燒烤店。
(2) 在單一地點服務組織主動接觸顧客，如出租汽車等。
(3) 在單一地點顧客與服務組織遠離交易，如信用卡公司等。
(4) 在多個地點顧客主動接觸服務組織，如汽車維修服務、快餐店等。
(5) 在多個地點服務組織主動接觸顧客，如郵寄服務。
(6) 在多個地點顧客和組織無距離交易，如廣播站、電話公司等。

二、服務業的概念、類型和發展

(一) 服務業的概念和類型

服務業又被稱為第三產業，是國民經濟中除了第一產業、第二產業之外的產業。這個產業的範圍非常廣泛。表 1-1 是聯合國經合組織和世界銀行對三大產業的劃分。

表 1-1　　　　　　　　聯合國經合組織和世界銀行對三大產業的劃分

產業劃分	產業範圍
第一產業	農業、林業、畜牧業、漁業、狩獵業
第二產業	製造業、建築業、自來水、電力和煤氣生產，採掘業和礦業
第三產業	商業、餐飲業、倉儲業、運輸業、交通業、郵政業、電信業、金融業、保險業、房地產業、租賃業、技術服務業、職業介紹、諮詢業、廣告業、會計事務、律師事務、旅遊業、裝修業、娛樂業、美容業、修理業、洗染業、家庭服務業、文化藝術、教育、科學研究、新聞傳媒、出版業、體育、醫療衛生、環境衛生、環境保護、宗教、慈善事業、政府機構、軍隊、警察等

由於服務的內涵十分豐富，要想對服務進行明確的分類是十分困難的。但合理的分類不僅有助於不同類別的服務企業制定適合自身的行銷戰略與策略，而且有助於服務管理人員跨越行業界限，從具有類似特徵或面臨共同問題的其他服務行業中汲取經驗教訓。本書主要介紹幾種應用比較廣泛的分類方法：

1. 基於市場行銷學的服務業分類

學術上從市場行銷的角度將服務業從以下三個方面進行分類：

(1) 賣方相關分類法（見表 1-2）

表 1-2　　　　　　　　　　賣方相關分類法

企業性質	服務功能	收入來源
民營‧營利 民營‧非營利 國有‧營利 國有‧非營利	通信業 顧問諮詢 教育 金融 保健 保險	取自市場 市場+捐贈 純捐贈 稅收

以賣方相關屬性為基礎的分類方式最為普遍。根據這種方法，服務行銷組織可以

按「民營的」或「國有的」來區分，然後每一類再分為「營利性的」和「非營利性的」。服務功能也可作為分類的標準，例如按功能可分類為教育、金融、保健、保險等服務業。另外，收入來源也可作為分類基礎，服務行銷組織的收入來源可能是稅收、市場本身、捐贈或許多不同來源的組合。

（2）買方相關分類法（見表1-3）

以買方相關屬性為基礎對服務業進行分類，可以依據市場類型分為消費者市場服務和產業市場服務等。還可以按服務購入途徑來區分，分為便利性服務、選購服務、專賣服務以及非尋找服務。另外，就是依據購買動機分類，購買服務的動機可分為工具型和表現型。所謂工具型是指服務是達到另一目的的手段，而表現型則表示服務本身就是目的。

表1-3　　　　　　　　　　　　買方相關分類法

市場類型	購買服務的途徑	動機
消費者市場 工業市場 政府市場 農業市場	便利性服務 選購服務 專賣服務 非尋找服務	工具型（達成目的的手段） 表現型（目的本身）

（3）服務相關分類法（見表1-4）

以服務相關屬性為基礎的分類方式包括：根據服務形式，可分為規範服務和定制服務；根據提供服務的基礎，可分為以人為基礎的服務和以器械為基礎的服務；也可根據服務所需的人身接觸程度的大小等方式來區分。顯而易見，一種特定的服務並不只屬於一種類型。

表1-4　　　　　　　　　　　　服務相關分類法

服務形式	服務基礎	服務的人身接觸程度
規範服務 定制服務	以人為基礎的服務 以器械為基礎的服務	高接觸服務 低接觸服務

2. 市場通行的服務業分類

在服務行銷管理活動中，人們基於對複雜的服務業進行管理的需要，通常將其分類予以簡化，形成簡便、通行的服務業分類法，具體的分類如表1-5所示。

表1-5　　　　　　　　　　　具有代表性的服務業分類

服務業類別	具體內容
公用事業	煤氣、電力、供水
運輸與通信業	鐵路、乘客陸運、貨品陸運、海運、空運、郵政、電信
分銷業	批發、零售、經銷商和代理
保險、銀行和金融業	保險業、銀行業、金融業、產權服務業

表1-5(續)

服務業類別	具體內容
工商服務、專業性和科學性服務業	廣告、顧客諮詢、行銷研究、會計、法務、醫藥和牙醫、教育服務、研究服務
娛樂和休閒業	電影和劇院、運動和娛樂、旅館、汽車旅館、餐廳、咖啡廳、俱樂部
雜項服務	修理服務、理髮、私人家教、洗熨業、干洗店

按照市場通行的服務業分類法，服務業可歸為7大類別：公用事業；運輸與通信業；分銷業；保險、銀行和金融業；工商服務、專業性和科學性服務業；娛樂和休閒業；雜項服務。

3. 以經濟性質為依據的服務業分類

人們在經濟交往活動中，常依據服務業的經濟性質把服務業劃分為5類：

（1）生產服務業。生產服務業是指直接和生產過程有關的服務活動行業，包括：廠房、車間、機器等勞動手段的修繕和維護，作業線的裝備和保養等；經營管理活動，如生產的組織、工時的運算、勞動力的調整，以及計劃、進度、報表的編製等。

（2）生活性服務業。生活性服務業是指直接滿足人們生活需要的服務活動行業，包括：加工性服務，具有提供一定物質載體的特點，如飲食、家用器具的修理等；活動性服務，即不提供物質載體，而只提供活動，如旅店住宿、理髮等；文化性服務，如戲劇、電視、電影、舞蹈等文化娛樂活動及旅遊活動中的服務等。

（3）流通服務業。流通服務業是指商品交換和金融業領域內的服務行業，包括：生產過程的繼續，如保管、搬運、包裝等；交換性服務業，如商品的銷售、結算等商業活動服務；金融服務業，如銀行、保險、證券等行業。

（4）知識服務業。知識服務業是指為人類的生產和生活提供較高層次的精神文化服務的服務業，包括：專業性服務業，如技術諮詢、信息處理等；發展性服務業，如新聞出版、報紙雜誌、廣播電視、文化教育等。

（5）社會綜合服務業。社會綜合服務業是指不限於某個領域的交叉性服務活動行業，包括：公共交通業，如運輸業、航運業等；社會公益事業，如公共醫療、消防、環境保護等；城市基礎服務，如供電、供水、供氣、供暖、園林綠化等。

(二) 現代服務業及其發展

現代服務業已經成為許多國家國民經濟中的主體和主要經濟增長來源。而且經濟發達程度越高，這一點表現得越充分。1960年OECD（經濟合作與發展組織）成員國服務業占各國國內生產總值（GDP）的比重，平均為43.10%；但1995年該比重已升至68.2%，美國甚至高達72%。在吸納就業方面，服務業也是這些國家的吸納人數最多的行業。資料顯示，1995年OECD成員國各行業就業比重中，服務業平均為64.6%，其中的加拿大更是達到73.1%。經濟學家將這種現象稱之為「服務經濟時代的到來」。從世界經濟的範圍看，由世界銀行的數據可知，1998年服務業已占全球經濟產出比重的61%。其中，高收入國家達65%，中等收入國家為56%，而低收入國家也達38%。

現代服務業已經發展成為一個十分龐大的產業。伴隨著知識經濟時代的到來，現代服務業呈現出許多新的發展趨勢。

1. 服務業的信息化程度越來越高，服務業越來越向「高技術、高知識和高人才」的三高產業方向發展

在人們的傳統觀念中，服務業可能是一種勞動密集型的行業。其提供的服務靠技藝、靠師徒傳承，服務產值的增加也主要來自勞動力增長。實際上現代服務業已從早期的勞動密集型行業轉變為資本、技術密集型行業，而且還正從資本、技術密集型行業向知識密集型行業轉變。技術、知識和作為知識載體的人才開始成為發展現代服務業的最重要和最稀缺的資源。有資料顯示，20世紀90年代以來，西方發達國家用於高技術研究與開發的經費，明顯從製造業向服務業傾斜。20世紀90年代主要發達國家雖然在製造業上的R&D（研究與開發）經費無一例外都在下降，但是投在服務業上的R&D卻不同程度地增加。例如美國，R&D經費在製造業下降11%，在服務業卻上升了0.7%。

服務業信息化程度的提高，能給服務企業創造多方面的競爭優勢。首先是信息化能改變公司的成本結構，大大降低了企業的生產和營運成本。無論是在服務流程的設計上還是在內部管理上，無論是在採購還是在客戶管理等方面，信息化程度的提高都十分明顯地降低了企業的成本。其次，服務企業信息化程度的提高也有助於企業擴大服務產品差異化程度，更好地滿足不同層次顧客群體的需要。從企業競爭的層面看，信息含量高的服務，其服務質量的差別就更加明顯，而產品差別能夠成為比較競爭優勢的來源。最後，信息化程度的提高事實上也大大提升了一個公司的地區甚至全球協調能力，使該公司可以在更廣闊的範圍內和更複雜的環境下開展跨國經營。

2. 現代服務業的增長過程中，出現了以生產性服務為更大增長點的結構性變化

有資料顯示，現代生產性服務的增長速度明顯快於現代消費性服務。在發達國家的現代服務業中，現代生產性服務要占到其中的60%~70%。如，1987—1997年的10年間，美國的批發零售和餐飲旅館業占GDP的比重下降了0.1%，而作為生產性服務的金融、保險、房地產和經營性服務業占GDP的比重上升了3.1%。英國的批發零售和餐飲旅館業占GDP的比重上升了0.8%，而作為生產性服務的金融、保險、房地產和經營性服務業占GDP的比重上升了3.59%。日本的批發零售和餐飲旅館業占GDP的比重下降了1.4%，而作為生產性服務的金融、保險、房地產和經營性服務業占GDP的比重上升了1.3%。發達國家現代生產性服務發展加快的直接原因，其實是為了適應外部競爭的需要而出現的一種專業化分工的深化。許多企業從專業化的角度出發，將一些原來屬於企業內部的職能部門轉移出去成為獨立經營單位；或者是取消使用原來由企業內部所提供的資源或服務，轉向使用由企業外部更加專業化的企業單位所提供的資源或服務。這樣做的好處是，能使企業集中力量培養和提高自身核心競爭力，同時也能使企業減少成本、提高生產效率。

3. 服務業的網絡化、規模化和混業經營，已成為當前服務業發展趨勢和方向

服務企業的規模擴張是十分明顯的一個趨勢。和生產性企業相比較，以往的服務業企業往往規模較小，主要是中小企業。但在最近的一二十年中情況有了明顯的變化。

在美國《財富》雜誌最近評選的世界 500 強企業中，服務業企業所占比重已經超過了製造業。以往只能小規模經營的許多傳統服務業，正通過改變生產經營方式和購並活動，使生產經營規模不斷擴大，有的甚至開始超過製造業企業。服務企業經營規模的擴大，是服務市場競爭加劇和信息化程度不斷提高的必然結果。

服務企業經營的網絡化和混業化同樣是一個明顯的發展趨勢。網絡化是信息化的伴生物，信息和網絡時代已經到來，服務企業適應外部的這種環境變化是一種客觀要求。而混業化是服務企業提高自身競爭能力的一種具體措施。在混業經營條件下，傳統服務行業之間的界限不斷淡化，不同行業的服務企業的業務日益交叉，這為服務企業追求規模經營效益和提高自身競爭力創造了條件。聯合國跨國公司研究中心的資料顯示，目前發達國家在四大領域裡出現比較明顯的混業經營。①與金融相關的服務：包括銀行、證券、保險服務等。②與旅遊相關的服務：包括旅館、運輸、旅遊、休閒娛樂服務等。③與信息服務相關的服務：包括數據處理、軟件、電信、信息存儲和檢索服務等。④與專業性服務相關的服務：包括會計和管理諮詢、廣告、市場調研和公共關係服務等。

三、服務經濟的興起和發展

早在 1960 年，發展經濟學家羅斯托就發表了《經濟增長階段：非共產黨宣言》。羅斯托指出人類社會的發展經歷了五個階段：傳統社會、起飛準備階段、起飛階段、成熟階段、高額群眾消費階段。1971 年，羅斯托在當年出版的《政治和增長階段》一書中，在「高額群眾消費」階段後明確地增加了一個「追求生活質量」階段。羅斯托認為，在這個「追求生活質量」的階段，其國民經濟的主導產業部門是以服務業為主的。英國經濟學家約翰·鄧寧在對經濟社會的演進加以深入研究之後，明確地將社會經濟發展分為三個階段：第一階段是以土地為基礎的農業經濟時代（17 世紀初—19 世紀）；第二階段是以機器或金融為基礎的工業經濟時代（19 世紀—20 世紀末）；第三階段是以金融或知識經濟為基礎的服務經濟時代（從 20 世紀末開始）。今天，我們可以清楚地看到，我們已經實實在在地生活在以工業部門為主導的社會轉變為以服務部門為主導的社會的進程之中。

(一) 社會經濟發展的階段及特徵

根據哈佛大學社會學教授丹尼爾·貝爾的著作──《後工業社會的來臨》，我們可以按照經濟發展階段將社會形態劃分為前工業化社會、工業化社會、後工業化社會。

1. 前工業化社會

前工業化社會又稱農業社會。在這種社會中，生產力水準極其低下，人們所進行的活動主要是針對自然環境的，人們的生活就是人與自然的抗爭過程。勞動者依靠其體力和傳統的習慣在農業、礦業和漁業這些傳統行業裡辛勤勞作。人們的生活和工作進度受氣候狀況、土壤肥沃程度和水源情況等眾多自然因素的極大制約，社會生活節奏緩慢。人類的社會生活也以大家庭為中心，在各家族之間展開，生育眾多的孩子常常成為人們確保種族得以延續的一種手段。低下的生產力水準和眾多人口間的矛盾導

致了社會就業的嚴重不足，大量的勞動力未被充分利用，整個社會中絕大多數人的生活水準很低，只能維持生存。

2. 工業化社會

工業化社會的主導性活動是商品生產。人類關注的焦點是降低商品生產成本，提高商品的生產效率及質量。在這個階段，大量的機器被製造出來，人類進入了「機器社會」，自然的能源和人的體力一起成為社會最重要的資源。隨著能源的不斷開發和機器設備的普遍使用，人們的勞動生產率得以大幅度提高，人類的工作性質發生了很大的變化。人們主要在工廠這樣的人工環境中完成工作，工作人員整日與機器打交道，生活變成了一場「人造自然」的游戲，包括「造出」城市、工廠、住宅等。勞動分工的出現，則提高了工人的機器操作熟練程度，也加快了機器的速度。人們的生活節奏變得與機器運作的步調相一致，每日的生活都受到了嚴格工作時間的深刻影響。

3. 後工業化社會

後工業化社會中，人們的生活水準是由物質產品的數量決定的。此時，人們更關心的是生活的質量。生活質量是由諸如健康、教育、娛樂等方面的服務水準所決定的。在這個階段中，信息是最重要的資源，各種專業人士成為社會的主導力量，生活變成了人與人之間相處的游戲。生活變得更為複雜，人們的消費意識、權利意識、健康意識不斷提高，建立和諧社會開始成為主題。這個階段，社區（不是個人）成為社會的基本單位。

4. 服務經濟時代到來

國民經濟的主導產業是判別不同類型經濟時代的標準。社會屬於哪種類型的經濟時代，取決於在國內生產總值中所占比例最大、對國民經濟的貢獻率最高以及就業人數占全國就業人數的比例最大的產業。從後工業化社會的特點中能夠發現，服務業已成為主導產業。這說明，繼農業經濟時代、工業經濟時代之後，全球經濟已經進入服務經濟時代。

自 20 世紀 60 年代以來，主要發達國家的經濟重心開始由製造業向服務業轉移，全球產業結構逐漸由「工業型經濟」向「服務型經濟」轉型，人類進入服務經濟時代。對服務經濟的公認定義是：服務經濟是服務部分所創造的價值在國民生產總值中所占比重大於 50% 的經濟形態。按照這一定義，西方發達國家早在 20 世紀 60 年代就已經步入服務型社會或服務經濟時代。服務經濟時代的來臨，使社會經濟發展出現了一系列新的現象。

一般來說，人均收入越高，服務業占國內生產總值的比重就越高。服務業在最近幾十年得到了強勁的發展，而且這個發展趨勢將繼續維持下去。目前，在世界範圍內，服務市場不斷增大，服務業在經濟中的主導性日益增強，在世界許多國家內已經逐漸成為主導力量。服務業的迅猛增長和其經濟貢獻已經引起人們對服務業的更多關注。

（二）服務經濟的特徵

隨著服務業的迅速發展，服務業在一國經濟結構中的比重越來越大。新增的就業機會大多來自於服務業。服務業與傳統製造業的聯繫也日益緊密並相互融合。另外，

服務業也從勞動密集型更多地轉向了知識密集型。總之，「服務經濟」具有以下特徵。

（1）服務業產值在經濟結構中的比重日趨上升。二戰以後，服務業產值在經濟結構中的比例不斷上升，並成為許多發達國家的主導產業。發達國家國民經濟結構中三次產業（農業、工業和服務業）產值變化的基本趨勢是：農業產值在經濟結構中的比重急遽下降，工業特別是製造業的產值緩慢下降，服務業的產值則持續快速上升。首先，發達國家的農業所占比重普遍持續下降，如美國的農業產值從 1950 年的 4.8% 下降到 2000 年的 1.7%。其次，發達國家的工業產值在 GDP 中所占的比重出現緩慢下滑或由上升到下降的變化，如美國 1950 年工業產值在 GDP 中的比重為 32.1%，2000 年下降到 26.2%。最後，與農業和工業相反，服務業在 20 世紀 70 年代後得到飛速發展，如美國 1988 年服務業產值高達 3,500 萬億美元，占 GDP 的 70%，2000 年更達到 72%。服務業產值短期內的大幅度上升使得其他產業產值所占的比重相對下降，這表明服務業的發展速度遠遠超過了工業發展速度。

（2）服務業就業人數持續大幅度增加。服務經濟不僅表現在服務業產值所占比重的明顯增加，還表現在就業結構伴隨生產力發展和產業結構演變而發生的巨大變化。發達國家就業結構變化的基本趨勢是：本來已經很低的農業就業比重繼續下降，工業特別是製造業的就業比重發生大幅度下滑，服務業的就業比重持續大幅度上升。自 20 世紀 70 年代以來，大多數發達國家（日本除外）的工業，尤其是製造業的就業人數出現了明顯的下降趨勢。到 1990 年，美國下降了 8%，英國下降了 15%。

（3）服務貿易發展迅速，並將在國際貿易中逐漸占據主導地位。根據 WTO 的統計，1990—1997 年國際服務貿易額的年增長率為 8%，高於同期世界貨物貿易的增長率。1997 年世界服務貿易總額達到 12,950 億美元，約占全球貿易總額的 1/5。有學者預計，服務貿易將在今後 20~30 年進入高速發展時期，它在國際貿易中的比重大約每年提高一個百分點，從 21 世紀 30 年代起，服務貿易的比重將趕上甚至超過貨物貿易的比重，服務貿易將在國際貿易中占據主導地位。

（4）服務業與生產型產業結合得更加緊密，「服務化」特徵明顯。服務經濟的另一個明顯特點是，不僅服務業本身得到了很大發展，而且它與工業和農業間的結合也越來越緊密，並使這些生產型產業出現了明顯的「軟化」趨勢，改變了其單純生產的特點。對製造業而言，服務要素的加入可以使製造業提供附加值更高的產品，更容易實現差別化競爭等。另一方面，製造業的發展是服務業發展的平臺，只有製造業等生產性產業得到了相當發展，服務業尤其是新興服務業才能獲得廣闊的發展空間。總之，服務業與工業、農業等生產型行業間的相互滲透和相互影響越來越明顯，並已形成了相互依賴、共向發展的關係。

（5）服務經濟的內部結構越來越呈現出知識經濟的特點。在各國的服務業中，知識密集型服務業發展迅速，其產值比重和就業比重不斷增加，如金融、保險、房地產、商業服務等。此外，服務業是新技術發展的重要推動者，它不僅是新技術的主要使用者和推廣者，還指引著新技術的發展方向，並促進了多項技術之間的溝通和發展。

第二節 服務行銷的含義、特點和階段

服務作為一種行銷組合要素，真正引起人們重視是在20世紀80年代後期。此時，由於科學技術的進步和社會生產力的顯著提高，產業升級和生產的專業化發展日益加速。這一方面使產品的服務含量，即產品的服務密集度日益增大；另一方面，隨著勞動生產率的提高，市場轉向買方市場，消費者隨著收入水準提高，他們的消費需求也逐漸發生變化，需求層次也相應提高，並向多樣化方向拓展。

一、服務行銷的含義

服務行銷是企業在充分認識消費者需求的前提下，為充分滿足消費者的需求而在行銷過程中所採取的一系列活動。

服務行銷有兩大領域，即服務產品的行銷和客戶服務的行銷。服務產品行銷的本質是研究如何促進作為產品的服務的交換；客戶服務行銷的本質則是研究如何將服務作為一種行銷工具來促進有形產品的交換。無論是產品服務行銷還是客戶服務行銷，服務行銷的理念都是顧客滿意和顧客忠誠，即通過顧客的滿意度和忠誠來促進對雙方都有利的交換，最終實現行銷績效的改進和企業的長期成長。

二、服務行銷的特點

21世紀服務行銷將成為舉世矚目的焦點。服務行銷比起一般有形產品的行銷具有自身的特點。

1. 供求分散性

服務行銷活動中，服務產品的供求具有分散性。不僅供方覆蓋了第三產業的各個部門和行業，企業提供的服務廣泛分散，而且需方也涉及各種企業、社會團體和千家萬戶等的不同類型的消費者。由於服務企業一般占地小、資金少、經營靈活，往往分散在社會的各個角落，即使是大型的機械服務公司，也只能在有機械損壞或發生故障的地方提供服務。服務供求的分散性，要求服務網點要廣泛而分散，並盡可能地接近消費者。

2. 行銷方式單一性

有形產品的行銷方式有經銷、代理和直銷等多種行銷方式。有形產品在市場上可以多次轉手，經批發、零售多個環節後，產品才到達消費者手中。服務行銷則由於生產與消費的統一性，決定其只能採取直銷方式，中間商的介入是不可能的，儲存待售也是不可能的。服務行銷方式的單一性、直接性，在一定程度上限制了服務市場規模的擴大，也限制了服務業企業在市場上出售自己的服務產品，這給服務產品的推銷帶來了困難。

3. 行銷對象複雜多變

服務市場的購買者是多元的、廣泛的、複雜的。購買服務的消費者的購買動機和

目的各異，某一服務產品的購買者可能牽涉社會各界各業各種不同類型的家庭和不同身分的個人；即使購買同一服務產品，有的將其用於生活消費，有的卻將其用於生產消費，如信息諮詢、郵電通信等。

服務產品行銷對象的多變性表現為不同的購買者對服務產品種類、內容、方式的需求不同且經常變化。影響人們對服務產品的需求的因素很多，如產業結構的升級、消費結構的變化、科學技術水準的提高等都會導致服務需求的變化。文化藝術服務、休閒娛樂服務、旅遊服務、保健服務、環保服務、科教服務等服務產品的市場吸引力將會越來越大。

4. 服務消費者需求彈性大

根據馬斯洛需求層次原理，人們的基本物質需求是一種原發性需求，人們對這類需求易產生共性；而人們對精神文化消費的需求屬繼發性需求，需求者會因各自所處的社會環境和各自具備的條件不同而形成較大的需求彈性。同時，對服務的需求與對有形產品的需求在一定組織及總金額支出中相互牽制，也是導致需求彈性大的原因之一。另外，服務需求受外界條件影響大，如季節的變化、氣候的變化，而科技發展的日新月異等對信息服務、環保服務、旅遊服務、航運服務的需求會造成重大影響。需求的彈性問題是服務業經營者最棘手的問題。

5. 對服務人員的技術、技能、技藝要求高

服務者的技術、技能、技藝直接關係著服務質量。消費者對各種服務產品的質量要求也就是對服務人員的技術、技能、技藝的要求。文藝家只有具備精湛的技藝才能滿足文藝欣賞者對藝術質量的要求；教師廣博的知識才能滿足學生對教學質量的要求；醫生只有具備高超的技術和醫德才能適應患者的醫療質量需求。服務者的服務質量不可能有唯一的、統一的衡量標準，而只會有相對的標準，需要憑購買者的感覺來評價。

三、服務行銷活動的幾個階段

發達國家成熟的服務企業的行銷活動一般會經歷 7 個階段：

1. 銷售階段

競爭出現，銷售能力逐步提高；

重視銷售計劃而非利潤；

對員工進行銷售技巧的培訓；

希望招徠更多的新顧客，而未考慮到讓顧客滿意。

2. 廣告與傳播階段

著意增加廣告投入；

指定多個廣告代理公司；

推出宣傳手冊和銷售點的各類資料；

顧客隨之提高了期望值，企業經常難以滿足其期望；

產出不易測量；

競爭性模仿盛行。

3. 產品開發階段

意識到新的顧客需要；

引進許多新產品和服務，產品和服務得以擴散；

強調新產品開發過程；

市場細分，強大品牌的確立。

4. 差異化階段

通過戰略分析進行企業定位；

尋找差異化，制定清晰的戰略；

更深層的市場細分；

市場研究、行銷策劃、行銷培訓；

強化品牌運作。

5. 顧客服務階段

顧客服務培訓；

微笑運動；

改善服務的外部促進行為；

利潤率受一定程度影響甚至無法持續；

得不到過程和系統的支持。

6. 服務質量階段

服務質量差距的確認；

顧客來信分析、顧客行為研究；

服務藍圖的設計；

疏於保留老顧客。

7. 整合和關係行銷階段

經常地研究顧客和競爭對手；

注重所有關鍵市場；

嚴格分析和整合行銷計劃；

數據基礎的行銷；

平衡行銷活動；

改善程序和系統；

改善措施保留老顧客。

到了20世紀90年代，關係行銷成為行銷企業關注的重點，把服務行銷推向一個新的境界。

第三節　服務行銷學的興起和發展

一、服務行銷學的發展歷史

服務行銷學脫胎於市場行銷學，但已經發展出自己獨特的空間。菲利普·科特勒

甚至認為，服務是未來市場行銷管理和市場行銷學研究的主要領域之一。許多學者都認為服務行銷學的出現是一場行銷領域內的革命。在歐美地區，服務行銷學的發展大致經歷了以下4個發展階段：

第一個階段是服務行銷學的脫胎階段，時間是20世紀60—70年代。在這個階段，服務行銷學剛剛從市場行銷學中脫胎出來，研究的內容主要有「服務與有形實物產品之間的差異問題」「服務所具有的特性」「服務行銷學與市場行銷學研究角度的差異」等。比較有名的學者除了前述的拉斯摩教授外，還有約翰·E. G. 貝特森、G. 林恩·蕭斯塔克、倫納德·L. 貝瑞、洛夫洛克、朗基爾德等。他們對於服務的特徵進行了研究和探討，歸結出了無形性、不可分性、不一致性、不可儲存性以及缺乏所有權等服務的五大特徵。

第二階段是服務行銷的理論探索階段，時間是20世紀的80年代初期到中期。這個階段主要探討服務的特徵如何影響消費者購買行為，尤其集中於消費者對服務的特質、優缺點及潛在的購買風險的評估。這一階段重點研究的內容主要有「顧客的評估服務如何有別於評估有形產品」「可感知性與不可感知性差異序列理論」「如何依據服務的特徵將服務劃分為不同的種類」「服務行銷學如何跳出傳統的市場行銷學的範疇而採取新的行銷手段」「顧客捲入服務生產過程的高捲入與低捲入模式」等。這個階段比較有成就的學者比較多。諸如，瓦拉里亞·A. 西斯姆在1981年發表了著名的《顧客評估服務如何有別於評估有形產品》；蕭斯塔克根據對產品從可感知向不可感知轉變的過程的區分，提出了有名的「可感知性與不可感知性差異序列理論」；蔡思用「高捲入與低捲入模式」來區分服務過程；洛夫洛克根據服務的生產過程、會員制度以人提供服務或者以機器提供服務等變量提出多種區分服務的方法；貝爾利用不可感知性程度與服務是否為顧客量身定做來對服務進行分類；等等。在研究機構和學術活動中心方面，美國亞利桑那州州立大學成立了「第一跨州服務行銷學研究中心」。這是繼北歐的諾迪克學派後的又一個著名的服務行銷學研究中心。所有的這一切，都意味著服務行銷學的研究得到了重視，服務行銷學發展到了一個新的階段。

第三個階段是服務行銷學的理論突破階段，主要時間區間是20世紀的80年代後半期。這個階段，許多服務行銷理論得到突破性發展，是服務行銷學發展過程中非常重要的一個階段。在這個階段，關係市場行銷學和服務系統設計是兩個得以開拓的重要研究領域。這源自研究者認識到在服務領域中，「人」的極端重要性。貝瑞提出了維繫和改善同顧客的關係的問題；巴巴拉·邦德·杰克遜提出要與不同類型的顧客構建不同類型的關係；格隆魯斯等分析了企業與顧客的關係對於服務企業市場行銷活動的重要影響；約翰·A. 塞皮爾分析了作為服務行銷中必要技巧的顧客關係處理；等等。在服務系統設計方面，蕭斯塔克從1982年到1992年發表了許多著名論文，研究顧客在何種情況下願意參與生產服務，其他一些學者還研究了科技與服務技術對於服務生產過程的影響問題。

在這個階段，另外兩個非常重要的研究領域也得到了突破，一個是服務質量問題，另一個是服務接觸問題。在服務質量的研究方面，格隆魯斯提出服務質量分為技術質量和功能質量，認為前者是指服務的硬件要素，後者是指服務態度、員工行為等軟件

要素。在這以後，帕拉蘇拉曼、貝瑞、西斯姆於 1985 年在《市場行銷學報》發表論文，提出了「差距理論」，提出服務質量受 5 種「差距」的影響和制約。1988 年他們進一步發表了對 4 種不同服務行業進行研究的結果，提出了所謂的「Servqual」模式。利用該模式，可以對服務質量進行 5 個維度的測量，同時該模式也勾畫出了服務質量與顧客滿意度之間的線性關係。在服務接觸問題方面，許多學者對此進行了研究，做出了具體貢獻。除了前面提及的貝特森、蔡斯以外，還有 J. R. 唐納利、雷蒙德·P. 菲斯克、卡羅爾·蘇布南特、伊夫林·古特曼、邁克爾·R. 所羅門、比特納、阿爾布萊特等。他們的研究，使人們對於服務員與顧客在互動過程中的行為及心理變化有了新的認識，使人們瞭解到了服務接觸對整項服務感受的影響，懂得如何利用服務員及顧客雙方的「控制欲」「角色」和對投入服務生產過程的期望等因素來提高服務質量。

　　第四個階段可以稱為進一步發展和實踐階段，時間從 20 世紀的 80 年代末一直延續到今天。其最主要的發展是「7P 組合」的提出。所謂 7P 組合，是指服務行銷組合應包括 7 個變量，即在傳統的產品、價格、分銷渠道和促銷組合之外，還要增加「人」（people）、「服務過程」（process）和「有形展示」（physical evidence）3 個變量，從而形成 7P 組合。7P 組合的提出，擴展了服務行銷的研究範圍，同時也打開了多學科研究服務行銷的空間。為了有效地制定和執行 7P 組合戰略，管理者需要從生產管理、營運管理、心理學、社會學等多學科加以分析研究，這使服務行銷學成為一門綜合性的管理類應用學科。

二、中國服務行銷的現狀及其面臨的威脅

　　中國加入 WTO 前後，境外服務企業紛紛涉足大陸市場搶占先機。如世界零售業及餐飲業巨頭沃爾瑪、家樂福、肯德基、麥當勞等知名企業已紛紛落戶中國，並且布點工作還在進一步地展開。加入 WTO 後，中國在五年左右的時間內，逐步放開服務市場，對外商設立合營、合資公司的數量、地域、股權等的限制也逐步取消，這無疑對中國服務業產生了巨大的挑戰。目前，中國的服務市場尚處於發育階段，有關資料顯示，1993 年經合組織成員國的服務貿易占世界貿易總額的 81%。按世界銀行 1998—1999 年發展報告提供的資料，目前中國服務業占 GDP 的 33.5%，該項數據美國 1997 年為 72.1%，法國 2000 年為 70.9%，德國 2000 年為 67.6%。中國不僅遠遠低於發達國家，而且比發展中國家的平均水準（40%）還低。中國服務業目前總體發展水準落後，特別是各產業（項目）、各地區發展極不平衡，一些地區和一些服務產業（項目）還處於空白狀態；同時服務業管理水準和生產效率也比較低下，價值補償不足，資金短缺嚴重。

　　（1）服務行銷理念的挑戰。外資企業一般都有先進的管理經驗和現代商戰的行銷手段，以及先進的行銷哲學、長遠的行銷目標、完善的行銷網絡、高效的行銷運作體系，而中國的服務性企業缺乏這樣的基本素質。外資企業一旦與高素質的行銷人員、行銷管理結合，必然會在服務市場行銷方面產生巨大的行銷力，這會直接地衝擊中國的服務業。

　　（2）服務行銷規模的挑戰。外資企業一般都是跨國公司，資金雄厚，實力強大，

行銷規模優勢明顯，具有價格優勢和服務優勢，這會對中國一些規模小、資金短缺、經營成本高的服務企業產生巨大的衝擊。一些服務企業照搬流行的服務措施，脫離自身實際承受能力，在服務時，不顧自身實際，盲目照搬，花了大力氣，結果卻不盡如人意。

（3）服務行銷創新方面的挑戰。隨著科學技術的飛速發展，外資企業更加容易利用現代化的高新技術開展行銷創新活動，如行銷組織創新、7P創新、服務品牌創新等，這是中國服務企業難以企及的。如近幾年發展起來的網絡行銷，就是外資企業運用現代科技進行行銷創新的結果。

（4）服務行銷人員素質方面的挑戰。在服務行銷中，人員就是服務的一部分，服務人員的素質與行為直接決定了服務質量水準。有些企業服務人員的服務質量和服務水準難以滿足顧客需求，服務工作簡單草率或出現較多的服務斷層。服務工作是一項長期連貫工作，它貫穿於售前、售中、售後組成一個環環相扣的服務鏈中。當前一些企業只能提供簡單的服務，服務有其名無其實，無法形成競爭優勢。

第四節　服務行銷學與市場行銷學的區別和聯繫

　　服務行銷學是從市場行銷學中派生的，服務行銷學從理論基礎到結構框架都脫胎於市場行銷學。但服務行銷學作為一門獨立的學科，與市場行銷學仍存在著如下差異：

1. 研究的對象存在差別

　　市場行銷學以產品生產企業的整體行銷行為為研究對象，服務行銷學則以服務企業的行為和產品行銷中的服務環節為研究對象。服務業的行銷與一般生產企業的行銷行為存在一定的差異，服務與產品也不能等量齊觀。服務行銷的組合由市場行銷組合的4P發展為7P，即加上了人、過程和有形展示這3P。

2. 服務行銷學加強了顧客對生產過程參與狀況的研究

　　服務過程是服務生產與服務消費相統一的過程，服務生產過程也是消費者參與的過程，因而服務行銷學必須把對顧客的管理納入有效地推廣服務、進行服務行銷管理的軌道。市場行銷學強調的是以消費者為中心，滿足消費者需求，而不涉足對顧客的管理。

3. 服務行銷學強調人是服務產品的構成因素，故強調內部行銷管理

　　服務產品的生產與消費過程，是服務提供者與顧客廣泛接觸的過程。服務產品的優劣、服務績效的好壞不僅取決於服務提供者的素質，也與顧客行為密切相關，因而提高服務員工的素質、加強服務業內部管理、研究顧客的服務消費行為十分重要。人是服務的重要構成部分。市場行銷學也會涉及人，但市場行銷學中人只是商品買賣行為的承擔者，而不是產品本身的構成因素。

4. 服務行銷學要解決服務的有形展示問題

　　服務產品的不可感知性，要求服務行銷學要研究服務的有形展示問題。服務產品有形展示的方式、方法、途徑、技巧成為服務行銷學研究的系列問題。這也是服務行

銷學的突出特色之一。市場行銷學則不涉及這方面的問題。

5. 服務行銷學與市場行銷學在對待質量問題上也有不同的著眼點

市場行銷學強調產品的全面行銷質量，強調質量的標準化、合格認證等。服務行銷學的重要問題之一，就在於服務的質量很難像有形產品那樣用統一的質量標準來衡量，其缺點和不足不易被發現和改進，因而要研究服務質量的過程控制。

6. 服務行銷與市場行銷在關注物流渠道和時間因素上存在著差異

物流渠道是市場行銷關注的重點之一；由於服務過程把生產、消費、零售的地點連在一起來推廣產品，而非讓三者表現為獨立形式，因而其著眼點不同。對於時間因素的關注，產品行銷雖然也強調顧客的時間成本，但在程度上還不能與服務行銷相比。服務的推廣更強調及時性、快捷性，以縮短顧客等候服務的時間。顧客等候時間長，會破壞顧客的購買心情，使其產生厭煩情緒，會影響企業的形象和服務質量，因而服務行銷學更要研究服務過程中的時間因素。

服務行銷學與市場行銷學還存在其他的差異，這表明服務行銷學有獨立存在的必要。

本章小結

隨著服務經濟在社會經濟生活中佔有的比重越來越大，服務行銷成為國內外行銷學界的研究熱點。隨著服務業的發展和產品行銷中服務活動所佔比重的提升，將服務行銷從市場行銷中獨立出來加以專門研究成為必要。服務行銷學自20世紀60年代興起於西方以來，已經過四個階段的發展，目前服務行銷理論正逐步向縱深發展，成為指導服務行銷實踐的強大理論武器。有關服務的概念迄今為止尚未有一個權威性的定義，但學術界進行的相關研究對拓展服務內涵的認識進而推動服務行銷學的發展無疑做出了重要貢獻，也為其他學者從基本特徵的角度研究服務內涵奠定了基礎。自20世紀70年代以來，學術界對絕大多數服務的共同特性進行了探索和研究，從而形成了服務具有5種特徵的共識，即有形性、不可分離性、異質性、不可儲存性和所有權的不可轉移性。服務業的發展成為現代經濟發展的突出特徵，在經濟全球化和信息化的強勁推動下，服務業還將不斷迅速發展，並呈現一些新的發展趨勢。服務行銷與一般有形產品的行銷相比，具有其自身的特點，服務行銷理念也由傳統行銷理念向關係行銷理念和顧客滿意理念轉變。進入21世紀，服務行銷從理論到實踐都有了一些新的發展，出現了一些新的行銷模式。

關鍵概念

服務；服務業；服務經濟；服務行銷；服務行銷學；無形性；不可分離性；不可存儲性；異質性；所有權不可轉讓性

復習思考題

1. 服務是什麼？服務有什麼特點？
2. 服務行銷的含義和特點是什麼？
3. 服務行銷學與市場行銷學有什麼區別和聯繫？
4. 服務行銷學的發展歷史經歷哪幾個階段？每個階段有什麼特點？

第二章 服務行銷學的相關理論

學習目標與要求

1. 瞭解顧客滿意的內涵和策略
2. 掌握關係行銷中的概念、目標、實施途徑和意義
3. 掌握服務體驗的內涵和管理方法

［引例］花旗銀行服務行銷

作為「金融界的至尊」，花旗銀行（Citibank）的資產規模已達 9,022 億美元，一級資本為 545 億美元。時至今日，花旗銀行已在世界 100 多個國家和地區建立了 4,000 多個分支機構。在非洲、中東地區，花旗銀行更是外資銀行搶灘的先鋒。花旗的驕人業績得益於其 1977 年以來銀行服務行銷戰略的成功實施。服務行銷在行銷界產生已久，但服務行銷真正和銀行經營相融合，從而誕生銀行服務行銷理念，還源於 1977 年花旗銀行副總裁列尼·休斯坦克的一篇名為《從產品行銷中解脫出來》的文章。花旗銀行可以說是銀行服務行銷的創始者，同時也是銀行服務行銷的領頭羊。花旗銀行能成為銀行界的先鋒，關鍵在於花旗獨特的金融服務能讓顧客感受到並接受這種服務，進而使花旗成為金融受眾的首選。多年以來，銀行家們很少關注銀行服務的實質，強調的只是銀行產品的贏利性與安全性。隨著銀行業競爭的加劇，銀行家們開始將注意力轉移到銀行服務與顧客需求的統一性上來了。銀行服務行銷也逐漸成了銀行家們考慮的重要因素。

自 20 世紀 70 年代花旗銀行開創銀行服務行銷理念以來，花旗銀行就不斷地將銀行服務寓於新的金融產品創新之中。而今，花旗的銀行能提供多達 500 種金融服務。花旗的服務已如同普通商品一樣琳琅滿目，任人選擇。1997 年，花旗與旅行者公司的合併，使花旗真正發展成為一個金融百貨公司。在 20 世紀 90 年代的幾次品牌評比中，花旗都以它卓越的金融服務位列金融業的榜首。今天，在全球金融市場步入競爭激烈的買方市場後，花旗銀行更加大了它的銀行服務行銷力度，同時還通過對銀行服務行銷理念的進一步深化，將服務標準與當地的文化相結合，在加強品牌形象的統一性時，又注入了當地的文化元素，從而使花旗成為行業內國際化的典範。

金融產品的可複製性，使銀行很難憑藉某種金融產品獲得長久競爭優勢，但金融服務的個性化卻能為銀行獲得長久的客戶。著名管理學家德魯克曾指出：「商業的目的

只有一個站得住腳的定義，即創造顧客。」「以顧客滿意為導向，無異是在企業的傳統經營上掀起了一場革命。」花旗銀行深刻理解並以自身行動完美地詮釋了「以客戶為中心，服務客戶」的銀行服務行銷理念。在行銷技術和手段上不斷推陳出新，從而昇華花旗服務，維持花旗輝煌。

花旗通過變無形服務為有形服務，提高服務的可感知性，將花旗服務派送到每一位客戶手中。花旗銀行在實施銀行服務行銷的過程中，以客戶可感知的服務硬件為依託，向客戶傳輸花旗的現代化服務理念。花旗以其幽雅的服務環境、和諧的服務氛圍、便利的服務流程、人性化的設施、快捷的網絡速度以及積極健康的員工形象等傳達著它的服務特色，傳遞著它的服務信息。

花旗在銀行服務行銷策略中，鼓勵員工充分與顧客接觸，經常提供上門服務，以使顧客充分參與到服務生產系統中來。通過「關係」經理的服務，花旗銀行構建了跨越多層次的職能、業務項目、地區和行業界限的人際關係；為客戶提供並辦理新的業務，促使潛在的客戶變成現實的用戶。同時，花旗還賦予員工充分的自主服務權，在互動過程中為客戶更好地提供全方位的服務。

通過提升服務質量，銀行服務行銷賦予花旗服務以新的形象。花旗在引導客戶預期方面決不允許做出過高或過多的承諾，傳遞給客戶的承諾必須保質保量地完成。如「花旗永遠不睡覺」的承諾，其實質就是花旗服務客戶價值理念的直接體現。花旗銀行規定並做到了電話鈴響10秒之內必有人接，客戶來信必在兩天內做出答覆。這些細節就是客戶滿意的重要因素。同時，花旗還圍繞著構建同顧客的長期穩定關係，提升針對性的銀行服務質量。通過瞭解客戶需求，花旗銀行針對此提供相應的產品或服務，縮短員工與客戶、管理者與員工、管理者與客戶之間的距離，在確保質量和安全的前提下，完善內部合作方式，改善銀行的服務態度，提高銀行的服務質量，進而提高客戶的滿意度，提高服務的效率並達到良好的效果。

第一節　顧客滿意

企業想要贏得長期顧客，就要使顧客滿意。要做到這一點，企業不僅要比其他競爭對手更瞭解顧客需求及其消費行為，同時也要瞭解顧客滿意發生的機制，即顧客為什麼會對其購買行為的後果滿意，如何才能最大限度地使顧客滿意。

一、顧客滿意的內涵

顧客滿意（Customer Satisfaction，簡稱CS），本是商業經營中一個普遍使用的生活概念。但是隨著市場的發展，顧客滿意逐步演變成一種複雜、系統的感覺。影響顧客滿意的因素也是多樣的，如商品的品質、價格行銷與服務體系等。顧客滿意實際上指的是對自己的服務期望和實際經歷服務進行主觀比較的結果。菲利普·科特勒同樣也指出：「滿意是指一個人通過對一個產品和服務的可感知的效果與他的期望值相比較後所形成的感覺狀態。」因此，滿意水準是可感知效果和期望值之間的差異函數。顧客滿

意中的顧客即包括具體的現實的個體顧客和群體顧客，還包括潛在顧客；滿意即追求現實顧客的感知滿意，又追求潛在顧客的口碑效應。顧客滿意也從處理顧客抱怨、減少顧客不滿的初級階段發展到了今天以追求顧客持續滿意為指導、進行戰略經營的高級階段。

顧客滿意是在與競爭對手的比較中顯示出來的。所謂「沒有最好，只有更好」，表達的就是這個觀念。企業要想在競爭日趨激烈的市場中贏得勝利，除了需要不斷追蹤瞭解顧客的期望外，還需要監測分析競爭對手的有關情況，並在此基礎上設定高於競爭對手的績效水準和顧客滿意水準。

二、顧客滿意的作用

顧客滿意是企業未來利潤的最好指標。一個企業即使擁有資金、技術上的強大實力，其優勢也是暫時的，只有贏得顧客的忠誠和信任，才能贏得市場。只有讓顧客滿意，顧客才能夠持續購買，成為忠實顧客，企業才能夠長久發展，賺取豐厚的利潤。可以說，為顧客提供超出他們期望的產品和服務是產生滿意的關鍵，而這也正是企業取得長期成功的必要條件。現代的經營理念認為行銷前一定要去瞭解顧客真正的需求，並給予滿足，從而保障企業朝著正確的方向長期健康地發展下去。換句話說，顧客滿意是指引企業未來營利的重要方面。

產品的高質量以及優質的服務態度是企業必須不斷加強的。今天大多數成功的公司都是如此，這些公司執意追求顧客全面滿意。例如，施樂公司保證「全面滿意」，它保證在顧客購後三年內，如有任何不滿意，公司將為其更換相同或類似產品，一切費用由公司承擔。

三、顧客滿意的指標

為了準確瞭解顧客對於企業產品的意見和看法，企業經常採用各種測量方法對顧客滿意進行程度分析，這就是所謂的顧客滿意指數。顧客滿意指數是企業關注的一個重要方面，利用顧客滿意指標體系可以度量與反應出企業與顧客之間的情況，繼而利用這些信息來改進企業下一階段的工作。顧客滿意指標對於企業而言，具體可以實現以下幾個方面的用途：

（1）測定企業過去與目前經營管理水準的變化，分析競爭對手與本企業之間的差距。

（2）瞭解顧客的想法，發現顧客的潛在要求，明確顧客的需要、需求和期望。

（3）檢查企業的期望，以達到顧客滿意和提高顧客滿意度。這有利於制定新的質量或服務改進措施，以及新的經營發展戰略與目標。

（4）明確為達到顧客滿意，企業在今後應該做什麼；是否應該轉變經營戰略或經營方向，從而緊隨市場的變化而變化。

（5）增強企業的市場競爭能力和企業贏利能力。

以顧客為導向的企業會跟蹤顧客在每一時期的滿意水準和確立改變的目標。例如引例所示的花旗銀行，其目標是使90%的顧客達到滿意水準。如果花旗銀行繼續增加

顧客滿意水準，就是走在正確的軌道上。如果相反，它的利潤雖然增長但顧客滿意指數卻持續下降，它就是走在錯誤的軌道上。在個別的年份，利潤會有高低的波動，這是成本增加、價格下降、大量新的投資機會出現等多種原因造成的。而顧客滿意指數確實是衡量一個企業健康發展的主要標志。

四、實施顧客滿意的行銷策略

在企業實施滿意行銷的過程中，使用一些行銷策略能促使其達到更好的效果。下面就對幾種提升顧客滿意的策略進行介紹，以促使顧客滿意行銷能夠更好地運用在實踐當中。

(一) 及時瞭解顧客訴求和傾聽顧客意見

許多企業在進行行銷活動的過程中，往往在出售產品之後，就不做任何調查了；只在顧客對其產品進行投訴等情況下才收集對自身產品的具體評價，這樣很不利於顧客滿意的形成。進行行銷時，企業不但要認真對待顧客投訴，聽取他們的意見，還要在企業開展的各種活動當中，隨時傾聽顧客的意見和建議，瞭解顧客在使用過程中對產品的真實感受。企業產品的質量以及服務的水準，不是由企業自身來評價的，而由顧客來評價，所以，顧客是評價的主體。因此，從企業的角度來講，針對顧客提出的建議或者意見，應該持一種虛心的態度，並且真正地解決顧客所反應的問題；顧客提出的批評，也要耐心接受，並且用以指導企業以後的各項活動。這能夠有效地促使企業擴大市場，吸引更多的消費人群。在這樣的行銷環境當中，企業可以保證穩定的顧客資源，促進顧客的重複消費，使企業的產品、服務和顧客之間聯繫更加緊密。

(二) 提升服務意識，加強服務工作

企業在進行行銷時，如果遇到顧客質疑消費憑證的情形，不能只考慮自身的利益而忽視顧客的感受，這樣會使顧客不滿意，造成企業和顧客之間關係的緊張。並且消費者還會把這些信息告訴給身邊的人，從而使企業產品的銷售受到一定的影響。當面對這種情況時，企業同樣應該保持虛心的態度，並以良好的服務態度向顧客解釋；對於其提出的疑問，企業在經過調查之後，如果情況確實屬實，一定要採取相應的解決措施，對消費者負責，並承擔相應的責任，提升消費者對產品以及企業的滿意度與信任度。只有徹底打消顧客的疑慮，才能使顧客對企業充滿信任。因此，提升服務意識，加強服務工作是實施顧客滿意過程中必不可少的。

(三) 對顧客的滿意程度進行跟蹤反饋

企業想要在市場競爭當中占據有利地位，關鍵是跟蹤反饋顧客滿意度。對於企業行銷人員來說，在開展行銷活動時，要隨時跟蹤行銷信息，企業中負責行銷的人員在產品銷售以及售出以後，要對消費者的滿意度進行追蹤調查，及時瞭解消費者的反饋信息，並將這些信息進行整理，將分析結果記錄下來，並對其中的原因進行分析，從而避免以後再出現類似的情況，保證行銷活動的正常開展。行銷人員還要根據企業的未來發展方向，做出正確的判斷，並且以此為基礎進行調整；還要和相關部門協調，

盡量妥善處理顧客的意見。這對企業及時瞭解顧客心理以及市場的發展形勢是十分有利的，可以使企業在競爭中獲得更長遠、穩定的回報。

(四) 提高服務人員的整體素質

顧客滿意的關鍵在於服務水準，這表明行銷人員的整體素質是不可忽視的。在行銷過程中，行銷人員負責和顧客溝通，行銷人員素質低下，可能導致顧客對消費的滿意程度的低下。針對這一問題：第一，企業可以加強和各大高校之間的合作，招聘素質較高的行銷專業畢業生，只要給予應有的報酬，這些行銷人員就可能在行銷當中實現顧客滿意。第二，上崗之前對其進行合理培訓。就中國目前經濟發展情況而言，城鎮化進程在不斷深化，這給予了顧客更多的選擇權，他們會選擇自己願意接受的行銷人員為其提供導購服務。

第二節 關係行銷

20世紀70年代，關係行銷作為一種新的行銷理念悄然興起，發展至今，企業開始把行銷的重點從關注如何增加顧客購買量和單個交易行為轉移到顧客關係的長期建立上。本節將重點研究關係行銷的有關問題，如關係行銷的特徵、與顧客關係相關的概念、行銷的目標以及具體實施措施、關係行銷給顧客帶來的利益等。通過本節的學習，讀者應該能掌握關係行銷的基本理論，並清晰地瞭解關係行銷的實際運用途徑及意義。

一、關係行銷的概念

關係行銷（relationship marketing），即把行銷活動看成是一個企業與顧客、供應商、分銷商、競爭者、政府機構及其他公眾產生互動的過程，其核心是建立和發展與這些公眾的良好關係。良好關係是靠長期不懈的努力、可信的承諾、高質量的產品、優質的服務、公平的價格建立起來的。良好的關係能構建出一個行銷網絡，有利的交易機會會隨之而來。關係行銷本質上是一種理念的轉變，即傳統的以交易為中心的行銷觀轉變為以建立和維繫關係為中心的行銷觀。關係行銷具有長期性、互動性、過程性和價格非敏感等特點。在以關係行銷為主的行銷戰略中，顧客和企業成為夥伴，企業力求通過質量、服務和創新來保留顧客。關係行銷的核心思想是促進顧客同企業之間的關係，而不是為尋求更有價值的東西去頻繁更換服務供應者。當然這是不容易的，企業需要付出的努力是非常巨大的。就一般情況而言，顧客企業之間的商務往來越頻繁，顧客越容易成為老顧客，即忠誠度高的商業夥伴，所帶來的好處之一是緊密的合作能使交易成本降低。傳統的行銷過多關注於獲取顧客的交易行為，事後卻很少關注顧客的留存。這被形象地稱為「漏籃子行銷」。關係行銷則是把「漏籃子」變為「水桶」。

實際上，人們所有的社會活動，都是通過各種組織及其之間的關係進行的。交換活動也不例外，也是通過處於既相互矛盾又相互依存的關係的雙方進行的。與往往只

關心一次性交易或者只注意吸引新顧客而不是努力建立長期的顧客關係的交易行銷不同，關係行銷認識到顧客保留和建立長期的、互惠互利的顧客關係的重要性，在本質上代表了一種典型的行銷觀念的轉變，是一種全新的經營策略。關係行銷的這種重要的轉變使行銷工作跳出了一次性交易的範圍，從而注重顧客重複購買以及對顧客的高度承諾，因此，從某種意義上可以將關係行銷解釋為一種「把顧客作為最為珍貴的資產」的觀念。

下面我們用表 2-1 來表示關係行銷與交易行銷的區別。

表 2-1　　　　　　　　　　關係行銷和交易行銷的區別

項目	交易行銷	關係行銷
適合的顧客	眼光短淺和低轉換成本	眼光長遠和高轉換成本
核心概念	你買我賣	建立與顧客之間的長期關係
企業的著眼點	近期贏利	長遠利益
企業與顧客的關係	不牢固	比較牢固
對價格的看法	主要競爭手段	不是主要競爭手段
市場佔有率	一錘子買賣也做	企業強調建立長久關係
行銷管理的追求	追求單項交易利潤最大化	追求與對方互利關係最佳化
市場風險	大	小
瞭解顧客文化背景	沒有必要	非常必要
最終結果	未超出「行銷渠道」的概念範疇	超出「行銷渠道」的概念範疇

關係行銷的本質特徵可以概括為以下幾個方面：

（1）溝通的雙向性。在關係行銷中，溝通應該是雙向而非單向的。廣泛的信息交流和信息共享才能使企業贏得各個利益相關者的支持與合作。

（2）戰略的協同性。在競爭的市場上，明智的行銷管理者強調建立長期的、互信的、互利的關係。一般而言，關係有兩種基本狀態，即對立和合作。只有通過雙方的合作才能實現協同，因此合作是雙贏的基礎。

（3）行銷的互利性。互利指的是行銷參與者都能從中獲益的局面。通過參與方的合作增加雙方的利益，而不是削弱或者損害其中一方或多方的利益來增加其他方的利益。

（4）利益的長期性。關係能否穩定發展，長期的聯繫也起著重要作用。因此關係行銷不只是要實現當前的物質利益，還必須兼顧未來可能出現的利益。

（5）反饋的及時性。關係行銷要求建立專門的部門，用以跟蹤顧客、分銷商、供應商及行銷系統中其他參與者的態度，由此瞭解關係的動態變化，及時採取措施消除關係中的不穩定因素和不利於關係中各方利益共同增長的因素。有效的信息反饋也有利於企業及時改進產品和服務，更好地滿足市場的需求。

二、關係行銷的目標

關係行銷的基本目標是建立和維持一個對組織有益的有承諾的顧客基礎。為了該目標的實現，企業應注重開發、維持和增強顧客關係。企業會尋找那些可能保持長期關係的顧客，通過市場細分（後面章節討論），企業能夠清晰瞭解可供建立長期顧客關係的最佳目標市場。

隨著這些關係數量的增長，那些忠誠的顧客本身也會不斷地幫助企業吸引（通過口頭宣傳）新的與其具有相似性的潛在顧客。簡而言之，關係行銷的目標就是客戶忠誠。許多研究者把顧客忠誠與顧客保留混為一談，其實二者之間的差別甚大。顧客保留是指顧客重複的光顧，只是一種行為。顧客忠誠涉及行為和態度兩個方面的因素。顧客忠誠的前提是顧客滿意，而顧客滿意的關鍵條件是顧客價值的提升，顧客價值的提升在於發掘顧客的真實需求並加以滿足，而關係行銷能將以上過程關聯起來並加以實現。赫爾曼‧迪勒認為，關係行銷的目標就是顧客忠誠而不是顧客保留。通過實施關係行銷，培養顧客的忠誠度，不僅可以給企業帶來豐厚的利潤，而且還可以節省成本，提高利潤率。圖 2-1 顯示了關係行銷客戶忠誠的階梯。

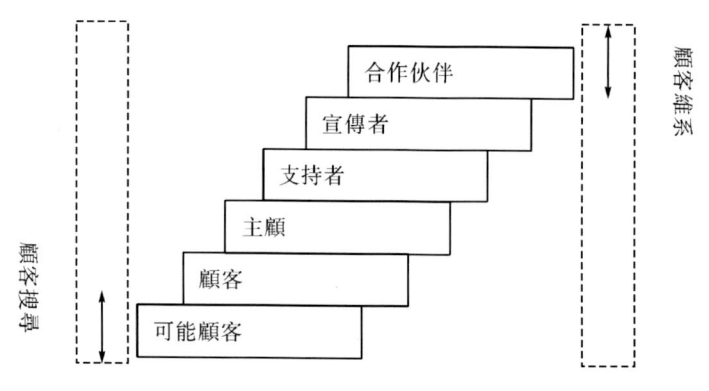

圖 2-1　關係行銷客戶忠誠度階梯

關係行銷客戶忠誠度階梯是服務企業關係行銷目標實現過程的直觀示意圖。在這個圖中服務企業努力使顧客沿著「關係行銷客戶忠誠度階梯」提升。通過卓有成效的行銷努力，會有更多有益的目標顧客從新開發的顧客逐步通過「忠誠度階梯」向更有價值的顧客提升，直到階梯頂端，成為企業的「合作夥伴」。

關係行銷客戶忠誠度階梯的底部是「可能的客戶」，即企業的目標市場。企業傳統的行銷方法是將重點放在怎樣使個人或組織由第一級的「可能的客戶」轉化為第二級的「客戶」。許多停留在這個層次的行銷企業往往會通過大量的短期性刺激性行銷工具來促成交易，價格往往又是其中最重要的工具。超級市場通過打折、優惠卡、贈券來招攬顧客；銀行通過利率來吸引儲戶和客戶；旅店通過提供優惠服務來吸引客人；等等。但是這一層次的客戶也許與我們只有一次或者不定期的業務往來，它對企業的回報有限，而且價格工具是所有行銷工具中最易模仿的，它本身並不會提供持久的競爭

優勢。

一旦顧客開始與企業建立關係，當他們持續獲得優質產品和高價值服務時，顧客極有可能會穩定在這種關係中。如果顧客感到企業能夠瞭解其不斷變化的需求，並且感覺到企業似乎願意通過產品和服務組合方面的不斷改進和提高這種關係，他們便很少會被企業的競爭者拉走。

圖 2-2 顯示了關係行銷的目標。其目標是使更多有益的顧客從新開發的顧客階段通過金字塔向更有價值的、強化的顧客階段轉移。

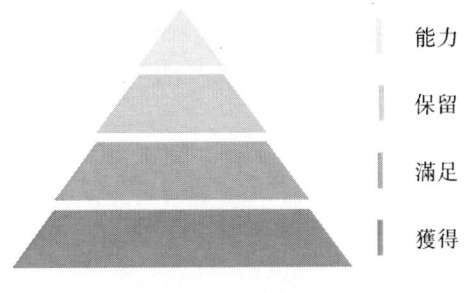

能力
保留
滿足
獲得

圖 2-2　關係行銷的目標

三、關係行銷的實施途徑

現代市場行銷的發展表明，關係行銷是指對顧客及其他利益群體關係的管理。關係行銷的宗旨是從顧客利益出發，努力維持和發展良好的顧客關係。因此，關係行銷的重點實施途徑是建立和發展行銷網絡、培養顧客忠誠、降低顧客轉移率。關係行銷的實施基礎有三大原則，分別為承諾信任、互惠互利、主動溝通。從行銷理論和實踐來看，關係行銷的實施途徑包括以下幾個方面。

(一) 提高顧客忠誠度

傳統的交易行銷注意短期利益，忽視了顧客滿意。「貨物售出，概不負責」，就是交易行銷的典型做法。現在的關係行銷重視發展新顧客，同時也在致力維護老顧客的忠誠。關係行銷對後者更為重視，它的好處包括：

（1）維持老客戶，能帶來大量銷售額。行銷大師菲利普·科特勒在《市場行銷學》一書中提到著名的「20/80」規則，即 80%的銷售額來自於 20%的企業忠誠客戶。

（2）維持老客戶的成本大大低於吸引新客戶的成本。傳統行銷人員，眼睛盯著新客戶，發展了新客戶，卻丟掉了老客戶，這是不經濟的。

（3）忠誠客戶有很強的示範效應。忠誠客戶是指對某一品牌或廠商具有某種偏愛，能長期重複購買其產品的客戶。他們對同一廠家提供的延伸產品和其他新產品也樂於接受，對競爭者的行銷努力採取漠視或抵制的態度。忠誠客戶對其他消費者還有很強的示範效應，是同一消費群體的意見領袖。怎樣防止客戶流失，進行「反叛離管理」，成為關係行銷管理的重要內容之一。

（二）適當增加顧客的讓渡價值

客戶讓渡價值是客戶總價值與客戶總成本之間的差額。客戶總價值是指客戶購買某一產品與服務所期望獲得的一組利益。它包括產品價值、服務價值、人員價值和形象價值等。客戶總成本是指客戶為購買某一產品與服務所付出的時間、精神、體力以及所支付的貨幣資金等，它們構成貨幣成本、時間成本、精神成本和體力成本等。客戶在選購產品時，往往從價值與成本兩個方面進行比較分析，從中選擇出價值最高、成本最低，即「客戶讓渡價值」最大的產品作為優先選擇的對象。提高顧客讓渡價值，可以從以下四方面入手。

（1）用特色產品吸引客戶。企業要有敏銳的洞察力，同時要敢於創新、善於創新，不斷捕捉市場動態，滿足顧客日異多樣化的需求。產品的創新不一定要將自己的產品完全改變，可以在產品的內在結構上下功夫。這包括三個層次。首先是核心產品，是指消費者購買產品的關注點，即利益所在，它是消費者真正想要得到的東西。其次是有形產品，這是消費者購買核心產品的載體，它是可識別的形象，可以被我們所感知，如產品的外觀特色、產品的質地及產品的包裝等。最後是附加產品，即顧客在購買有形產品時，賣方提供給消費者的諸如分期付款、免費送貨、安裝和售後服務等附加服務和利益。附加產品或附加利益，現在成了企業新的競爭點。

（2）提供超值的服務。現代顧客購物時，在滿足其基本購買需求的同時，更加注重所感知到的服務，服務質量對客戶忠誠起著直接甚至根本的作用。所謂超值服務就是超過顧客心理期望值的服務，一個企業如果能為顧客提供這樣的服務，那它便有能力感動自己的顧客，讓顧客從心底認同企業。

（3）提高企業形象。企業形象是客觀性與主觀性的統一，是人們對於企業的一種總體印象。企業形象具有獨特的特點，可以滿足顧客對個性化的需求。企業建立的良好形象，可以提高企業在顧客中的美譽度和知名度，從而讓顧客更加偏好自己所喜歡的企業，形成對企業的忠誠。

（4）提升企業與顧客的關係層次

企業與客戶之間的關係可分為依次遞進的三個層次，即財務層次、關係層次和結構層次。企業選擇的關係行銷層次越高，其獲得的潛在收益和提高競爭力的可能性越大。財務層次指企業與客戶之間建立的以商品為媒介的財務利益上的關係；關係層次也稱社會層次，是指購銷雙方在財務層次基礎上，建立起相互瞭解、相互信任的社會聯繫，並達到友好合作關係；結構層次是關係行銷的最高層次，結構層次是指企業利用資本、資源、技術等要素組合，精心設計企業的生產、銷售、服務體系，提供個性化產品和服務，使客戶得到更多的消費利益和「客戶讓渡價值」。

優質的企業和顧客的關係層次可以實現資源的優化配置，降低企業的營運成本，提高企業的工作效率；可以拓展企業的生存發展空間，增加企業的市場份額，增強企業的競爭力。提升與顧客的關係層次需要動態地收集信息、分析信息，把握客戶的心理與需求，瞭解他們對於企業的意見，然後制定客戶戰略，發展維護好與顧客的關係，提高客戶忠誠度。

(三) 建立顧客關係管理機構

　　企業應提供顧客關係行銷的組織保障，設立專門從事顧客關係管理的機構便是顧客關係行銷取得成功的組織保證。企業通常要選派綜合能力強的人擔任該部門的總經理，並且下設若干關係經理。總經理主要負責制定企業顧客關係行銷的總體策略並使其獲得企業整體上的支持，關係經理則具體負責一個或若干個主要客戶，維持同客戶的良好業務關係。

(四) 建立柔性生產體系

　　傳統行銷通常稱為「大眾行銷」，生產廠商的每一種產品都要滿足每一位顧客的要求，生產的重點是規模生產。隨著生產技術的提升，顧客信息的迅速傳播，人民的生活水準、消費習慣等的改變，市場中形成了消費的差異性、個性化顯著增強的趨勢。再加上新型的網絡經濟的影響，顧客購買的場景化、隨時性普遍存在。與此同時，市場細分的規模越來越小，有時候到了「一對一」的地步。為了適應這種形勢的變化，企業就要根據顧客的不同需要，設計生產那些具有差異化、個性化的產品，即建立柔性生產體系。這是一種適應廣泛的體系，滿足「多品種、小批量」訂貨的要求，又能切實保持大批量流水作業的先進生產體系。在如今的市場中，汽車以及一些家用電器都採用了柔性生產體系，對市場的靈活變化及時做出創新處理。

(五) 建立客戶關係管理系統

　　引入客戶關係管理，對顧客關係行銷進行持續創新。客戶關係管理是一套先進的管理思想及技術手段。通過客戶關係管理，企業與顧客之間可以建立起友誼的橋樑，以充分把握顧客動態的需求與期望。而在此基礎上，企業可以適時地、有針對性地、創造性地從各層面去滿足顧客動態的需求，達到甚至超越顧客的期望，最大限度地提高客戶滿意度及忠誠度。

(六) 建立包含競爭和合作的同行關係

　　任何行業都存在競爭與合作的關係。如何面對同行的關係？如何應對競爭者帶來的挑戰？一般而言，企業要麼針對競爭對手進行相應的打擊行為，這是「損人利己」的方式；要麼對競爭對手進行分析，認同相似或者相同之處，既在同一市場上進行爭奪，也為競爭對手帶來商機；進行「錯位」經營，或者採取合作，通過合作、協同經營，達到雙贏的結果，盡量減少對自己不利的舉措，這是「利己利人」的方式。

(七) 提升對顧客關係行銷的創意

　　創意是顧客關係行銷獲得持久活力的源泉，只有與競爭對手不同，只有比競爭對手更貼近顧客，企業才能永久地贏得顧客。而大多數企業開展的顧客關係行銷活動趨於雷同，無法突現自身優勢。

四、實施關係行銷的意義

　　關係行銷的實施具有十分重要的意義，表現在以下幾個方面：

1. 節約成本，提高顧客忠誠度

對待忠誠顧客，企業只需經常關心老顧客的利益與需求，在售後服務等環節上做得更加出色，就可留住忠誠顧客，既不需要投入巨大的初始成本，又可節約大量的交易成本和溝通成本，同時忠誠顧客的口碑效應可帶來高效的、低成本的行銷效果。顧客忠誠有利於企業鞏固現有市場：高顧客忠誠企業的競爭對手必須投入大量的資金吸引別的顧客，這種努力要持續一段時間，並且有一定的風險。這往往會使競爭對手退縮，從而有效地保護現有市場。顧客忠誠保證了顧客不會立即選擇其他企業的服務，從而保證企業佔有部分市場。

2. 理順關係，保持良性發展環境

企業間的競爭是心智的較量，是實力的較量。不同企業在生意場上既是對手又是朋友，講究相互尊重，競爭講究光明正大。所以要理順關係，保持好的發展環境。在一個大的環境中，只有良性發展、雙贏乃至多贏才是關係行銷應該注重的；一個惡劣的競爭環境只會導致企業相互廝殺，不利於企業發展和市場的發展，社會風氣也會因此而敗壞。

3. 構建緊密、長遠的合作夥伴關係

企業之間的關係不是單純的競爭關係，而是一種競合關係，只有通過加強合作才能更有利於企業行銷目標的實現。這表現在：一是關係行銷有利於鞏固企業已有的市場地位。目前，市場的需求細分正向縱深發展，縫隙市場變得越來越有利可圖，這無疑對規模龐大、機構臃腫的大企業是一個挑戰。二是關係行銷有利於開闢新市場。企業要進入一個新市場，往往會受到很多條件的制約，通過企業合作則可能將問題化解，開闢出一條進入新市場的捷徑。這一點在進入國際市場時表現得尤為明顯。三是關係行銷有助於多角化經營戰略的展開。多角化經營戰略要求企業向新的經營領域進軍，但是新的領域對企業來說可能十分陌生，要承擔很大的市場風險。

第三節　服務體驗

一、服務體驗的內涵及其本質

每一個人對服務幾乎都不陌生，服務是以提供勞動的方式達成他們某種特殊要求的社會現象。從學術角度來說，學者們對它的定義有很多。其中芬蘭學者克里斯廷·格羅魯斯（Christian Gronroos）是這樣解釋服務的：「服務是顧客與員工以及有形資源在互動中進行的一種過程，是由一連串的無形的活動組成的，而顧客問題的處理策略就是由這些有形資源提供的。」

由此可見，服務就是由一連串具有無形性特點的活動所構成的一種過程；不同於有形產品的是，服務天生就擁有體驗特徵而缺少調查特徵。調查特徵指的是那些只能夠在消費時或消費後才能做出評判的特徵。既然顧客願意消費服務，那麼，服務為顧客創造的價值究竟是什麼？服務價值又是如何讓顧客感知到的？其實服務企業為顧客

提供的服務是一種價值輸出並以特別的形式存在著，而服務價值交換的載體和渠道就成了服務過程和服務行為。

基於以上認識，本書認為服務及其本質可以這樣理解：「服務是一種過程，它能夠帶給顧客愉悅體驗從而滿足顧客需要，是實現價值交換的特殊性活動，同時為顧客創造特別的、美好的體驗感知，能夠讓顧客認同其擁有價值的體驗過程。」

二、顧客服務體驗的影響因素

在服務過程中，影響顧客服務體驗的因素有很多，如服務產品、服務環境以及服務實施的系統等。下面將從顧客和服務提供者這兩個方面出發，闡述影響顧客服務體驗的因素。

1. 顧客體驗為顧客期望設定了標準

顧客對將要體驗的服務的期待就是顧客期望，這種期待是顧客評估服務體驗的準則，對顧客的滿意度有著重要的影響，而以下因素會影響顧客的期望。

（1）顧客的個人需要。不同的顧客對於服務具有不同的要求，不一樣的需求會使他們對服務產生不同的期望。

（2）顧客以往的經驗。這些經驗或多或少對顧客的服務體驗產生著影響。

（3）服務提供者的承諾。如服務提供者給顧客的產品保證過高，則顧客的期望也會增加，當期望和現實之間存在差距，便會使顧客認為這與心中所想形成鮮明差別，難以使顧客得到滿足。只有服務者能夠一方面給予顧客適當的承諾，一方面顧客期望又能得到保持，使得實際的體驗符合顧客期望甚至超越顧客期望，才能幫助企業建立良好的顧客忠誠。

2. 服務體驗的提供對顧客體驗的作用

顧客與服務提供者交流的過程就是服務過程，服務提供者的服務策略、方法、實力都會對服務體驗產生影響。影響最大的因素有：

（1）有形性。有形性基本上是服務的外在基礎條件，它跟服務提供者的服務產品、基本設施、提供服務採用的材料配置有關，更同工作人員的素養有關。完善的服務、優美舒適的環境、優良的設施和大方得體的員工都能夠帶給客戶愉悅的經歷。

（2）可靠性。可靠性能夠增強企業對顧客的影響力，讓顧客對企業產生信任，以提升顧客的服務體驗。

（3）服務人員的素質。服務人員的素質包括職業道德、服務技巧、服務態度、對顧客進行照顧和給予個性化關注的能力等，是保證顧客滿意的基礎，是提升顧客服務體驗的重要因素。顧客服務體驗在顧客消費服務的過程中產生，服務人員是服務的提供者，其品質、道德、態度等素質不僅決定顧客需求能否被滿足，同時會對顧客服務體驗的效果產生重要的影響。服務人員的儀表、舉止和語言都會影響顧客服務體驗的效果：服務人員應大方得體，對服務產品的展示要得當，動作應迅速敏捷，又不能顯得粗俗，其語言要講究，既要條理清楚、形象生動，又要簡明扼要、通俗易懂。服務人員的素質與顧客服務體驗的效果正相關，高素質的員工能給顧客帶來滿意的服務體驗，彌補企業由於物質水準的不足而使顧客產生的缺憾感；而素質較差的員工不僅不

能發揮企業擁有的物質優勢，還有可能成為顧客對服務不滿意的主要原因。

三、服務體驗與顧客滿意的關係

本書在前面關於顧客滿意策略的章節中提到通過提升服務意識、加強服務工作可以提升顧客滿意，現在針對服務體驗繼續深化此內容。

（一）服務與顧客的持續滿意

企業追求的始終是利潤的最大化，而實現利潤最大化需要顧客的忠誠；要實現顧客忠誠，就必須使顧客在多次購買中滿意，即顧客的持續滿意。相對於有形產品而言，服務具有自身的特點。Sasesr 等研究者將服務的特性歸納為：無形性、生產與消費的同時性、質量差異性、不可存儲性、產品綜合性、所有權不可轉移性、易波動性、不可分割性、瞬間性等。因此，服務的顧客的持續滿意，相對有形產品的顧客的持續滿意而言，有其特殊性，主要體現為以下幾點：

（1）由於顧客滿意是主觀的，不一定會隨服務質量的提高而提升，所以顧客的持續滿意與服務質量的提高未必存在著相關性。根據赫茲伯格的雙因素理論，多數情況下只能使顧客沒有不滿意或僅產生短時期的滿意，想要達到持續滿意，就必須時刻瞭解顧客的潛在需求，從而使服務質量超出顧客的預期。

（2）由於服務業產品——服務的不穩定性，以及顧客滿意具有相對性和層次性，因此，顧客的持續滿意相比顧客滿意更易受到外界因素的影響，從長期來看也更具有絕對性。對某企業擁有持續滿意的顧客會形成對該企業的心理傾慕和服務依賴，甚至會與服務人員建立長期友好的關係。但是這種關係一旦受到外界的干擾，顧客的持續滿意就會受到影響。

（二）服務體驗是顧客滿意的主要來源

服務體驗是存在於顧客頭腦中的一種模糊的判斷。服務體驗的內涵是豐富而模糊的，企業只能從不同角度和環節付諸努力來滿足顧客的全方位需求。所以，更具現實意義的是利用顧客滿意程度來衡量服務水準及服務機制，從某種程度上說，顧客滿意度的高低就代表了顧客對該企業提供的服務體驗水準的評價。

而顧客滿意度的高低則取決於顧客的服務預期和服務體驗這兩個基本因素的對比。研究發現，顧客對某次服務經歷的過程的評價是簡單而快速的，結果也是明確的。但是，影響最終結果的兩個基本因素卻非常複雜，並且一直處於動態變化之中。每個基本因素又有無數子因素，不同因素之間又會交叉影響。觀察表明，只有當服務體驗滿足顧客期望時，才可以獲得顧客滿意。

四、顧客服務體驗的管理方法

隨著分析的深入，我們可以看出服務體驗在企業的發展中扮演著尤為重要的角色，那麼管理顧客服務體驗自然而然也就成為企業應該切實關注的問題。優質有效的服務管理不僅能滿足顧客對於服務的期望，良好的服務體驗還能夠使顧客對企業保持持續滿意。

(一) 分析顧客期望，採取相應的策略

從長期來看，顧客期望可以分為三類：模糊期望、顯性期望和隱性期望。服務提供者應當瞭解顧客的期望，針對不同的期望採取相應管理措施。

（1）模糊期望。模糊期望是指顧客期望服務提供者為其解決某類問題，但不清楚怎樣解決。在某些情況下，顧客無法表達他們的期望，但是這些期望卻是他們的真實想法，他們確實希望得到某種改變。這些模糊期望影響著顧客對服務質量的滿意度，如果服務提供者沒有發掘並滿足顧客的模糊期望，顧客雖然不明白他們不滿意的原因，但是會意識到他們所接受的服務是不完美的。服務提供者應當認識到模糊期望的存在並努力使這些期望顯性化。這就要求服務提供者要主動與顧客交流，善於提問，引導顧客說出心中的期望；或者細心觀察，結合顧客的談話發掘他們的模糊期望，將這些隱藏的期望轉化為顯性期望。

（2）顯性期望。顯性期望是顧客主動和有意識表達的他們對於服務的期望，他們假定這些期望可以並且能夠實現。但是這些顯性期望中有一些是非現實的期望，比如客戶會認為他的股票經紀會有效管理他的資金，使得資金不斷增值。服務提供者應當幫助顧客將非現實期望轉化成現實期望，避免其在非現實期望得不到滿足時產生失望。其中最重要的就是根據實際情況對顧客做出適度的、明確的承諾，幫助顧客形成真實的期望。

（3）隱性期望。隱性期望是顧客想當然地認為服務提供者會實現的期望，這些期望是非常明確的，顧客認為沒有必要再加以表達。由於這個原因，服務提供者可能會忽視這些期望，在服務的過程中沒有滿足這些期望；而當這些期望沒有實現的時候，顧客會處於不滿足狀態，從而影響顧客對服務質量的感知。因此，服務提供者必須注意顧客的隱性期望，以便採取措施確保滿足顧客的所有服務期望。服務提供者應當與顧客加強溝通，還可以通過查看顧客的投訴，瞭解顧客不希望或不滿意的地方，從而瞭解顧客的需要和期待；同時讓顧客瞭解服務提供者的真實情況，促進顧客將隱性期望轉化為現實的顯性期望。這有助於服務提供者滿足這些期望，增強顧客美好的服務體驗。

(二) 進行適當的宣傳，提升顧客期望

服務企業想要達到顧客滿意就應該提升預期服務水準，具體方法就是在服務前進行適當宣傳。企業不僅要對目標顧客進行宣傳和推廣，提高他們對服務的高水準的期待；而且企業的宣傳要適當，以免誇大自身能力而導致無法滿足顧客期望，引起顧客不滿。

(三) 提高服務質量

當顧客接受服務提供者的服務時，將經歷一系列的服務關鍵時刻。每一個關鍵時刻顧客都可能形成對服務質量的印象，每一個關鍵時刻都決定著服務能否贏得顧客的認同。良好的服務管理意味著必須做到恰到好處，讓顧客在所有關鍵時刻都感覺良好。為此，服務提供者必須發掘與顧客接觸的關鍵時刻，從顧客的角度看待這些關鍵時刻，

對服務制訂詳細的計劃並認真實施，以管理顧客在所有關鍵時刻的服務體驗。服務推廣過程中，企業應該努力提高服務質量，努力解決那些已經存在的問題。顯然，在致力於提高服務質量的過程中，企業應該明確兩方面的內容。

第一，企業對服務質量的規定及其執行貫穿於整個服務傳遞系統的設計與運行過程的始終，而不單單依賴事後監察和控制。因此，服務的過程、設施、裝備與工作設計等都將體現出服務水準的高低。

第二，顧客對服務質量的評價是一種感知認可的過程，他們往往習慣於通過服務傳遞中服務人員的表現及其與顧客的互動關係來進行評價。因此，人的因素對服務質量的提升至關重要。

（四）實施有效的服務救援

服務過程中的失誤不可避免，其帶來的直接後果是顧客滿意度的下降和顧客的抱怨行為。企業應意識到顧客是價值資產，服務救援對於挽回不滿意的顧客具有重要意義。本書從如何實施有效的服務救援提出以下兩點建議：

1. 提高初始服務的可靠性

服務援救策略的第一條規則，就是避免服務失誤，爭取在第一次就做對。顧客得到他們所希望得到的，再次服務的費用和因錯誤而產生的賠償就可以避免。可靠性，是所有行業關於服務水準的最重要的量度。為此，企業通常採用全面質量管理（TQM）、「零缺陷」行動等措施來實現可靠性。但是在現實的企業管理營運中，由於服務業與製造業固有的不同，上述手段要在服務業中發揮作用，需要對其進行相當大的改動。還有就是樹立零缺陷企業文化，提升服務的可靠性，即形成一種零缺陷的企業文化來保證第一次就把事情做對，這是至關重要的。在這種零缺陷文化觀念下，每個人都理解可靠性的重要性。

2. 建立有效的服務救援系統

為了建立有效的服務救援系統，必須遵循一些原則，即建立方便的反饋系統、實施有效的服務救援、建立適當的救援標準。

與顧客互動的基礎，是建立有效的顧客反饋系統。很多企業的服務管理者發現，一些不滿的顧客不願意抱怨服務失誤，為此，最好的方式就是直接列出他們不願報怨的原因。許多企業已經完善了它們的抱怨收集過程，如設置免費電話、開設相關的網絡連結等。它們在給顧客的信件中說，服務水準的提高，直接來源於企業「您告訴我們，我們立即回應」的管理理念下所收集的顧客反饋信息。

（五）提升員工的職業素養，建立顧客導向的服務環境

服務提供者提供給顧客的大多數服務都由一線員工提供，他們的服務態度和服務方式影響著顧客的服務體驗，不友好或冷淡的態度和行為對服務質量的感知有顯著的負面影響。服務企業應當做好以下工作：

1. 選擇有意願、有能力為顧客服務的人

顧客服務是一項與人打交道的工作，要使服務獲得成功，找到能夠勝任的人選是很重要的。合適的人員首先應當具有適度的真誠，能夠真心、熱誠地面對顧客；其次，

服務人員要具有較高的社交技巧，善於表達自己，瞭解社交的規範；最後，服務人員要能夠承受因頻繁的人際接觸而引起的心理負擔與壓力。

2. 增強員工的技能

增強員工的技能首先要分析服務顧客時要做的工作，然後列出完成這些工作的人員應該具備的知識、態度和技巧，並有的放矢地對員工進行技巧和技術的培訓。

3. 關懷員工

實際上，企業如何對待員工，員工就會如何對待顧客。因此，要使顧客產生良好體驗，就要關懷員工，以激勵員工提高服務質量。關懷員工意味著把員工當作內部顧客，瞭解員工的需要與期望，滿足他們的實際需要，提高員工對企業的滿意程度。

4. 建立顧客導向的服務文化

關鍵時刻多數都處於管理人員可見的範圍之外，要影響顧客的服務體驗，就必須在企業內部創造出有利於間接管理關鍵時刻的條件，要創造以顧客為導向的、對顧客態度友善的、顧客至上的服務文化，以文化影響、約束員工行為，提升顧客體驗。

本章小結

本章首先從顧客滿意的基本內涵進行闡述，突出顧客滿意對於企業發展的關鍵性，並提出較為合理的使顧客滿意的行銷策略；其次從關係管理的概念出發，詳細分析關係行銷在現實情況中應如何實施以及實施的意義；最後闡述服務體驗，揭示其與顧客滿意之間的緊密關係，並強調通過服務關係的管理方法，能使企業獲得持續的顧客滿意。

關鍵概念

顧客滿意；關係行銷；服務體驗

復習思考題

1. 關係行銷的核心是什麼？關係行銷和交易行銷有何區別？
2. 顧客滿意理念的目標指向是什麼？
3. 關係行銷對於當代行銷學的實際意義是什麼？
4. 如何認識服務體驗及其延伸？

第三章　服務消費行為

學習目標與要求

1. 瞭解服務消費行為的含義、類型和心理特徵
2. 掌握服務購買決策過程及其內容
3. 瞭解服務購買決策行為的影響因素
4. 掌握服務購買決策理論及其模型

［引例］希爾頓瞄準時間匱乏的消費者

希爾頓旅業集團專門做了一次關於時間價值觀的調查。該調查採用電話訪問方式進行，總共調查了1,010位年齡在18週歲以上的成年人；集中瞭解美國人對時間的態度、時間價值觀以及他們行為背後的原因。

該調查發現，接近2/3的美國人願意為獲得更多的時間而在報酬上做出犧牲。工作女性，尤其是有小孩的工作女性，面臨的時間壓力遠比男性大。大多數受訪者認為，在20世紀90年代，花時間與家人、朋友在一起比賺錢更重要。選擇「花時間與家人和朋友在一起」的受訪者占被訪總人數的77%；強調「擁有自由時間」的人數占受訪總人數的66%；選擇「掙更多錢」的人數占受訪總人數的61%，排在第六位；而選擇「花錢擁有物質產品」的人數占受訪總人數的29%，排在最後一位。同時，生活在東部各州的受訪者比處於「鬆弛」生活狀態的西部各州的受訪者更注重掙錢。其他顯示美國人為時間傷腦筋的數據如下：①33%的人認為無法找到時間來過「理想的週末」；②31%的人認為沒時間玩；③33%的人認為沒有完成當天要做的事；④38%的人報告說為騰出時間，減少了睡眠；⑤29%的人長期處於一種時間壓力之下；⑥31%的人為沒有時間和家人、朋友在一起而憂心忡忡；⑦20%的人報告說在過去的12個月內，至少有一次是在休息的時間內被叫去工作的。

作為對上述調查結果的反應，希爾頓針對那些時間壓力特別大的家庭推出了一個叫「快樂週末」的項目。該項目使客人在週末遠離做飯、洗衣和占用休閒時間的日常事務的煩惱，真正輕鬆愉快地與家人在一起。該項目收費較低，每一房間每晚收費65美元，而且早餐還是免費的。如果帶小孩，小孩也可以免費住在父母的房間裡。據希爾頓負責行銷的副總透露，此項目推出後，極受歡迎，以致週六成了希爾頓入住率最高的一天。

第一節　服務消費行為的含義和特點

一、服務消費行為的含義和分類

消費者購買行為是指消費者為滿足其個人或家庭生活而發生的購買商品的決策過程。消費者購買行為是複雜的，其購買行為的產生是受到其內在因素和外在因素的交互影響的。企業行銷通過對消費者購買行為的研究，來掌握其購買行為的規律，從而制定有效的市場行銷策略，實現企業行銷目標。服務消費行為的分類如下。

（一）根據消費者購買行為的複雜程度和所購產品的差異程度劃分

1. 複雜的購買行為

如果消費者屬於高度參與，並且瞭解現有各品牌、品種和規格之間具有的顯著差異，則會產生複雜的購買行為。複雜的購買行為指消費者購買決策過程完整，需要經歷大量的信息收集、全面的產品評估、慎重的購買決策和認真的購後評價等各個階段。

對於複雜的購買行為，行銷者應制定策略幫助購買者掌握產品知識，運用各種途徑宣傳本品牌的優點，從而影響消費者最終購買決定，簡化其購買決策過程。

2. 減少失調感的購買行為

這是指消費者不廣泛收集產品信息、不精心挑選品牌，購買決策過程迅速而簡單；但是在購買以後會認為自己所購買的產品具有某些缺陷或其他同類產品具有更多的優點，進而產生失調感，懷疑原先購買決策的正確性。

對於這類購買行為，行銷者要提供完善的售後服務，經常通過各種途徑提供有利於本企業產品的信息，使顧客相信自己的購買決定是正確的。

3. 尋求多樣化的購買行為

這是指消費者購買產品有很大的隨意性，並不深入收集信息和評估比較就決定購買某一品牌；消費者在消費時才加以評估，但是在下次購買時又轉換為其他品牌。轉換的原因是厭倦原口味或想試試新口味，是尋求產品多樣性而不一定有不滿意之處。

對於尋求多樣性的購買行為，市場領導者和挑戰者的行銷策略是不同的。市場領導者試圖通過佔有貨架、避免脫銷和提醒購買的廣告來鼓勵消費者形成習慣性購買行為。而挑戰者則以較低的價格、折扣、贈券、免費贈送樣品和強調試用新品牌的廣告來鼓勵消費者改變原習慣性購買行為。

4. 習慣性的購買行為

這是指消費者並未深入收集信息和評估品牌，只是習慣於購買自己熟悉的品牌，在購買後可能評價也可能不評價產品。

對於習慣性的購買行為的主要行銷策略是：

（1）利用價格與促銷吸引消費者試用。

（2）開展大量重複性廣告，加深消費者印象。

（3）加深消費者購買的參與程度和擴大品牌差異。

(二) 根據消費者購買目標選定程度劃分

（1）全確定型。這是指消費者在購買商品以前，已經有明確的購買目標，對商品的名稱、型號、規格、顏色、式樣、商標以至價格的幅度都有明確的要求。這類消費者在進入商店以後，一般都是有目的地選擇，主動地提出所要購買的商品，並對所要購買的商品提出具體要求。當商品能滿足其需要時，則會毫不猶豫地買下商品。

（2）半確定型。這是指消費者在購買商品以前，已有大致的購買目標，但具體要求還不夠明確，最後購買需經過選擇比較才能完成。如購買空調是原先計劃好的，但購買什麼牌子、規格、型號、式樣等則沒有確定。這類消費者在進入商店以後，一般要經過較長時間的分析、比較才能完成其購買行為。

（3）不確定型。這是指消費者在購買商品以前，沒有明確的或既定的購買目標。這類消費者進入商店主要是參觀遊覽、休閒，漫無目標地觀看商品或隨意瞭解一些商品的銷售情況；有時感到有興趣或發現合適的商品會購買，有時則瀏覽後離開。

(三) 根據消費者購買態度與要求劃分

（1）習慣型。這是指消費者由於對某種商品或某家商店的信賴、偏愛而產生的經常、反覆的購買行為。由於經常購買和使用，他們對這些商品十分熟悉，體驗較深，再次購買時往往不再花費時間進行比較、選擇，注意力穩定、集中。

（2）理智型。這是指消費者在每次購買前對所購的商品，都要進行較為仔細的研究、比較。他們在購買時的感情色彩較少，頭腦冷靜，行為慎重，主觀性較強，不輕易相信廣告、宣傳、承諾、促銷方式以及售貨員的介紹，主要關注商品質量、款式。

（3）經濟型。這是指消費者購買時特別重視價格，對於價格的反應特別靈敏。他們購買時無論是選擇高檔商品，還是中低檔商品，首選的是價格。他們對「大甩賣」「清倉」「血本銷售」等低價促銷最感興趣。一般來說，這類消費者的消費行為與自身的經濟狀況有關。

（4）衝動型。這是指消費者容易受商品的外觀、包裝、商標或其他促銷努力的刺激而產生的購買行為。他們購買時一般都是以直觀感覺為主，從個人的興趣或情緒出發，喜歡新奇、新穎、時尚的產品，購買時不願做反覆的比較。

（5）疑慮型。這是指消費者具有內傾性的心理特徵，購買時小心謹慎和疑慮重重。他們購買時一般緩慢、費時多，常常是「三思而後行」，常常會猶豫不決而中斷購買，購買後還會疑心是否上當受騙。

（6）情感型。這類消費者的購買多屬情感反應，往往以豐富的聯想力衡量商品的意義，購買時注意力容易轉移，興趣容易變換，對商品的外表、造型、顏色和命名都較重視，以其是否符合自己的想像作為購買的主要依據。

（7）不定型。這類消費者的購買多屬嘗試性，其心理尺度尚未穩定，購買時沒有固定的偏愛，在上述六種類型之間遊移，這種類型的購買者多數是獨立生活不久的青年。

(四) 根據消費者購買頻率劃分

（1）經常性購買行為。經常性購買行為是購買行為中最為簡單的一類，是指購買

人們日常生活所需、消耗快、購買頻繁、價格低廉的商品，如油鹽醬醋茶、洗衣粉、味精、牙膏、肥皂等。購買者一般對商品比較熟悉，加上價格低廉，人們往往不必花很多時間和精力去收集資料和進行商品的選擇。

（2）選擇性購買行為。這一類消費品單價比日用消費品高，多在幾十元至幾百元之間；購買後使用時間較長，消費者購買頻率不高，不同的品種、規格、款式、品牌之間差異較大。消費者購買時往往願意花較多的時間進行比較、選擇，如服裝、鞋帽、小家電產品、手錶、自行車等。

（3）考察性購買行為。消費者購買價格昂貴、使用期長的高檔商品多屬於這種類型，如購買轎車、商品房、成套高檔家具、鋼琴、電腦、高檔家用電器等。消費者購買該類商品時十分慎重，會花很多時間去調查、比較、選擇。消費者往往很看重商品的商標品牌，大多是認牌購買；已購的消費者對商品的評價對未購的消費者的購買決策影響較大；消費者一般在大商場或專賣店購買這類商品。

二、服務消費者的購買心理

心理因素是指消費者的自身心理活動因素。它包括需求、動機、經驗、態度、個性等。不同的消費者，其消費心理並不相同。這與每個消費者的社會地位、受教育的程度、個人的生活水準和消費能力等因素直接相關。幾十年的改革開放促進了中國人民生活水準的大幅度提高，消費者購買商品和服務的心理也在不斷變化。據有關部門的問卷調查結果顯示，目前消費者購買服務的心理特徵主要有以下幾點。

（一）追求新奇，講究時尚

「喜新厭舊」是現代人消費過程中的正常心態，有5%的消費者比較注重產品的新穎和奇特。新產品、新功能、新項目、新包裝都屬於新奇的範疇。這一消費群體以青年為主體，他們思維開放、活躍，受陳舊的思維觀念的影響較小，容易接受新生事物。他們在享受服務時，除了追求服務檔次外，更喜歡服務的新奇，如陶吧、水吧、書吧、保健操等服務項目都是為迎合消費者這樣的心理而出現的，他們是極富時代氣息的人群。正因為如此，他們也成為企業開拓新產品（新服務項目）市場的主要對象。

在美國的俄勒岡州，有一家名為「最糟菜」的餐館。它的廣告牌上寫著「請來與蒼蠅同坐」「食物奇劣，服務更差」；牆上貼出的即日菜譜上介紹的是「隔夜菜」。奇怪的是，儘管餐館主人將自己的餐館貶得一無是處，但開業15年來卻常常門庭若市，座無虛席。不論是當地人或外地遊客，都慕「最糟菜」之名而來，親自到餐館坐一坐，點上幾個菜嘗一嘗，親眼看看到底是怎麼個「糟」法。其實，餐館老板正是利用了人們這種逆反的、好奇的心理而贏得顧客。

（二）健康理念，迴歸自然

隨著人們健康意識的增強，人們對自身安全的需求提升了一個層次。現代人已經不只滿足於吃飽穿暖、出行安全，其更需要適應快節奏現代生活的健康身體和健康心理。如市場上的健康食品、保健品、健身器械、旅遊產品、心理諮詢服務和人壽保險服務等成為現代人的消費時尚。健康需求已不再是老年人的專利。事實上，現代許多

中年人也相當重視健康投資。

(三) 追求名牌，張揚個性

思想開放的年輕一代喜歡在多姿多彩的生活中張揚自己的個性。如市場上每一品牌的女性時裝都有多種樣式來滿足不同個性和審美渴求的女性，更有個性者可能會自己設計或者請設計師專門設計。顯然，現在越來越多的人喜歡按照自己的觀念進行消費。現代人已經開始注重自己的生活質量，在經濟承受能力以內購買服務，盡情地享受美好的生活。這必然導致生活中的服務消費向高層次發展。

(四) 注重方便，講究情趣

快節奏的現代生活使人們對「時間就是金錢」的理解更加深刻。如何幫助消費者節約時間也就成為生產廠商在開發新產品和服務項目時考慮的主要因素之一。為了方便顧客，消費品小巧玲瓏、操作簡單成為一種發展趨勢，如小包裝方便食品、筆記本電腦、MP3 和 MP4、一次性照相機等，都走進了現代人的生活。八小時以內快節奏地重複工作，刻板而缺乏樂趣，人如同機器一般；八小時以外，人們渴求一種輕鬆愉快的自由空間，去追求生活情趣，享受美好的生活。因此，家庭影院、卡拉 OK、網上衝浪等走進了人們的生活。

(五) 自我服務，理性消費

當今社會以競爭為基本特徵。競爭帶來了壓力，也帶來了動力。為了適應激烈的競爭，人們越來越主動地去尋求那些能提高自身素質和能力的服務，如自費參加各種職業培訓、進修等。這種理性消費反應出現代人的消費結構逐漸趨於合理化。計算機進入家庭和家庭設備的現代化反應了人們自我服務意識的增強。

中國消費者人數眾多、分佈較廣，消費者的收入水準、支付能力和購買習慣仍然存在著很大的差異，人們的消費心理也具有多樣性，服務行銷的決策者應充分考慮到這些情況。

三、顧客購買行為在有形產品和服務產品市場上的差異

顧客在購買有形產品和購買服務產品時有著明顯的區別。我們可以從表 3-1 中瞭解到服務消費者與有形產品消費者的行為差異。從表 3-1 中我們可以看到服務消費者與有形產品消費者行為特徵的差異，主要表現在信息獲取來源、質量評價標準、品牌選擇餘地大小、接受新產品速度的快慢、對風險的認知狀況、品牌忠誠程度以及購後對不滿意歸咎的對象等方面。

表 3-1　　　　服務消費者與有形產品消費者行為特徵的區別

消費者行為	行為特徵		服務消費者行為解釋
	服務消費者	有形產品消費者	
1. 信息來源	人際溝通	人際溝通和非人際溝通（廣告等）	人際溝通能更好地傳達服務消費的經歷、感受

44

表3-1(續)

消費者行為	行為特徵		服務消費者行為解釋
	服務消費者	有形產品消費者	
2. 質量標準	局限於價格、服務設施、環境	產品的款式、色彩、商標、包裝、品牌、價格	只有價格、服務設施和環境看得見（服務的無形性）
3. 品牌選擇餘地	小得多	大	對服務品牌的瞭解非常有限
4. 接受新產品	相對較慢	相對較快	服務很難被演示、講解和相互比較，服務的改變需要顧客的配合
5. 風險認知	相對較大	相對較小	服務具有不可感知性和經驗性特徵，因而購前信息少，服務質量不穩定等
6. 品牌忠誠度	相對較高	相對較低	顧客難以全面瞭解替代品情況，轉移品牌成本高，「老顧客」有較多實惠
7. 對不滿意的歸咎的對象	服務商和部分地歸咎於顧客自己	生產商	顧客在很大程度上直接參與服務的生產過程

資料來源：王超. 服務行銷管理［M］. 北京：中國對外經濟貿易出版社，1999：44-47.

（1）在信息獲取方面，顧客在購買服務時更多地依賴於人際關係。對於服務產品而言，人們大多認為口頭傳播是較為可取的信息來源。

（2）在質量評價方面，顧客在購買服務時無法憑藉產品的顏色、商標、包裝、品牌等多種標準判斷產品的質量，而更加局限於價格和各種服務設施等內容。

（3）在品牌選擇方面，相對於一般有形消費品而言，顧客在購買服務時其品牌選擇餘地要小得多。比如，顧客進入了某一服務機構，只能選擇其服務，除非退出另作打算。

（4）在新產品的接受速度上，創新服務產品被顧客接受要困難複雜一些。因為服務擁有不可感知的特徵，無法像有形產品那樣被展示、試用。

（5）在風險認知方面，顧客購買服務所承擔的風險要大於購買有形產品的風險。

（6）在品牌忠誠度培育方面，如果服務企業刻意去做，其培育忠誠顧客的成功率要遠遠大於有形產品。

（7）在對不滿意歸咎的對象選擇方面，服務組織有一定優勢。無論問題出自何處，一旦顧客對服務不滿意時，他們會怪罪不同的對象，如生產商、零售商或自己，有時顧客會主動承擔不滿意的一些責任。

第二節　服務購買決策過程

　　與所有的社會行為、經濟行為一樣，消費者服務購買行為也有一定的模式和變化規律。服務企業想要有效地推廣其服務，就必須從消費者具體的購買行為過程中研究其消費行為的特點。

　　服務行銷中，消費者服務購買決策過程大體上可分為以下三個階段。

一、購前階段

　　購前階段是指從消費者認識到對某種服務有需求開始至消費者購買服務之前的一系列活動。購前階段大致可以分成以下三步：問題的出現；信息的收集；選擇的評估。

（一）問題的出現

　　消費者對某類服務的購買源於消費者自身的生理或心理需要。當某種需要未得到滿足時，滿意狀態與缺乏狀態之間的差異構成一種刺激，促使消費者發現需求所在。消費者意識到有改變自己現狀的可能，有更好的可望可及的新局面，就出現了是否要購買某一服務的問題。消費者通常不知道存在著某些服務，他們需要購買這些服務，但是沒有足夠的信息，所以不怎麼主動尋求。服務的銷售者就應該通過廣告、銷售人員的直接接觸宣傳和其他促銷方式把問題提出來。這與有形產品有著基本的差別。對於有形產品，消費者在購買時注意力集中在產品的物質層面上；而對於服務的購買者來說，銷售者的直接接觸已經是一種服務。購買者實際上最先接受的是作為服務的一部分的宣傳。

（二）信息的收集

　　如果消費者需要某種服務，就會收集服務性能、方式等方面的信息。用於收集信息的時間和精力的投入，取決於消費者從前的經驗和他對服務的重要性的看法。消費者對服務信息的收集應有購買前、購買後、消費中和消費後的區別。

　　信息來源很多：①以前的經驗。②曾經使用過服務的親朋好友的看法。③生產者的宣傳。④消費者服務機構和服務熱線諮詢、網上諮詢。⑤專家諮詢等。信息還有內部來源和外部來源、人際來源和非人際來源之分。各種研究表明，人與人的信息來源是服務信息的最重要的來源，即口碑被認為是服務消費中最為可靠的一種信息來源。信息的收集一定要充分，從各種渠道收集的服務信息應足夠使消費者做出有效的購買決策。消費者在廣泛搜尋信息的基礎上，會對所獲得的信息進行適當篩選、整理，最後確定出最佳選擇方案。消費者在信息不充分的條件下，進行方案選擇的餘地就會大為縮小。

　　服務的不可觸知性和不可分離性使得服務企業很難採用實驗、樣品和展示等方式向消費者傳送服務信息。在這方面，電影的分銷者做得很成功，辦法是提前演出電影中的一個片段，引起觀眾的好奇。其他服務就很難預先創造這種氣氛條件。比如，一

個打算攻讀工商管理碩士的青年，可以靠讀教學計劃對學校有所瞭解，但只有在上課後親身體驗教學，才能對學校提供的服務產生真正全面瞭解。這就是消費者在購前信息收集階段要充分考慮的購買決定的風險性。即消費者做出購買決定，造成自己不希望得到的，或是產生不滿意的後果的可能性。不同的服務企業在消費者決策的風險性方面具有不同的特點。比如整容服務中消費者主要承擔三個方面的風險：財務風險、人身風險和績效風險（現有服務是否能保證達到消費者的要求）。在風險面前，消費者通常會尋求多種來源的信息。

還需要提醒的是，在購買中和購買後，信息的收集還要繼續進行。服務企業在這些階段要進行投資，以便贏得和加強顧客的忠誠。

(三) 選擇的評估

一般來說，消費者選擇時總是有一定的標準的。根據消費者對消費的優先順序，標準能夠隨著決定因素（例如，失業人數的增長，經濟的復甦，自己企業或者事業的發展）的不同而發生改變。對於評估標準，企業試圖通過促銷活動施加影響。我們看電視看到插播的廣告，見到風險給第三者造成的後果，實際上我們此時就成為廣告人的宣傳對象，把該風險當作一個問題提出來，開始啓動自己的標準去評估其他替代方案。

1. 限制性選擇

一般來說，消費者評估服務的質量，可關注的因素很少，只能在幾種選擇方案中進行篩選。這與購買有形產品不同。在購買有形產品的時候，消費者可以對多種因素進行評估：包裝、品牌、顏色、價格等。而在購買服務的時候，影響消費者選擇的因素很少，有時候幾乎只有價格，或者對品牌的信任；有時候針對可觸知的成分：設施、人員、陳設以及其他看得見的因素。這樣，面對一種服務，消費者的注意力集中在為數極少的幾種方案上。比如，對於有形產品，消費者去一個銷售點，那裡陳列著多種同類產品可供選擇；對於服務，消費者去銀行、保險公司、旅行社等地方，那裡一般就提供一種選擇。此外，服務的銷售網點一般也比有形產品的銷售網點少，結果，消費者在某一區域內只能到為數有限的幾個地方購買服務。再加上消費者很難得到服務特點方面的信息，這也使得消費者只能在少數幾個方案中間進行選擇。

對於簡單的，不需要專業人員提供的服務，消費者可以選擇購買或自己動手。比如自己動手準備招待親朋好友的晚宴，或者到餐廳飯館去；自己在家看孩子，或者把孩子交給幼兒園或者小保姆看管。

2. 有條件的選擇

有學者認為，在幾種選擇面前，消費者受到以下因素的影響：革新的普及使得複雜性的服務越來越難選擇；對風險的感覺，一般來說，服務的風險較高；對品牌的忠誠，一般對服務的品牌比對產品的品牌更忠誠。

（1）革新的普及。當把具有明顯優勢的有形產品推向市場時，產品特點很容易被消費者得知，激發其潛在需求。同時，由於產品具有可分性（可以先部分試驗：試吃、試穿、試用等），因此很容易普及開來。相反，服務具有難以告知的特點，就是說消費

者不能親自體驗一部分，比如，不可能試著先度一部分假期，到體育場免費觀看也是不可能的。這就使得服務很難普及。

（2）感覺的風險。對於潛在消費者來說，感覺的風險是會影響選擇的。在期望相同的情況下，消費者肯定會選擇風險小的服務。

通常人們都認為服務是風險較大的。其原因主要有：

①由於不可觸知的特點和品質內容的高含量，服務只能靠經驗驗證。在購買服務之前所能收集的信息相比有形產品的信息要少得多。信息少，風險自然就大。

②由於質量不穩定，消費者對服務所感到的風險更大。他們會認為，雖然在過去接受過同樣的服務，這次卻不一定能得到同樣質量的服務。

③除了極少數例外，服務出售時是沒有「三包」的。因此，購買者如果不滿意，不能要求退換服務或者降低價格。

④服務有時候複雜到消費者難於掌握有關知識，消費者更不具有足夠的經驗評估服務是否符合自己的期望；甚至消費之後，都無法加以評估。

上述原因使大部分消費者是在對服務性能或者對服務品牌沒有把握的情況下做出購買決定的。因此，消費者對於服務購買所帶來的利弊也就沒有把握。

（3）對品牌的忠誠。通過品牌，企業想達到的主要目標就是培養顧客的忠誠。如果顧客滿意，下次再需要這種服務的時候，顧客一般都會重複已經親身體驗過的服務。在這裡，服務的品牌是不可忽視的。如果一個連鎖旅店提供的服務能滿足顧客的需求，消費者再次需要住店時肯定會考慮到它的。

不少學者認為，購買服務的消費者，比有形產品的消費者更能保持其對品牌的忠誠，這是出於以下三個原因：

①比起有形產品，放棄一個服務品牌而改換另外一個新的品牌的成本往往很高。消費者很難收集關於服務的信息，不瞭解所有的選擇方案，對選擇沒有把握，因此對放棄原來實踐過的品牌是否合適也沒有把握。另外，要變換一種服務品牌，就要追加一些成本。比如，如果換一家銀行融資，就要提供自己資產和信譽方面的一系列資料；如果換一個大夫，就得重新做一系列體檢，詳細介紹自己的家庭病史等。

②對品牌的忠誠也是與感覺的風險程度正相關的。服務的風險程度更高，消費者就更不舍得放棄已經親身實踐過的服務品牌。

③銷售服務的組織更加關注「老客戶」，這使得老客戶更不舍得老服務機構。

對以上購前階段的三個步驟，我們不妨以一名消費者到餐館吃晚餐為例。他面臨的首要問題是「在何種場合吃飯？」，無疑，不同的餐館適合不同的消費者。他單獨一人吃與同朋友一起吃可能有不同的要求。如果是一人單獨吃，像麥當勞、肯德基、馬蘭拉面一類的快餐店興許就可以了；而如果是和朋友一起吃，則會選擇較好一些的餐館。吃飯的場合確定之後，緊跟的問題是哪些餐館可供選擇？從理論上講，消費者可選擇的餐館有很多；而實際上，他通常只會根據以往的經驗和知識選擇有限的幾家。不過，究竟他會選擇哪一家還要考慮一系列因素。這就是選擇評估，其具體評估過程一般是很難描述出來的。

二、消費階段

消費階段是指顧客實際消費服務的階段。經過購買前的一系列活動，消費者的購買過程進入實際購買和消費階段。如前所述，影響消費者選擇的因素有多種：對革新的普及、對風險的感覺、對品牌的忠誠等。市場行銷的目的是為了滿足消費者的需求，促使其發生購買行為，但要做到這一點並不簡單，消費者往往會受到某些因素影響而在最後一刻改變主意。比如在選擇過程中，消費者選中了一種養老基金，而銷售人員若不及時回覆，消費者就可能會選擇其他基金。購買階段可能非常複雜，服務的不可觸知性和生產與消費的同時性的問題會再次出現。價格、銷售條件和談判的能動性都可以導致消費者放棄購買意向。

由於服務的不可分離性，其消費階段與購買階段是同時進行的。消費過程體現為顧客與服務提供人員及其設備相互作用的過程。在消費階段，現場管理的有序性、服務流程的高效率、溝通的有效性是影響顧客購買的主要因素。

（1）現場管理的有序性。包括行銷人員對經營現場的有形展示的布置、對顧客參與服務的管理、對顧客與顧客互相影響的管理。有序的經營現場會給顧客留下良好的印象，是顧客判斷服務質量的重要方面。

（2）服務流程的高效率。是指服務人員及時向顧客提供所需服務的反應性及服務效率。高效率的服務過程可以縮短顧客的等待時間，可以精簡各服務步驟，能夠盡快為顧客提供「規範服務」「優質服務」「超常規服務」「無NO服務」「無缺點服務」等，這一切給顧客留下的印象將直接影響到顧客對企業服務質量的判斷，因而影響其購買行為。

此外，一些研究表明，由於服務流程的延長，顧客對服務產品的評價不單單是在購買之後的階段，而在消費過程中就已經發生。實際上，顧客在同服務人員及其有關設備接觸的過程中，已經開始對企業的服務進行評價。從企業的角度來看，服務消費過程的這種特點為企業直接影響顧客對產品的判斷提供了方便，而這對有形產品的生產企業來說是不太可能的。因為有形產品的使用是完全獨立於賣方影響的，消費者何時使用、如何使用以及在何處使用完全是他們自己的事，同產品的提供者沒有任何關係。

（3）溝通的有效性。服務中的溝通是雙向的，既包括服務人員主動向顧客介紹參與服務的方法和傳播服務的可信任性特徵，也包括顧客向服務人員清晰表達自己的要求。因此，要取得有效的溝通，企業不僅要通過服務人員的工作幫助顧客累積有關知識，取得顧客的配合，而且還要領會顧客提出的服務要求，避免在消費階段使顧客對消費結果產生不滿，而影響其重複購買。

三、購後評價階段

顧客對服務的評價不僅僅是在購買之後的階段，而且在消費階段，評價過程就已經開始，並延續到整個消費過程。

（一）購後評價所依據的三個特徵

　　從購買過程的層面上看，服務的消費過程不同於有形產品的消費過程。因為後者一般包括購買、使用和處理三個環節，而且這三個環節的發生遵循一定的順序並有明確的界限。例如，消費者從商店購買一瓶洗髮液，在洗髮時使用，當所有的洗髮液用光之後就把空瓶扔掉。而服務的消費過程則不同。一方面，在服務交易過程中並不涉及服務產品所有權的轉移，因此，服務的消費過程也就沒有明顯的環節劃分，這些所謂的環節都融合於顧客與服務人員互動的過程中。另一方面，服務無形性的特點，使得服務處理的過程同整個消費過程沒有關係。所以，服務的購後評價是一個比較複雜的過程。學者們認為，區分顧客對有形產品和無形服務的評價過程的不同，主要依據以下三個特徵：可尋找特徵、經驗特徵和可信任特徵。可尋找特徵是指顧客在購買前就能夠確認的產品特徵，比如價格、顏色、款式、規格等。經驗特徵是指那些在購買前不可能瞭解或評估，但在購買後通過消費該產品才可能體會到的特徵，如產品的味道、耐用程度和滿意程度等。顯然，不同的產品表現出不同的特徵。服裝、家具和家用電器等產品有形有質，具有較強的可尋找特徵；而度假、理髮和兒童護理等則具有較高的經驗特徵，因為它們只有在實際消費之後才能被顧客體驗到。不過，有一些產品的特徵即使在顧客購買和享用之後也很難評價，顧客只能相信服務人員的說法，並認為這種服務確實為自己帶來所期望獲得的利益，類似的特徵被稱為可信任特徵。比如，病人去醫院看病，他們一般缺乏足夠的醫療知識來判別醫生服務水準的高低，而只能相信醫生的診斷。其他一些技術性或專業性服務如家用電器的維修、美容服務和汽車修理等也具備較多的可信任特徵。毫無疑問，對於具有較強的經驗特徵和可信任特徵的服務，顧客的評價過程將明顯地區別於他們對具有可尋找特徵的有形產品的評價。這些差異主要表現在信息收集、評價標準、選擇餘地、創新擴散、風險認知、品牌忠誠度和對不滿意的歸咎等方面。

（二）購後評價

　　在消費者使用服務之後，可能會出現不滿意的問題。特別是當服務是重要的而且是第一次的時候，消費者就會考慮是否購買了正確的服務，購買的條件是否合適，如果找另外一家是否會得到更好的服務質量。在這個階段，消費者把自己得到的服務與預期進行比較，這種比較就是對下次服務的購買條件。在這個階段，服務消費者的態度與產品消費者態度是不同的，其主要表現在以下兩個方面。

　　（1）不一致。如果一個有形產品沒有提供預期的性能，消費者就可以把責任歸咎於生產者或者銷售者，很少責怪自己。對於服務，購買者的態度有所不同。如果服務的結果不是所期望的，消費者會覺得自己有一部分責任。實際上，服務的性能取決於消費者的參與。辯護律師在刑事訴訟案裡的成功辯護，來自客戶提供的信息的廣泛性和準確性。醫生診斷的準確，來自病人對自己病症和感覺的描述的詳盡清楚。對肥胖症治療控制的成功，取決於病人堅持認真執行治療計劃。實際上，消費者很難判定未實現預期的原因究竟是不是服務生產者的責任。

　　（2）更多信息。在消費服務之後，服務消費者需要比在消費有形產品之後收集更

多的信息。這是因為大部分對服務的評價是靠體驗、靠實踐，因此服務是消費後才成熟的。

第三節　影響服務購買決策的因素

影響服務購買決策的因素包括外部因素和內部因素兩個方面。

一、影響購買決定的外部因素

(一) 文化因素對購買行為的影響

文化是決定和影響消費者需求和購買行為的最基本因素。對文化概念的理解，從廣義上來說，是指人類在社會歷史實踐過程中所創造的物質財富和精神財富的總和；從狹義上來說，是指人類精神財富的總和，包括知識財富、意識形態，以及與之相對應的制度和組織機構，它是由知識、信仰、藝術、法律、倫理道德、風俗習慣等方面組成的一個複雜的整體。

對文化的理解，還應從以下幾個方面來認識。

（1）文化是一個綜合性的概念，它幾乎包含了所有能夠影響人類思維過程和行為的一切方面，當然也包含對購買行為的影響。

（2）文化是學來的東西，是後天學到的，而不是先天就有的。所以，文化可以影響人類大量的行為。

（3）文化不是靜止不變的，隨著時間的推移，它也會逐漸發展和變化。重大的社會變革或者戰爭的發生，也會導致人們文化價值取向的轉變。

（4）每一種文化可分為若干亞文化群體。在同一個亞文化群體中，其成員將顯示出更具體的認同和更具體的社會化。亞文化群體主要有民族群、宗教群、種族群、地理區域群等。

在現代社會裡，人們的行為往往受到來自兩個方面的約束力：一是法制的，是帶有強制性的；一個則是文化的。文化對每個人行為的約束是十分鬆散的，並起著一種最基本的作用，即在特定的情況下，它規定和限制人們的行為，也包括規定和限制人們的購買行為。

(二) 社會因素對購買行為的影響

1. 社會階層

社會階層是影響消費者購買決策、購買行為的一個十分重要的因素。社會階層主要是根據職業、收入、教育和價值傾向等因素劃分的。不同階層的人具有不同的價值觀念、生活習慣和消費行為。生活在現實社會中的每一個人都不無例外地從屬於某一個社會階層。消費者的購買行為與其所屬的社會階層有著密切的聯繫。如美國社會學家將美國社會劃分為上上層（不到1%）、上下層（占2%左右）、中上層（占12%）、中下層（占30%）、下上層（占35%）、下下層（占20%）等六個層次。不同的層次，

其消費行為存在著明顯的差異。

2. 參考群體

人的行為經常受到許多群體的強烈影響。所謂參考群體是指能夠影響一個人的價值觀念、態度及行為的社會群體，其中一部分參考群體與購買決定的影響者是重合的。人們的生活方式和偏好不是完全天生的，而是後天形成的，並且主要來源於各種參考群體的影響作用。

參考群體可分為三類。①首要群體，指對個人影響最大、關係最密切的群體，如親友、鄰居、同事。首要群體之間的聯繫往往傾向於非正式的聯繫。②次要群體，指對一個人的影響較次一級的群體，相互影響較少，並且傾向於正式的聯繫，如宗教組織、各類專業協會等。③崇拜性群體，是通過非正式交往，具有共同志向，如崇拜社會名流、體育明星等所形成的群體。

參考群體對消費者的影響表現為三個方面：參考群體使消費者受到新的行為和生活方式的影響；參考群體影響消費者的態度和自我價值；參考群體還使消費者產生趨於一致的壓力，並直接影響消費者對實際服務產品的選擇以及品牌的選擇。

3. 家庭

家庭是以婚姻、血緣和繼承關係的成員為基礎組成的社會生活的基本單位。家庭是社會的細胞，對人的影響最大。人們的價值觀、審美觀、愛好和習慣多數是在家庭的影響下形成的。家庭也是影響消費行為的最直接、最密切的一個重要因素。據調查，家庭幾乎控制了80%的消費行為。吃、穿、住的基本生活用品、文化娛樂、社交、旅遊等的消費無不是以家庭為基本單元的。在所有的購買決策參與者中，購買者的家庭成員對其決策的影響是最大的。一個人在其一生中要經歷兩個家庭，先是生活在父母的家庭中，然後又組建自己的家庭。消費者在做出購買決策時，必然要受到這兩個家庭的影響，並且主要是受當時所在家庭的影響。

家庭購買決策大致有三種類型：①一人獨自做主；②全家人的意見由一人做主；③全家共同決定。在中國眾多的家庭中，丈夫和妻子的購買決策權往往不同。企業行銷人員應根據產品的特點和目標市場上家庭的實際狀況，研究家庭對消費者購買行為的影響，並有的放矢地制定各種行銷策略，促進銷售。

二、影響購買決定的內部因素

即使是在社會文化背景相同的前提下，消費者的購買行為仍然會有較大的差異。這是由於消費者個人的年齡、職業、收入、個性以及生活方式的不同造成的。

(一) 年齡和家庭生命週期階段

不同的年齡有不同的需求和偏好，每一個人的衣、食、住、行等方面的需求都是隨著年齡的變化而變化的。比如休閒，年輕人喜歡新穎的項目，而老年人則喜歡安閒、樸素、實惠的項目。新產品、新服務若以年輕人為目標市場，其普及較快；而老年人比較穩重、保守，不易改變舊習慣，因此，對自己喜歡的服務產品、服務產品品牌有較高的「忠誠度」。可見年齡對消費者購買行為的影響之大。

與消費者年齡關係較為密切的是家庭生命週期。在家庭生命週期的不同階段，消費者對商品的興趣和需求會有明顯的差異。

消費者家庭生命週期一般可劃分為六個階段。
(1) 未婚階段：年齡較小、單身。
(2) 新婚階段：年輕夫婦，沒有孩子。
(3)「滿巢」階段Ⅰ：年輕夫婦，有六歲以下的幼兒。
(4)「滿巢」階段Ⅱ：夫婦年齡較大，有未獨立生活的子女。
(5)「空巢」階段：年長的夫婦，子女均已出去獨立生活。
(6) 獨居階段：老年單身獨居。

在上述不同階段的家庭，其需要和購買行為有各自的特點，並表現出明顯的差異：家庭處於新婚階段，對家居裝飾等具有旺盛的需求；「滿巢」階段對幼兒智力開發等有較大的購買力；在「空巢」和老年獨居階段，則對保健、旅遊等有更濃的興趣。分析家庭生命週期不同階段的消費特徵並在此基礎上進行市場細分，選擇目標市場，可以使企業市場行銷更具有針對性，更能適應購買者的要求。

(二) 職業

從事不同職業的人，其需求也存在一定的差異。企業行銷人員應注意研究並善於發現哪些職業對自己的服務產品更有興趣。企業甚至可以專門開發一種服務來適應某種職業的需求。

(三) 收入

消費者收入的高低，將直接影響其購買行為。消費者的收入愈高，就比較容易做出購買決策，新產品也容易得到推廣，即使是非生活必需品也容易銷售，因而對服務的購買也會增加。反之，消費者收入較低，又沒有積蓄，就只能購買生活必需品，在選擇商品時，也就更加注重經濟、實惠，服務購買就會減少，對於被認為屬於「奢侈」性質的服務通常不會購買。

(四) 生活方式

生活方式是指一個人在世界上所表現出的興趣、觀念以及參加的活動。由於社會生活的複雜化，人們的生活方式也就千差萬別。即使是來自同一個社會階層，甚至是相同的職業的人，也可能具有不同的生活方式。不同的生活方式，會帶來不同的消費追求。當然，個人的生活方式也不是一成不變的，而是會隨著個人地位、收入、環境的變化而變化。市場行銷人員要研究企業服務產品與消費者生活方式的關係，盡可能去迎合不同生活方式的消費者的需求。

(五) 心理因素

消費者心理是指消費者在滿足需求過程中的思想意識和內心活動，它支配和影響著消費者的購買行為。

1. 動機

按照心理學的一般規律，人的行為是受動機支配的，而動機則是由需要引起的。

當人們的某種需要未得到滿足，或受到外界某種事物的刺激時，就會產生一種緊張狀態，引發出某種動機，由動機而導致行為。當然，當需要的強度不夠時，也不會形成動機；而當需要得到滿足時，緊張狀態就會消除，恢復平衡。

需要是產生動機的原因，但需要並不等於動機，動機具有固有的表現形態。消費者的購買動機是以購買來滿足個人慾望的一種衝動或者驅使。按照購買動機產生原因的不同，消費者的購買動機可以分為以下四類。

（1）本能動機。本能動機是一種原始動機，它直接源於本能需要，如「饑思食」「渴思水」等。本能動機是基本的，也是低層次的。

（2）情感動機。人們有高興、愉快、驕傲、好奇、好勝等情感和情緒，表現在購買動機上常有以下特徵：

求新——注重新穎，追求時尚；

求美——注重造型，講究格調，追求藝術價值；

求奇——追求出奇制勝；

求異——追求與眾不同。

（3）理智動機。人經過客觀分析、冷靜思考後形成的心理動機，稱為理智動機。理智動機反應在購買行為上則表現為以下特徵：

求實——注重質量，講究實用；

求廉——注意價格及其與質量的比較；

求安全——注意消費過程的安全可靠等。

（4）惠顧動機。惠顧動機是指消費者基於經驗和感情而對特定品牌、商店產生的特殊的信任和偏愛。消費者喜歡在某一家美容院做面膜，而不願在另一家做，就是惠顧動機在發生作用。

消費者的動機可以支配和影響消費者的購買行為。企業行銷人員要研究如何才能有效地激勵消費者的動機，以引發消費者的購買行為。但在實踐中，動機是看不見、摸不著、難以測量的。不僅如此，一種動機，有時還會引發多種行為，而一種行為也可能是由多種動機引起的。因此，消費者購買動機的複雜性決定行銷人員在實踐中要不斷摸索並因勢利導，才能有所成效。

2. 感覺

所謂感覺，就是人通過視、聽、嗅、觸等對外界的刺激物或情境得到的反應或印象。感覺對消費者的購買行為影響很大，一個消費者有了購買動機之後，就會採取行動。但是，消費者如何行動還要受到外界的刺激物或情境的影響，即通常所說的「感覺如何」。對於同一刺激物、同一情境，不同的消費者可以產生不同的感覺，導致最終的購買行為也可能截然不同。這是為什麼呢？心理學家認為，感覺過程是一個有選擇性的心理過程，並有三種機制在起作用。

一是有選擇的注意。每個人時常會面臨著許多刺激物，如逛商場，五花八門的商品呈現在你的面前；看電視，各式各樣的廣告映入你的眼簾。但是，你不可能注意所有的刺激物，而只能有選擇地注意某些刺激物。一般來說，人們只注意那些與自己的主觀需要有關係的事物，或者是所期望的事物，或者是較為特殊的刺激物。比如某商

店公告宣稱，本店所有商品都臨時限價30%，這就會引起人們的注意。

二是有選擇的曲解。消費者即使注意到刺激物，也未必能如實認知客觀事物，而往往會按照自己的第一印象（或先入為主的認識）來曲解客觀事物。這就是說，人們有一種把外界輸入的信息與頭腦中早已存在的認識相結合，並按照個人的意圖曲解信息的傾向，這種傾向叫作選擇性曲解。比如，某人一貫認為，A牌冰箱是國內獨一無二的優質名牌，即使B牌冰箱優於A牌，這位消費者也不願改變其原來的認識。

三是有選擇的記憶。人們對於瞭解到的東西不可能統統記住，而主要記住那些符合自己信念的東西，忘記與己無關或者印象不深、不感興趣的東西。這種心理機制，就稱為選擇性記憶。

以上三種感覺過程告訴我們，企業行銷人員要設法利用消費者的這種認識機制，積極引導消費者對企業產品形成良好的感覺，以利於產品的銷售。

3. 學習

人類的行為有一部分是與生俱來的，但大多數行為（包括購買行為）是從後天經驗中得來的，即通過學習、實踐得來的。由於經驗而引起個人行為的改變就是學習。因此，學習是消費者的認知的主要來源，並在很大程度上決定著消費者的價值觀念和行為傾向。

消費者的學習大致有四種類型：

（1）行為的學習。人們在日常生活中，不斷學到許多有用的行為，也包括學習各種消費行為。行為學習的方式就是模仿，而模仿的對象首先是父母，然後是老師以及他周圍的人。

（2）符號的學習。借助外界的宣傳、解釋，消費者瞭解了各種符號，如語言、文字、音樂的含義，從而通過廣告、商標、招牌與經銷商和製造商進行溝通。

（3）解決問題的學習。人們通過思考和見解的不斷深化來完成對解決問題的方式的學習。消費者經常思考如何滿足自身的需要，思考的結果常被用於指導消費行為。

（4）情感的學習。消費者的購買行為帶有明顯的感情色彩，這是由於消費者自身的實踐體會和外界宣傳、刺激的結果。消費者這種感受的累積和定型便是情感學習的過程。

一個人的學習過程是通過驅動力和刺激物引誘、反應及強化等要素的相互影響、相互作用而進行的。企業市場行銷人員可以通過把學習與強烈的驅動力聯繫起來，運用刺激物暗示和提供積極強化等手段來激勵消費者對服務產品的需求，並增強服務產品的吸引力，適應市場購買水準，使消費者的需求得到充分的滿足。

4. 個性

個性是指個人持有的、相對持久的實質性的心理特徵。如外向、內向、保守、文靜、急躁等。個性體現了個體的獨特風格、獨特的心理活動以及獨特的行為表現。正是由於消費者不同的個性心理特徵才使其購買行為複雜多樣，變化多端。市場行銷人員需要經常研究目標市場上消費者可能具有的個性，以便建立品牌形象，使其更好配合目標市場的個性特徵。

5. 傾向

傾向是人們對周圍世界各種成分的評價的綜合，是服務行銷最重要的要素。一個企業一旦學會了如何對消費者的傾向做出應對，就能夠不斷成功地改進自己的行銷組合。

由於傾向是對某些刺激做出是否接受的反應的前提基礎，而且一般有較穩定的持續性，所以瞭解人們對一種服務或品牌的傾向，就能幫助我們理解消費者面對某服務或品牌時將做出什麼反應。此外，傾向是學習的結果，信息和經歷會影響傾向。

每個人對某些服務都有一定的積極或消極的傾向。傾向是通過經歷和與他人的關係所形成的。由於傾向是學習的結果，因而它是可以改變的。儘管如此，傾向通常是比較穩定的。

由於服務是無形的，消費者的傾向對行銷就變得非常重要。其所有的購買決定都依靠並不外顯的主觀印象。而對服務帶來的益處的評價經常促使消費者跟著對服務和提供服務者的個人感覺走。

總之，態度對人們的行為有著深刻的影響，消費者的購買行為在很大程度上取決於對所購商品或者服務的態度。

企業行銷人員應視消費者態度的不同採取不同的對策，如消費者對本企業服務的態度是積極的，則應鞏固、強化；如消費者對本企業的服務持否定態度，則應設法扭轉和改變。改變消費者的態度遠比鞏固消費者的態度困難得多，企業應該珍惜消費者對本企業所持的積極態度。

第四節　服務消費中的顧客決策理論及模型

一、風險承擔論

風險承擔論認為，購買服務的風險大於購買商品的風險，原因在於服務的不可感知性、不可分離性和服務質量標準的難統一性等。消費者購買服務一要有承擔風險的心理素質，二要有避開風險的意識。消費者規避風險或減少、降低風險主要採取以下策略：

（1）忠誠於滿意的服務品牌或商號。根據自身經驗，消費者對購買過程中滿意的服務品牌或商號不會隨意更換，不會輕易去否定或背離自己認為滿意的服務品牌或商號，不會貿然去承受新的服務品牌帶來的風險。

（2）考察服務企業的信譽度和美譽度。優質服務企業往往會形成好的口碑，口碑是社會消費群體對企業服務的評價。好的口碑即是企業信譽度和美譽度的體現。消費者無法去測定企業的信譽度和美譽度，但可借助消費群體的口碑去判斷其服務風險的大小。好的口碑，尤其是從購買者的相關群體獲得的信息，對購買者具有參考價值和信心保證。

（3）聽從正面輿論領導者的引導。正面輿論領導者通常是一個群體中能夠給人以較多意見的人。正面輿論領導者是具有相關知識、對社會消費行為負有責任感，並在

社會消費活動中有影響力的專家。正面輿論領導者的引導意見有助於消費者減少、降低購買服務的風險。

（4）對於專業技術性服務，購買者降低風險需要從內部和外部兩個側面降低購買的不確定性及其後果，要通過加強調查研究、借助試驗、大量收集服務企業的內部和外部的信息等方式避險。

風險承擔論一方面客觀地正視了消費者購買服務具有風險性的事實，另一方面明確地為消費者規避、減少、降低風險提供了依據。這一理論為加強服務企業與消費者的聯繫，化解在服務購買過程中可能出現的矛盾具有理論指導意義。

二、心理控制論

心理控制論是指現代社會中人們不再為滿足基本的生理需求，而要以追求對周圍環境的控制作為自身行為的驅動力的一種心理狀態。這種心理控制包括對行為的控制和對感知的控制兩個層面。

行為控制表現為一種控制能力。在服務購買過程中，行為控制的平衡與適當是十分重要的。如果控制失衡就會造成損失，損害一方利益。如果消費者的控制力強，則服務企業的經濟地位勢必受到損害，因為消費者討價還價能力強，意味著企業利潤的相對減少。如果服務人員擁有較多的行為控制權，則消費者會因缺乏平等的交易地位而感到不滿意；對於服務企業而言，其經營效率會隨之下降。

在服務交易過程中，控制並不只表現為行為控制，我們還要從深層次的認知控制加以分析。服務交易過程中的行為控制是交易雙方通過控制力的較量和交易，以消費者付出貨幣的控制權而換得服務企業的服務為目標。交易雙方都在增強自己的控制力，在彼此趨近於平衡的狀態下成交。但由於交易雙方對服務質量標準的認知的不一致性，導致交易雙方對交易結果難以獲得十分滿意的感受。這是感知控制層面所要解決的問題。

感知控制是指消費者在購買服務過程中，自己對周圍環境的感知、瞭解的心理狀態。消費者對周圍環境及其變化狀態的感知控制越強，其滿足感越強，對企業的滿意度也就越高。

服務交易過程既是交易雙方行為控制較量的過程，又是感知控制競爭的過程。從本質上講，服務交易的成敗，顧客滿意度的高低，主要取決於服務企業對感知控制的能力和舉措。企業服務人員的感知控制能力與其工作的滿意度具有正相關關係，與消費者的滿意度也具有同樣的正相關關係。

心理控制論尤其是感知控制的理論對於企業服務和服務企業的管理具有重要意義。這一理論要求企業在服務交易過程中，應該為消費者提供足夠的信息量，盡可能讓購買者提高對服務的認知度，使購買者在購買過程中感覺到自己擁有較多的主動權和較大的控制力，充分地瞭解服務過程、狀態、進程和發展，以減少對風險的憂慮，增強其配合服務過程完成的信心。例如，在民航服務活動中，若飛機誤點，航空公司應該及時解釋飛機為何誤點、何時起飛、食宿安排等相關問題，以便乘客能提高認知控制能力，減少埋怨，配合服務。

三、多重屬性論及其模型

多重屬性論是指服務業具有明顯性屬性、重要性屬性及決定性屬性等多種屬性。此外，同一服務企業由於服務環境和服務對象的差異性，其屬性的地位會發生變化。明顯性屬性是引起消費者選擇性知覺、接受和貯存信息的屬性；重要性屬性是表現服務業特徵和服務購買者考慮的重要因素的屬性；決定性屬性則是消費者實際購買中起決定作用的明顯性屬性。服務的這三重屬性是依次遞進的。決定性屬性一定是明顯性屬性，但對某服務而言不一定是最重要的屬性，重要性屬性不一定是決定性的屬性。

例如，旅館的多重屬性分別如下：

旅館的明顯性屬性，包括店址、商號和建築物特徵等。

旅館的重要性屬性依次為安全、服務質量、客房及浴室的設備、食品及飲料的質量、價格、聲譽、形象、地理位置、環境安靜程度、令人愉快舒適的物品、餐館服務、額外享受、保健設施和建築物藝術風格。

旅館的決定性屬性可能為服務質量、安全、安靜程度、預訂服務、總服務臺、客房及浴室的狀況、形象、令人舒適愉快的物品、高檔服務、食品與飲料的價格及質量、地理位置、聲譽、建築藝術、保健設施和客房特點等。

決定性屬性是決定消費者選擇的那些屬性，這些屬性與消費者的偏愛和實際購買決策的關係最為密切。儘管決定性屬性不一定是最重要的屬性，但它必須是區別於同類企業的屬性。安全是民航服務中最重要的屬性，但對於每位乘客來說，安全並不是決定乘客選擇哪個航運公司的因素。

服務的決定性屬性是消費者選擇服務企業的最主要屬性，其權重更高；重要性屬性是消費者選擇服務的重要因素，其權重低於決定性屬性。

服務的多重屬性模型又稱消費者對服務的期望值模型，可用下式來表示：

$$A_{jk} = \sum_{i=1}^{n} W_{ik} B_{ijk}$$

式中，A_{jk}代表 K 消費者對品牌 j 的態度，W_{ik}代表 K 消費者對 i 品牌屬性給予的權重，B_{ijk}代表 K 消費者對 j 品牌所提供的 i 屬性的信念強度；n 代表屬性數。

多重屬性模型可用來測算消費者所選擇的服務對象的綜合服務能力或服務質量，具體測算辦法是：

（1）初步選取若干個條件基本接近的服務對象，假定為 A、B、C、D、E 五家服務公司。

（2）根據各屬性在服務交易中的重要程度分別給予權數，各權數的總和應為 1。

（3）通過調查，讓消費者對這幾個服務對象分別給予評估，評分滿分為 100 分。

（4）根據評分結果，對五家服務公司的綜合能力或綜合服務質量進行計算。

（5）將五家服務公司的計算結果進行比較，從而決定選取積分最多的企業作為選擇對象。

例如，某乘客決定進行國際旅遊，要對所熟悉的五家航空公司的狀況進行比較，即可採用此法。為簡便起見，下面列表示意（見表3-2）。

表 3-2　　　　　　　　　　　　五家航空公司多重屬性模型

公司 屬性	A	B	C	D	E	權重
安全性	100	100	90	80	90	0.5
正點程度	100	80	70	60	80	0.2
價格	90	90	100	100	90	0.1
機型	100	100	90	80	70	0.1
空姐儀表	90	90	100	60	100	0.1

根據表 3-2，可計算出消費者對每一家航空公司的評價，具體計算如下：

A＝100×0.5+100×0.2+90×0.1+100×0.1+90×0.1
　＝50+20+9+10+9＝98
B＝100×0.5+80×0.2+90×0.1+100×0.1+90×0.1
　＝50+16+9+10+9＝94
C＝90×0.5+70×0.2+100×0.1+90×0.1+100×0.1
　＝45+14+10+9+10＝88
D＝80×0.5+60×0.2+100×0.1+80×0.1+60×0.1
　＝40+12+10+8+6＝76
E＝90×0.5+80×0.2+90×0.1+70×0.1+100×0.1
　＝45+16+9+7+10＝87

測算結果顯示，A 航空公司綜合評分最高，應為首選對象。

本章小結

現代行銷強調以顧客為中心，因此，理解和把握顧客的消費行為是企業有效開展行銷活動的前提。顧客為什麼選購某一種產品、某一服務？什麼因素影響他們的服務購買決定和偏好？他們又是依據什麼樣的標準評價其可能的選擇？這些都是在服務行銷過程中企業必須面對、分析並解決的問題。因此，本章首先分析了服務消費行為的含義、分類、特點以及服務消費決策過程，具體從購買前、購買中、購買後三個階段分析了消費者服務消費過程；其次，從內外部因素層面分析了影響服務消費行為的因素；最後，對服務消費中顧客購買決策理論和模型進行了分析。

關鍵概念

消費者行為；服務消費行為；服務購買決策；經常性投入的購買；有限性投入的購買；大量投入的購買；風險承擔論；心理控制論；多屬性論

復習思考題

1. 什麼是服務消費行為，包括哪些類型？服務消費行為伴隨著什麼心理特徵？
2. 服務購買決策過程包括哪幾個階段？每個階段的內容是什麼？
3. 影響服務購買決策的因素有哪些？請舉例說明。
4. 請結合自己購買筆記本電腦的實例，根據多重屬性決策模型做出品牌購買決策的分析。

第四章　服務行銷戰略

學習目標與要求

1. 瞭解服務行銷戰略的內涵和過程
2. 掌握服務市場細分的概念、步驟和依據
3. 理解目標服務市場選擇戰略
4. 掌握服務市場定位的內涵和方法

［引例］　美國西南航空公司的服務行銷戰略

20 世紀 90 年代，西方經濟進入衰退期，美國航空業因此受到極大影響。1991、1992 兩年，美國航空業的赤字總額累計達 80 億美元。曾經盛極一時的 TWA、大陸、西方三家航空公司均因經營不善而宣告破產。但一家名叫西南航空公司的小企業卻在一片蕭條氣氛中異軍突起，它在 1992 年取得了營業收入增長 25% 的令人難以置信的佳績。這是一個小企業戰勝大企業的經典案例。西南航空公司的成功得益於選擇了正確的行銷戰略。該公司在赫伯特·克萊爾的出色領導下，通過 SWOT 分析法，準確地確定了公司的「戰略性機會窗口」（目標市場與市場定位）及相應的行銷戰略。

表 4-1　　　　　　　　　　西南航空公司 SWOT 總結

核心優勢與最佳機會	主要劣勢與最大威脅
1. (S) 公司穩健發展 2. (S) 成本低 3. (S) 員工凝聚力強 4. (O) 顧客增長趨勢 5. (O) 低價競爭	1. (W) 財力不足 2. (W) 服務質量稍弱 3. (T) 競爭對手強大

在 SWOT 分析的基礎上，西南航空公司歸納出自身的核心優勢與主要劣勢，明確了所面對的最佳機會與最大威脅，從而確定了公司的「戰略性機會窗口」及相應的對策：

（1）立足航程短、價格低、頻度高、點至點直航的業務；
（2）利用低成本優勢，與對手進行價格戰；
（3）避免與大型航空公司展開面對面的競爭。

為了實現低價格競爭戰略，西南航空公司採取了多方面的措施。在機型上，該公

司全部選用了節省燃油的波音 737。這不僅節約了油錢，而且使公司在員工培訓、維修保養、零部件購買上統一標準，大大降低了成本。同時，公司充分發揮員工凝聚力強的優勢，創下了世界航空業最短的航班輪轉時間。當別的競爭對手需要用 1 小時才能完成乘客登機、離機及機艙清理工作時，西南航空公司只需要 15 分鐘就完成該項工作。另外，西南航空公司針對航程短的特點，只在航班上為顧客提供花生米和飲料，而不提供用餐服務；並將登機卡用塑料製作，可以反覆使用。這都大大節省了費用。

在大幅降低成本的過程中，西南航空公司的票價有了明顯的競爭優勢。20 世紀 80 年代末，西南航空公司在休斯敦—達拉斯航線上的單程票價為 57 美元，而其他航空公司的票價為 79 美元。到 1993 年，西南航空公司的航線已涉及 15 個州的 34 個城市。它已擁有 141 架客機，每架飛機每天要飛 11 個起落。由於飛機起落頻率高、單程選擇的航線客流量大，所以西南航空公司的經營成本和票價是美國的最低水準。這就保證了西南航空公司低價格競爭戰略的成功，許多競爭對手不得不調整航線，有的甚至望風而逃。

西南航空公司的成功是因為它正確地制定了符合自身特點的競爭戰略，並進入了一個使大型航空公司空有實力卻無法施展的「戰略機會窗口」。正如一位大型航空公司的經理所說：「它（西南航空公司）就像一隻地板縫裡的蟑螂，你無法踩死它。」

第一節　服務行銷戰略概述

一、服務行銷戰略的含義

對企業而言，戰略是指企業面對急遽變化的環境和激烈競爭的市場，自身的長期生存和持續發展，而制定的全局性發展規劃。其中，「急遽變化的環境和激烈競爭的市場」是戰略背景，「謀求長期生存和持續發展」是戰略總目標，「全局性發展規劃」是戰略內容。

服務行銷戰略，顧名思義，是把服務行銷和戰略二者緊密結合起來，所以，我們可以給服務行銷戰略下這樣一個定義：服務行銷戰略是指從事服務行銷的企業面對急遽變化的環境和激烈競爭的市場，為謀求其行銷目標的實現，而制定的行銷總體規劃。

針對行銷規劃的具體內容，服務行銷戰略可以分為三大類：第一類是基於市場發展或產品發展的規劃，稱之為發展戰略；第二類是基於競爭模式的規劃，稱之為競爭戰略；第三類是基於行銷方法論的規劃，稱之為 STP 戰略。本章重點研究的是 STP 戰略（將在下面幾節中詳細論述）。

二、服務行銷戰略的前提——環境分析

服務組織在制定行銷戰略之前，需要對其所處環境有一個清晰的認識。所謂環境分析，是指服務組織依賴對內外部環境變化的認真監測，來識別與鑒定其中孕育著的機會與威脅（見圖 4-1）。

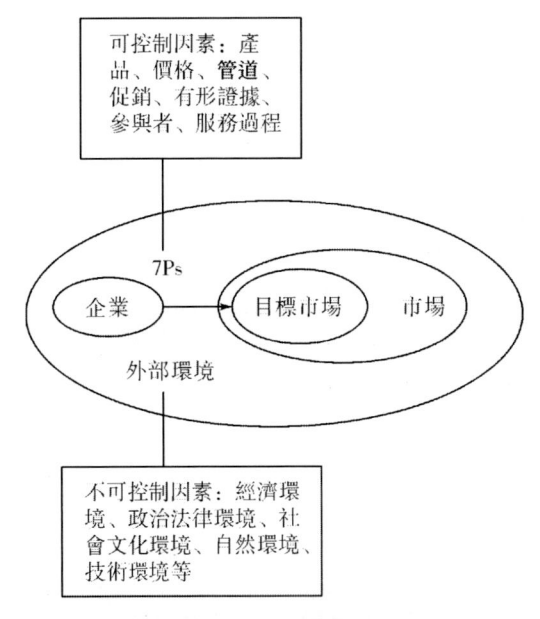

```
┌─────────────────┐
│ 可控制因素：產  │
│ 品、價格、管道、│
│ 促銷、有形證據、│
│ 參與者、服務過程│
└────────┬────────┘
         │
    ╭────┼──────────────────────╮
    │   7Ps                     │
    │  ╭───╮    ╭──────╮        │
    │  │企業├──→│目標市場│ 市場 │
    │  ╰───╯    ╰──────╯        │
    │      外部環境              │
    ╰────────┬──────────────────╯
             │
┌────────────┴──────┐
│ 不可控制因素：經濟環│
│ 境、政治法律環境、社│
│ 會文化環境、自然環境、│
│ 技術環境等          │
└─────────────────────┘
```

圖 4-1　環境分析

服務企業要確定其行銷目標及達成方式，關鍵是信息的收集與利用。首先，服務企業必須對內外部環境進行認真分析，以識別自身擁有的優勢與劣勢和面對的機會與威脅。在此基礎上，服務企業就有針對性地調整其可控制因素，以適應不可控制因素（外部環境）的變化，從而將威脅最小化和機會最大化。本章導入案例中所提及的美國西南航空公司的成功事實，便是一個很好的例證。

另外，服務企業還應充分挖掘與利用各種各樣的信息渠道，以獲取對企業行銷活動有價值的信息、顧客調查、員工反饋、交易資料、投訴記錄和競爭分析等，皆能指導管理決策者去發現問題與識別機會。例如，透過社會文化環境的變化趨勢或顧客調查信息，我們也許能發現越來越多的消費者願意接受自助式服務。基於此信息，決策者就可以在服務提供過程中融入某些自助成分。

服務企業對環境的分析，必須是一個持續不間斷的過程。當今，企業所處的環境急遽動盪，除了隨時對環境變化保持高度警惕外，企業別無選擇。值得慶幸的是，信息技術的發展，大大提高了企業的信息收集效率，只要企業留意觀察和認真監測，就能夠獲取大量有價值的信息，為企業決策所用。

在環境分析的過程中，值得企業重視的是，機會與威脅的辯證關係。本章導入案例恰好說明了這一點：20 世紀 90 年代初，美國出現了經濟衰退，各航空公司無不把此次經濟動盪看作一種威脅。然而，就是在這一不利大環境下，美國西南航空公司卻取得了長足發展。該公司在夾縫中求生存，利用自身的低成本優勢和低廉的價格，更好地滿足了市場蕭條中的顧客需求，不僅未受到不利環境的影響，反而借機擊敗了強大的競爭對手，取得良好的經濟效益。可見，即使是在最困難的經濟環境中，富有創造力的企業家也能發現機會。

重視環境分析，使許多服務企業成功地設計與駕馭未來。聯邦快遞的奠基者法蘭德·史密斯，機敏地探察到業務環境的改變，並據此改變而創立了徹夜包裹快遞產業；CNN 的奠基人泰德·特納，在新聞技術的革新中尋覓到發展機遇，從而創辦了第一個 24 小時電視新聞頻道；硬石咖啡廳的創始人羅布特·埃爾，以搖滾樂的全球盛行為契機，創辦了一家以搖滾音樂為主題的飯店。由此可見，環境分析是企業制定順應發展趨勢和符合自身狀況的可行戰略的前提和保證。

三、服務行銷戰略管理過程

在環境分析的基礎上，服務企業應該通過戰略的制定、戰略的實施和戰略的控制對行銷戰略進行有效的管理。

（一）戰略的制定

要制定一個能實現服務目標的戰略，首先應對組織所欲解決的問題具體化。換句話說，就是必須指明服務組織所面臨的核心行銷問題或機會。所謂核心行銷問題，是指那些牽一髮而動全身的行銷問題—旦其被解決，其他次要的行銷問題也將迎刃而解。在表述核心行銷問題時，應包括行動的具體步驟，應識別出所需要的服務行銷工具，還應以顧客為中心。雖然現象與本質、時尚與趨勢之間難以區分，但對其進行有效鑑別卻至關重要。儲存並不斷更新一些數據信息，將有利於管理人員剖析問題的內在原因。譬如，一項服務的失敗，究竟是由後臺作業問題所引發，還是源於人力資源問題呢？或許從儲備的一些信息中能找到答案。假如問題或機會得以準確地具體化，那麼，將能比較容易地得到一些備選實施方案。作為戰略制定的一大特點，挖掘備選方案的過程需要創造力與想像力。在有些情況下，備選方案相對顯而易見，而在有些情況下，備選方案的獲得需要敏銳的觀察力與審慎的工作態度。一個聰明的行銷戰略家，會認真地考慮每一種可能的選擇，以保證其與出色的行銷實踐相吻合。任何服務都與其他服務共享某些特性，故服務組織在分析與選擇問題解決方案時，可參照研究其他服務的行銷技巧，這在實踐中被稱作標杆。有時，醫院可從標杆旅館中獲益，律師可以向醫生學習。任何鑑別出的備選方案，都必須被細化與剖析到可完全實施的程度。另外，還應建立一系列的準則，以評價與比較各備選方案。

一旦某一備選方案被選中，一項非常重要的工作內容就是清晰地闡明其所建議的行動過程與解決核心行銷問題或把握機會的關係。另外，對各建議所需人力資源與作業予以考慮，也是必不可少的一項工作。譬如，假如決定為服務過程融入自助服務成分，則影響到服務設施的設計與服務人員數量及類型的安排。

（二）戰略的實施

任何服務組織在形成一項行銷戰略時，最困難的一步是戰略的實施。欲將選中的方案付諸實施，就必須制定一個詳細的實施計劃，實施計劃應包括活動發生所遵循的邏輯順序及詳細的時間進度表。另外，還應對實施過程中所需要的短期與長期成本，進行分列預算。在方案實施過程中，難免會出現一些偏差，故制訂一些非常計劃以應對意外事故，也對戰略的有效實施具有指導意義。服務行銷戰略實施中的一個關鍵環

節，是監控那些偏離預算的費用。一個服務組織，如果失去了對時間及金錢的控制，那麼它注定要失敗。在服務行銷戰略的實施過程中，允許企業犯錯誤的空間極小，因為服務的生產與消費同時進行。

(三) 戰略的控制

要保證一項戰略的成功，企業需時時對其進行評價與調整，這就是戰略的控制。一旦發現一些阻礙戰略成功的阻礙，企業就有必要為克服之而採取一些相應的策略，如增加員工、更新設備或改進服務過程等。只有認真審視戰略，企業才有可能知曉它們的策略是否行之有效。事實上，把戰略的計劃與實施作為一個整體加以考慮，相當重要。在評價一項行銷戰略的收益時，應採用多種衡量指標，通常應包括服務的利潤與質量等指標。

第二節　服務市場細分

從企業行銷的角度看，市場表現為消費需求的總和。消費者成千上萬，分佈十分廣泛，購買習慣和要求也千差萬別，而企業的能力是有限的。任何一個企業，無論其規模如何，都只能滿足一部分消費者的某種渴求，而不可能滿足所有消費者的互有差異的整體需求，為所有的消費者都提供有效的服務。因此，整體的、大型的市場，正在日益向小型化發展，逐漸分解為許多微型市場。在這種情況下，企業要想生存和發展，都應當、也只能為自己規定一定的市場範圍和目標，即必須明確自己的服務對象。市場行銷學把這種企業特定的服務對象稱之為「目標市場」。為此，就要先把市場由大到小地進行細分，結合企業資源和特長，選擇企業的目標市場，並確定企業在市場中的競爭地位。這是企業市場行銷戰略的重要內容和基本出發點。

一、市場細分的概念

所謂市場細分，是指企業根據消費者需求的差異，按照「細分變數」將某一整體市場劃分為若干個消費者群，每一個消費者群都是一個具有相同需求或慾望的細分子市場，從而找出適合本企業為之服務的一個或幾個細分子市場的過程。例如，改革開放前，中國四大國有銀行（工商銀行、農業銀行、建設銀行和中國銀行）都有自己為之服務的細分子市場：工商銀行主要為工商企業和城鎮居民提供服務；農業銀行的主要業務集中於廣大農村；建設銀行主要負責國家基建項目融資；中國銀行則主要經營國際金融業務。

二、市場細分的意義

市場細分對於服務企業具有十分重要的意義：

（1）市場細分可以避免企業因盲目投資而造成的資源浪費。隨著服務市場上新的競爭對手不斷湧現和服務項目的增多，企業之間的競爭愈演愈烈。市場細分將有助於

企業充分認識潛在需求，發現市場機會，將力量投資於能夠給企業帶來經濟效益的領域，從而避免因盲目投資而造成的資源浪費。例如，改革開放以後，特別是20世紀90年代提出了專業銀行商業化的改革思路，打破了中國專業銀行業務範圍的界限，出現了「工行下鄉，農行進城，中行上岸」的狀況，各家銀行都可以經營相同的金融業務，加劇了銀行業的競爭。但是，每一家銀行都有自己的優勢，都應該集中力量將資源投向更有利的強項領域，發揮優勢，保證重點，兼顧其他。如交通銀行提出要把業務重點放在經濟發達的大中城市和國外業務方面，並在全國範圍內優化資源配置；建設銀行提出大行業、大企業戰略，集中資金向重點行業和重點項目傾斜；而工商銀行則提出了當代市場經濟發展的三個值得注意的趨勢——財產所有的個人化、資產形式的多樣化和經濟往來的網絡化，提出以居民個人為服務主體的銀行個人金融業務，具有十分廣闊的市場發展前景，勢必成為金融業務競爭的焦點。在這方面，國外大商業銀行有很多成功的實例。美國的花旗銀行在經歷了20世紀90年代初期的衰退之後，近年來充分依託其世界最大的電子銀行網和電子通訊網積極推進自己的三大核心業務——機構銀行業務、消費者銀行業務和投資銀行業務。1994年獲得了34億美元的利潤。該行在進行市場細分的基礎上，加大了消費者銀行的開發力度，取得了巨大成功，1994年此項業務獲利14億美元，該銀行被《歐洲貨幣》雜誌評為最優秀的銀行。花旗銀行的經驗是在最擅長的特定領域中成為最優秀的，而不是樣樣都干，樣樣追求第一，從而避免因盲目經營而造成的資源浪費。

（2）市場細分將有助於企業通過產品的差異化建立競爭優勢。競爭是市場經濟中不可避免的，但市場是廣闊的，提供同類服務的企業之間的競爭不一定必然是你死我活，而是可以達到雙贏的。其中的關鍵在於各自的目標市場不同。百事可樂當年之所以能從可口可樂公司幾乎獨霸的飲料市場奪取近半個的市場份額，主要得利於市場細分，發展並開拓了美國「新一代」這一可口可樂沒有意識到的市場區域，成為「新一代」的可口可樂。在服務市場行銷實踐中，這樣的實例不勝枚舉。例如，在金融服務市場上，信用卡提供給客戶的是信譽、便利和聲望。美國運通公司就瞄準了旅遊和休閒市場，向商業人士和擁有較高社會地位的人士提供價格高昂的運通卡。這種信用卡實際上同 Visa 與 Mastrecard 沒有什麼區別，但是，因為它更強調信用卡使用者的聲望而倍具吸引力。實踐證明，即使在較成熟的行業裡，市場機會仍然存在。企業通過市場細分將會發現尚未滿足的消費者群體，如果企業能夠針對這一消費者群體的需求特徵推出獨具特色服務產品，通過產品差異化建立起競爭優勢，就會獲得成功。

（3）市場細分有利於促進顧客的滿意與忠誠。如前所述，通過市場細分，企業能夠向目標市場提供獨具特色的服務及其相關的行銷組合（7P），從而使顧客需求得到更為有效的滿足，有利於促進顧客的滿意與忠誠。而一旦顧客對某個服務企業表示忠誠，他們即使偶爾不滿意企業的服務，一般也不會輕易改變這種忠誠。研究表明，在銀行業，儘管忠誠的顧客對企業的服務感到不滿意，但仍有顧客依然忠於該企業。所以，美國一些銀行的行銷部門甚至指出，顧客可能會改變生活伴侶而不會改變銀行。

三、市場細分的步驟

服務市場細分包括四個基本步驟，如圖 4-2 所示。

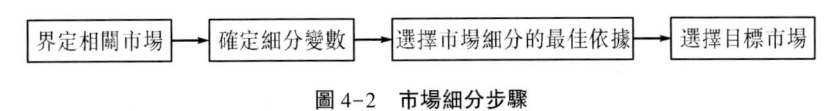

界定相關市場 → 確定細分變數 → 選擇市場細分的最佳依據 → 選擇目標市場

圖 4-2　市場細分步驟

(一) 界定相關市場

每一位消費者都是獨一無二的，絕大多數的銷售量及利潤是由一小群消費者所創造出來的。界定相關市場就是確定企業推廣其服務產品所要尋找的消費者群體。比如，一家酒店以商務人員作為自己的客戶；一家投資銀行則將資產超過百萬元的人士作為自己的服務對象。企業在確定消費者群體時，必須明確自身的優勢和劣勢，根據自己擁有的資源條件在以下幾方面做出選擇：服務產品線的寬度，顧客類型，地理範圍，企業主要涉入的價值鏈的環節，等等。有效的市場細分強調企業在清晰的細分市場上滿足現有顧客和潛在顧客的需求，這就要求企業必須瞭解消費者的態度、偏好及其所追求的利益。

(二) 確定細分變數

在界定了相關市場之後，企業要確定市場細分的標準或依據，常用的細分變數有：

(1) 按人口和社會經濟因素細分。人口因素包括年齡、性別、家庭人數、生命週期等；社會因素指收入、教育、社會階層和宗教種族等。如美國的一些銀行根據消費者的生命週期進行市場細分，它們把消費者生命週期分為單身、年輕新婚、年輕滿巢（年齡在 40 歲以下至少撫養一個孩子）、中年滿巢（年齡超過 40 歲至少撫養一個孩子）、年老空巢就業（年齡超過 40 歲以上仍就業但子女獨立）和年老空巢退休等六個階段，由於處在生命週期不同階段的消費者的需求明顯不同。銀行可以據此尋找目標市場，提供適合目標市場需求的服務。

(2) 按心理因素細分。心理因素如生活態度、生活方式、個性、消費習慣、價值取向、購買動機等會影響消費者服務購買行為，可以作為服務市場細分的依據，特別是僅採用人口和社會經濟因素難以明確地劃分出細分市場時，結合考慮消費者的心理因素將有利於有效細分。在服務市場行銷實踐中，許多企業已越來越傾向於運用心理因素進行市場細分。

(3) 按地理因素細分。這是企業按照消費者工作和居住的地理位置進行市場細分。由於地理環境、自然氣候、風俗習慣、文化傳統以及經濟發展水準等因素的影響，同一地區人們的消費需求具有一定的相似性，而不同地區的人們又有著不同的消費習慣與偏好。例如，中國地域遼闊，生活在祖國不同地區的消費者在生活習慣、消費需求、社會風俗等方面差異很大。僅以餐館為例，就有粵菜館、川菜館、魯菜館、湘菜館等數不清的各地風味餐館。正是由於受到地理因素的影響，市場中各個不同地理位置上表現出需求差異，企業可以選擇一定的地理變數進行市場細分。由於這種方法可操作

性強，比較簡單明了，更為許多服務企業所偏愛。

（4）按顧客利益細分。顧客購買某項服務的目的在於從中獲得某種利益。因此，企業可以根據消費者在購買過程中對不同利益的追求進行市場細分。利益細分強調消費者的反應，比如，消費者希望從不同的賓館那裡得到不同的利益：一部分消費者希望能從聲譽很高的五星級飯店獲得高檔的、全面的、整體性服務；一部分消費者則希望獲得低價格的優惠服務；還有人希望在十分廉價的私人旅館裡湊合住幾夜等。那麼，賓館就可以根據自身的資源狀況，選擇其中一個或幾個細分市場進入，提供獨具特色的服務。由於服務產品本身的特點，利益細分對所有的服務企業都比較適用。

（5）按用途細分。按用途細分就是根據消費者對產品的使用方式及其程度進行細分。據此，消費者大體上被細分為經常使用者、一般使用者、偶爾使用者和不使用者。服務企業往往對經常使用者表示關注，因為他們的使用次數多。例如，許多快餐店願意為那些經常光顧的食客提供快速服務，價格也比較低。而銀行則對各種使用者均表示關注，一方面他們希望瞭解那些經常使用者的特點、行為和身分等，以不斷吸引其購買服務；另一方面，銀行又會採取一些措施刺激那些偶爾使用者，促使其向經常使用者轉化。

（6）按促銷反應細分。在服務行銷實踐中，不同的消費者對於企業開展的促銷活動，如廣告、銷售推廣、現場演示和展覽等的反應是大不相同的。因此，企業可以根據消費者對促銷活動的反應進行細分。例如，郵寄訂單目錄的使用者可能喜歡使用信用卡，並對其他郵寄品也有較高的反應率。服務企業就可以採用直接郵購的方式與這類消費者溝通，並建立起較好的顧客關係。

（7）按服務要素細分。這是根據消費者對企業提供的服務的反應進行細分。雖然從某種意義上講它可以歸入利益細分，但因為通過瞭解消費者對企業提供的服務產品中不同要素的看法及反應，將非常有助於企業設計最佳的服務產品組合，所以有單獨論述的必要。按服務要素進行市場細分時，要考慮三個問題：①是否存在擁有同種服務要求的消費者群體？②企業能否使自己的服務產品差異化？③是否所有的產品都需要同一水準的服務？如彼得·吉謨對設備供應行業進行研究，瞭解不同細分市場對售後服務、電話訂貨、效率、訂貨的便利程度、技術人員的能力、送貨時間、送貨可靠性以及資料的提供等八種顧客服務的反應。結果表明，不僅購買者和供應商對這八種服務重要性的看法有所側重，而且購買者之間對這些服務重要性的看法也有很大差異。因此，通過調查購買者對不同顧客服務重要性的看法，供應商將會更加有針對性地為不同的細分市場提供最優服務，更好地滿足消費者的需求。

（三）選擇市場細分的關鍵依據

以上列出了服務企業進行市場細分時可以採用的七種依據，類似的依據還有很多，我們不能全部羅列出來。事實上，任何企業在選擇市場細分的依據時都不能照搬以往細分變數，而必須結合本企業情況有所創新，以建立起差異化競爭優勢。因此，企業必須設計最佳的細分依據。設計最佳細分依據的操作步驟是：

（1）先把各種潛在、有用的變數都羅列出來。例如，一家金融服務公司在選擇顧

客時可以從以下幾方面考慮：地理位置、客戶大小、行業類型、購買經驗、對服務的需求等。在列出這些細分變數之後，要對其重要性進行分析，選擇出那些被認為是重要的標準。

（2）對選擇出的重要標準再做進一步的劃分。在某種情況下，這種劃分可能比較直接和顯而易見，如年齡、性別和行業類型等，而對於心理因素則要做較深入的調查，以瞭解其特徵和需求類型。

（四）選擇目標市場

企業對市場進行細分的目的在於選擇自己的目標市場。然而，市場細分的結果往往是得到了大量的細分市場。企業沒有必要對每一個細分市場都予以足夠的重視和分析。所以，必須對它們進行篩選。一般地講這種篩選從兩方面——細分市場本身的特徵和本企業的目標、資源著手，可用以下幾個標準來衡量：

（1）可測量性。即細分市場的大小及其特徵可以測量出來，即能夠量化。這是一件較為複雜的工作，也許要用到一些數學模型來進行市場調查和預測。

（2）可進入性。是指企業對該細分市場能有效進入和為之服務的程度。即企業有足夠的資源和開發能力進入該細分市場，並佔有一定的市場份額，否則沒有現實意義。例如，細分的結果發現已有很多競爭者，自己無力與之抗衡；或者雖有未滿足的需要，但缺乏原材料或技術，難以經營。遇到這種情況就不要貿然去開拓，否則，就很難避免以大量的投資開始，以賠錢失敗告終。

（3）可贏利性。即細分市場的容量能夠保證企業獲得良好的經濟效益，使企業能贏得長期穩定的利潤。

（4）易反應性。即細分市場對企業行銷戰略的反應是靈敏和有差異的。如果一個細分市場對企業行銷戰略的反應同其他細分市場沒有差別，則沒有必要把它當成一個獨立的市場。

以上我們介紹了服務市場細分的概念、意義和步驟。需要指出的是，企業在進行服務市場細分時可能會遇到這種情況，即同一個顧客在不同的時間會被劃分為不同的細分市場。例如，一位商務人員在公干出差時會乘坐商務艙，而同其家人一起外出旅遊時則選擇經濟艙。這種情況可能會給服務企業帶來一些問題，因為企業可能利用同一個服務人員或設備向這種顧客提供服務。比如，一家航空公司注意到，它的經濟艙服務在暑假結束時贏利率下降，因為許多攜帶家屬外出旅遊的商務人員出於經濟的考慮選擇經濟艙；不過，商務人員以往的經驗卻影響其對經濟艙的認識，導致其期望未被滿足而感到不滿意。這個例子也說明服務企業很難將同一種產品提供給不同的細分市場。這一點區別於生產性企業。生產性企業可以通過不同的渠道或包裝將同一種產品交給不同的顧客群。服務企業則不同，因為服務產品的生產與銷售是同時進行的。例如，一家酒店考慮到商務人員為公務所累而設計出寧靜、祥和的氣氛，但這種氣氛可能不適合於那些前來度週末的顧客，而商務人員在週末也仍然需要寧靜、祥和的氣氛。這也許給酒店以某種啟示，即為不同的顧客提供不同包裝的服務。

第三節　目標服務市場選擇

　　一旦企業對市場進行細分後，它們就必須評價每個細分市場，並決定為多少個細分市場服務。在評估各種不同的細分市場時，企業必須考慮以下兩個因素：細分市場的吸引力、企業的目標和資源。企業應當分析潛在細分市場的大小、成長性、贏利率、規模經濟、風險的大小、是否對企業具有吸引力，同時還必須考慮細分市場與企業的經營目標和資源條件是否一致。即使某些細分市場具有較大的吸引力，如不符合企業的長遠目標，就應該放棄；如果企業在某個細分市場缺乏優勢競爭能力，也應放棄該細分市場。

一、選擇目標市場

　　目標市場是企業打算進入的細分市場，也是打算滿足的具有某一需求特徵的顧客群。通常情況下，企業有五種可供考慮的市場覆蓋模式。

（一）市場集中化

　　企業只選取一個細分市場，只提供一類服務供應某一單一的顧客群，進行集中行銷。企業選擇這種模式一般基於以下考慮：企業具備某一專業化服務的優勢和條件；資金有限，只能服務於一個細分市場；該細分市場少有競爭對手，企業將以此細分市場為基礎，取得成功後向更多的細分市場擴展。

（二）有選擇的專業化

　　企業選擇幾個具有贏利潛力和具有吸引力，同時又符合企業經營目標和資源條件的細分市場作為目標市場，這樣便可以有效地分散經營風險。採用此種模式的企業一般應具有較強的資源和行銷實力。

（三）產品專業化

　　企業向各類消費者提供一種服務產品。這種模式能使企業專注於某一類服務產品的生產，形成和發展技術上的優勢，在該領域建立自己的品牌。但在該領域被全新的服務所代替時，營業額將有大幅度下降的危險。

（四）市場專業化

　　企業提供多種服務產品滿足某一顧客群體需要的各類服務。由於市場專業化提供的回報多，能有效地分散風險。但由於集中於某一類顧客，當這類顧客需求下降時，企業的經營便會出現危機。

（五）市場全面化

　　企業提供多種服務產品去滿足各類顧客群體的需求。實力雄厚的大型服務企業選擇這種模式，才能收到良好的效果。

二、目標市場戰略

企業在市場細分的基礎上選擇目標市場，如果目標市場不同，所選取的行銷戰略也應各有差異。一般有三種目標市場行銷戰略可供選擇。

(一) 無差異性行銷戰略

實行無差異性行銷戰略的企業把整個市場看作一個大的目標市場，不進行市場細分，用同一種產品、統一的行銷組合經營整體市場。也就是說，企業只使用單一的行銷策略來開拓市場，它們推出一種服務產品，採用統一的價格，通過相同的分銷渠道，應用相同的行銷組合。無差異性行銷戰略最大的優勢是成本的經濟性。這種策略僅僅適合於少數顧客需求大致相同的產品，對大多數服務產品而言，無差異性行銷戰略是不適宜的。因為現實生活中消費者的需求偏好十分複雜，層次多樣，一種產品或品牌受到長時間普遍歡迎是很少見的。同時，這種戰略常引起競爭的加劇，即便企業一時贏得某一市場，如果競爭者紛紛仿效，往往造成市場的某個部分過度競爭，而市場其他部分的需求不能得到滿足。

(二) 差異性行銷戰略

這種行銷戰略是把整體市場劃分為若干需求大致相同的細分市場，然後根據企業的資源條件和行銷實力選擇細分市場作為目標市場，並為每個目標市場制定不同的行銷組合。即針對不同的細分市場設計不同的服務產品，採取不同的價格，通過不同的分銷渠道，使用不同的促銷方式，分別滿足不同顧客的需求。差異性行銷戰略的長處在於它能有針對性地滿足不同需求特徵的顧客，提高企業的競爭力。它既是科技進步的結果，又是市場競爭的產物。這種戰略被越來越多的企業採用。

企業通過多樣化的產品滿足不同顧客群體的需求，在擴大企業銷售量的同時，提高市場佔有率。但是，產品品種、行銷渠道、廣告宣傳等的擴大與多樣化，必然使企業的生產成本、管理成本、促銷費用等行銷成本大幅度提高。

(三) 集中性行銷戰略

集中性行銷戰略指在整體市場劃分為若干細分市場後，只選擇某一個或少數幾個細分市場作為目標市場，對這幾個細分市場上的顧客實行專業化服務。該戰略不求在較多市場上獲得較小的份額，而求在較少的市場上獲得較大的份額。集中性行銷戰略適合資源條件有限的小企業。對於一個小的細分市場來說，小企業可以避開大企業競爭最激烈的市場部位，選擇一兩個能夠發揮自身優勢的細分市場，取得成功。在這個小的市場上，企業可以深入瞭解顧客的不同需求，有針對性地設計行銷組合，節約生產成本和行銷費用，提高企業的知名度和市場佔有率。但這一戰略不足之處在於經營者將承擔較大的風險，假如目標市場的需求狀況突然發生變化，目標消費者的偏好或興趣發生轉移，或者市場上出現了強有力的競爭對手，企業的經營就有可能陷入困境。

總之，企業在選擇目標市場行銷戰略時，必須考慮企業的能力、服務產品的同質性、服務產品所處的生命週期以及市場的類同性，同時還要考慮競爭者的戰略。

第四節　服務市場定位

一、市場定位的內涵

市場定位指的是企業根據市場的競爭狀況和自身的資源條件，建立和發展差異化競爭優勢，以使自己的服務產品在消費者心中形成區別於並超越於競爭產品的獨特形象。即市場定位是塑造一種服務產品在市場上和消費者心目中的位置，這種位置決定於市場對這種細分的認同度和消費者對這種服務的認可性。

市場定位是一個比較鑑別的過程。企業需要瞭解細分市場上顧客心目中所期望的最優質的服務是什麼；競爭對手所提供的服務處於什麼位置；本企業的服務理念是否迎合顧客需求；企業是否值得並能夠最大限度地採取措施使自己的產品達到消費者的期望水準等。服務定位是服務差異化的先決條件，更是服務品牌形象確立的基礎。每一種服務都會由於提供者和提供標準的不同而形成一系列區別於其他產品的特徵。市場定位就是使這些特徵在消費者心中和市場輿論中強化和固化的過程。當然，市場定位也可不經計劃而隨時間沉澱而成，諸如各種名字號、祖傳秘方；也可以通過市場行銷體系針對目標市場展開。前者雖然可信度大、經久不衰，但差異化形成週期長，且市場風險較大；後者目的在於創造有利於服務企業的差異化心理定位，主動性、可控性要高很多，為現代企業所廣泛推崇。

對個別企業而言，市場定位存在著一項重大決策，即向目標顧客心目中輸入產品特徵數量的決策。有人認為，通過大力推廣產品的某一優點容易在顧客心目中形成市場領導者的形象。也有人認為，應當推廣產品的多個特徵，以便把握更多的市場機會。顯然，這是一個多與精的矛盾，我們可以從定位本身的基礎來解決這一矛盾。定位是在消費者心中已有形象的基礎上進行的改造和強化，市場不可能容許否認和挑戰顧客的另起爐竈式的定位。成功的定位是在分析顧客已有認識的基礎上，挖掘那些被顧客認為重要的服務需求，以及那些競爭對手沒有或無力滿足的需求。那些未被滿足的，又對消費者極為重要的需求特徵，正是市場定位的源泉和基礎，這種特徵在企業成本允許情況下，當然是多多益善的。

從某種意義上講，市場定位其實是市場競爭策略的一個重要組成部分。定位過程中差異化的實現正是在與競爭對手的較量比試中得以鑑別的，所以典型的市場定位方法可以稱為競爭定位法。其原理在於在不同的差異化變量構成的多維空間，為每一個競爭對手定位，然後根據自己的競爭戰略和策略選擇自己的相對位置，從而完成市場定位。不難看出，市場定位來源於市場競爭態勢；而新的市場定位又造就了新的競爭格局。

二、市場定位方式

如果我們把差異化變量抽象為質量和價格兩個簡單因素，那麼圖4-3可以粗略地

反應出市場競爭的各種格局，並可從中窺見幾種不同的市場定位策略。

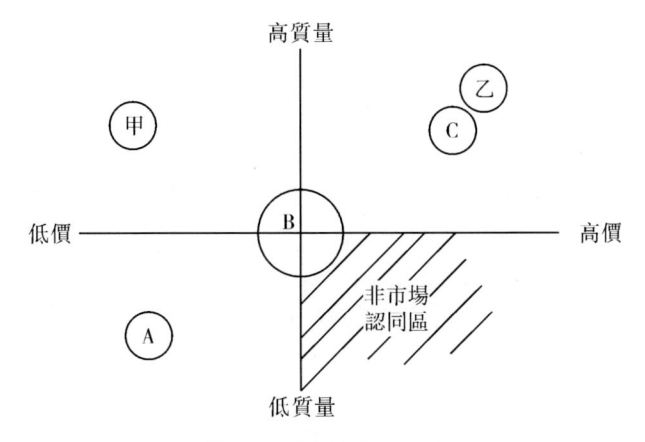

圖 4-3　市場定位示意圖

（一）避強定位

圖中甲策略是一種避開市場既存強大競爭對手的市場定位策略。如果我們假設 A、B、C 為目標市場中的三個主要服務商，那麼定位方案中便採用了避強定位策略。該策略能幫助企業迅速在市場中站穩腳跟，並在消費者心中迅速樹立明確的形象。由於該策略市場風險較小，成功率較高，所以多為新進入的服務商採用。但從另一方面考慮，值得注意的是剩餘的市場真空帶除了市場不認同的區域，往往只剩下風險大、利潤薄的部分，這本身就是種定位風險。具體到圖 4-3 中，方案若要成功實施，必須具備如下三個條件：服務商要具備提供高質量服務的技術、設備、人員條件；要在低價進入的前提下，仍能實現最低限度的利潤目標；通過宣傳，能有效地送達這樣的市場信息——本企業服務「性價比」要高於 A、B、C 三家服務商——儘管在圖上這是顯而易見的。

（二）迎強定位

這是一種面對市場領導者或主要競爭對手「針鋒相對」的定位策略。顯然，迎強定位是一種危險的市場爭奪策略，然而其中蘊含的時刻敦促服務商奮進的激勵因素，以及一旦成功即可獲得巨大的市場份額和競爭優勢的可能性，仍使不少服務商樂此不疲。比如肯德基和麥當勞的快餐之爭等。實行迎強定位必須知己知彼，尤其是充分認識自己的實力和潛力；而且要適可而止，防止「漁翁得利」，新來者能獲得平分秋色的競爭格局已經算是大獲全勝了。具體到圖 4-3 中，方案乙便是矛頭直指服務商 C 的定位策略。該服務商必須特別關注如下三點：①高檔服務的市場容量能否足以承載兩大服務商的供應；②本企業的服務是否具有區別於其他服務商的特色，如樣式更新、流程更便利、人員更專業、環境更優雅等；③這種高檔定位與本企業的資源、實力、聲望和應變力是否相稱。

(三) 再定位

對已有過市場定位的服務重組並二次定位稱為再定位。圖 4-3 中，方案甲、乙之間的先後實施便是再定位。再定位反應了市場定位的靈活性和動態性，但它同時也往往是決策失誤後亡羊補牢的無奈之舉。當然，戰略性的再定位是市場拓展的利器，是強勢服務商對外擴張的先發那個。具體而言，再定位存在兩個維度：重新定位服務感受、重新定位溝通宣傳方式。對前者而言，要變更的是顧客預期的中心好處，或構成服務的一個或幾個核心因素。一個典型案例是美國西部航空公司，在 20 世紀 90 年代中期美國航運業競爭白熱化的階段，主動放棄殘羹冷炙的東西航線，而通過各種營運管理策略，降低成本，低價承擔起南北線中長距離飛行服務，由此取得了巨大成功。對後者而言，是通過對顧客可以從服務中獲得的好處的重預定位和全新宣傳，以便實現新的定位。對服務而言，預期和滿意度更多地被心理因素左右，這便給宣傳溝通策略留下了很大的發揮空間。比如，甲乙兩家提供同種服務。甲的定價更高，但這並不一定使甲處於市場劣勢；如果甲能成功說服潛在購買者相信自己提供的效用超值高於費用差額，高價不僅會帶來更大的利潤空間，甚至可能轉化為一種競爭優勢。

三、服務市場定位策略

一個服務產品要有好的定位，還必須依賴於一個好的定位策略。各種定位策略的宗旨都是尋求產品在某方面的特色優勢，並使這種特色優勢有效地向目標市場顯示。由此，我們可以得出如下幾種常用的定位策略。

(一) 特色定位策略

隨著市場經濟的不斷發展，在同一市場上會存在許多定位相似的服務公司。公司為了使自己提供的服務獲得穩定的銷路，就要為自己的服務產品培育一定特色，樹立一定的市場形象，以求在顧客心目中形成一種特殊的偏愛。需要強調的是，這裡所說的特色應該是競爭對手沒有涉足的，而且應是即使競爭對手已經注意到了，也很難建立起來的特色。

迪士尼樂園在其廣告中宣傳自己是世界上最大的主題公園。「大」就是一種產品特色，它蘊含了一種利益，即有最多的娛樂項目可供選擇。

(二) 利益定位策略

這是指根據服務產品為顧客提供的利益定位。這裡所說的「利益」既包括顧客購買產品時所追求的利益，也包括購買產品時所能獲得的附加利益。近年來世界公園建設在中國各大城市的施行，就在於能為遊客提供一些世界著名景區，滿足不出國就能親臨其境觀賞世界名景的需求。通常產品所能提供的利益是和產品的屬性直接相關的，當它具有一種或幾種同類產品所不具有的屬性時，它就能為顧客提供其特有的利益。

(三) 使用者定位策略

公司常常試圖把某些產品指引給適當的使用者或某個細分市場，並根據那個細分市場的特點創建出適當的形象，從而針對那些特點的顧客群進行定位和廣告宣傳，以

便在該群體心目中確立這樣的印象：這類產品是專門為他們度身定制的，是最能滿足他們需求的。例如從現在的房地產廣告中，你經常可以見到和聽到「成功人士的理想家園」，或者是文藝界人士和教師等的最佳選擇，這就是通過特定的顧客類型來定位。

（四）質量和價格定位策略

一般情況下，顧客購買產品時，質量和價格是兩個首先考慮的因素。對於那些比較看重質量和價格的顧客來說，選擇在質量和價格上的定位也是突出本公司的好方法。現在，已有許多公司把自己的服務產品定位在經濟實惠上。但是需要強調的是，在突出自己產品的價格優勢時，不能忘記向顧客傳遞高質量保證的信息，切莫讓顧客將低價同低質聯繫在一起。香港和記電訊公司的手提電話比所有的競爭對手的價格都要高，但仍然為許多用戶所接受，其原因就是用高質量的服務支撐高價定位。該公司通過多種方式，不斷向顧客強調自己能做到而其對手做不到的事情。比如和記電訊推出五年免費保養服務，而一般的電話公司只能提供一至兩年免費保養。又如，全香港具有兩個傳送系統的只有和記電訊公司一家。再如，和記電訊與內地二十多個城市簽約，使和記電訊的用戶即使到了內地，仍然可以繼續使用他們的無線電話，十分方便，而這是其他競爭對手做不到的。和記電訊還借此大做廣告，說明和記電訊為用戶著想，做得最好。和記電訊公司有如此這般的「法力」，自然可以成功做到高價定位。

（五）產品品種定位策略

這是根據產品可劃歸的類別，突出自己鮮明特徵的定位策略。美國太平洋海洋世界將自己定位為「教育機構」，而不屬於娛樂性主題公園，從而使其成為出乎人們意料的一類有別於競爭者的產品。又如現在兒童手錶，許多廠家將其定位為兒童玩具，而不是時間工具，於是各種造型別致、活潑可愛的卡通玩具表出現並流行於市場，深受兒童的喜愛。這種定位，對我們許多產品都有一定的借鑑意義。

（六）競爭定位策略

這是將服務產品定位於與競爭直接有關的服務產品屬性或利益的一種策略。如肯德基和麥當勞的快餐之爭。這種定位方式關鍵之所在就是要突出公司的競爭優勢，如技術可靠性高、售後服務方便、迅速，以及其他對目標顧客有吸引力的因素等等，從而可以在激烈的競爭中突出自己的形象。

（七）多因素定位策略

這種定位是將服務產品定位在幾個層次上，或者依據多重因素對服務產品進行定位，讓顧客感覺該產品的特性很多，具有多重作用或效能。採用這種方式，要求服務產品本身一定要有充分的內容，其「全」恰好就是它的競爭優勢，是其他競爭者一時無法達到的。否則，需要描述的服務產品特性過多，反而會衝淡其形象，使其顯得過於平常，難以給顧客留下深刻的印象，反而使顧客對該服務產品產生一種不信任感。

四、服務產品市場定位的誤區

在實踐中，並不是每個公司都能準確進行定位，常常會出現定位錯誤。有些公司

的定位不明確，並沒有用有效的方式把公司產品的市場定位準確地表達出來；或者即使是有明確的定位，也用一定的方式表達出來了，但卻沒有通過適當的渠道把它傳遞給目標顧客，從而使得顧客沒有真正地感覺到特別之處。

(一) 定位偏窄

有的公司定位過於狹隘，過分強調了本公司某一領域內的產品或某一產品的某一方面的特性，限制了顧客對該公司其他領域的產品或該產品其他方面屬性的瞭解。這種做法的一個潛在危險就是，如果公司向顧客傳遞的產品或公司形象並不是顧客所關注的，那麼就很容易使顧客逐漸失去對本公司的興趣。

(二) 定位過低

如果公司發現目標顧客對自己的產品只有一個非常一般的印象，並沒有感受到本公司的產品同競爭對手相比到底有什麼真正特別之處，這種現象就是公司產品定位過低。導致這種典型的定位失敗的原因在於，公司沒有準確地把握顧客最感興趣的產品獨特性，或者是沒有突出本公司產品的與眾不同之處，從而給顧客留下了「一般」「不過如此」等負面印象。

(三) 定位過高

有些公司為了樹立高檔的產品形象，會對自己的某些高檔產品進行過分宣傳，從而冷落了也許是其銷售額和利潤最穩定來源的大眾化產品的宣傳。他們很快就會發現，公司的高檔形象還沒有建立起來，那些能給他們帶來可靠的收入來源的大眾化產品的市場份額卻在一步步地萎縮。

(四) 定位混亂

購買者對產品及公司品牌的形象模糊不清，概念混淆，這樣就出現了定位混亂現象。這種混亂通常是由於公司奉行多元化經營策略，把公司的精力分散到公司擁有的每一種產品或每一品牌的不同市場定位上，沒有集中力量去發展最有潛力的產品或品牌，造成了四面出擊、主題太多，從而損害了公司產品整體形象的一致性。產生這種錯誤的另一個原因是產品定位變換太頻繁，以至於沒有在顧客群體中形成獨特的品牌形象。

綜上所述，企業確定市場定位戰略後，接下來就需要全面實施這一戰略。企業和服務的定位需要通過它所有的顧客隱性和顯性的接觸來傳達出去，也即意味著公司的員工、政策和形象都應當反應類似的內容，傳遞期望中的市場定位。事實上，企業期望的位置和實際傳遞的位置往往不相一致，這就需要進一步研究顧客的期望和感知。在此基礎上，進行科學的服務設計、合理的行銷要素組合和正確的策略選擇，再加上優秀員工的努力，一定會使定位戰略落到實處，並通過提供服務質量，最終實現顧客的滿意和忠誠。

五、定位標準與定位選擇

服務企業及其產品和服務在顧客心目中都有其定位或形象，並且這種定位或形象

會影響顧客購買決定。服務定位的目的就是要在顧客心目中創造能夠使企業的服務與其競爭對手區別開來的服務差異性。要做到這一點，服務定位應注意依據以下服務差異性標準進行：①重要性，即差異性對足夠大的市場都有較高的價值；②突出性，即差異性明顯地高於其他可做的貢獻；③可傳達性，即能用簡單而有力的方法傳達差異性；④獨占性，即差異性不容易被競爭對手模仿；⑤可支付性，即目標顧客將能夠並且願意為差異性付款；⑥贏利性，即實行差異性能使企業獲得額外的利潤。

服務有許多可表明特殊定位區別的特徵，並可選擇某些表徵加以強調。一般來講，服務企業市場定位可以根據服務的不可感知性、差異性和不可分割性等特徵而進行不同選擇。

(一) 根據服務的不可感知性特徵選擇

即通過市場定位，使無形的服務變得有形化、通過實物證據的作用而使顧客感知到無形的利益。例如，酒店的顧客期望獲得無形利益——清潔，這一視覺可以通過房間內用塑料蓋的杯子和蓋在馬桶蓋上的寫有「已為您消毒過」的貼條得到加強。

(二) 根據服務的差異性特徵選擇

服務的差異性在很大程度上取決於服務人員在服務過程中的投入，因而，服務定位可以從提高服務人員素質角度進行。例如，餐館服務員是與顧客主要接觸點，他的服務表現是判斷其餐館的一個主要因素。企業可以進行高素質的人員定位，而使自己區別於競爭者形成差異化。

(三) 根據服務的不可分離性特徵選擇

在服務過程中，服務人員提供服務於顧客之時也正是顧客消費服務之時，即服務和消費過程同時進行，其中離不開顧客的參與。因此，企業也可以從管理顧客參與的角度實行服務的差異性。

六、定位程序

服務定位一般包括確定定位層次、明確定位特徵、繪製定位圖、評估定位選擇、執行定位等步驟。

(一) 確定定位層次

定位層次主要有行業定位、機構定位、產品部門定位、個別產品定位和服務定位等。進行定位時，必須十分清楚地確定定位層次。應注意三點：一是首先考慮自己所在行業在整個服務業中的位置；二是一般服務企業並非都要在上述層次定位；三是一些規模大、業務種類多的服務企業，在機構、產品部門、產品/服務等三個層次的定位是必要的。

(二) 明確定位特徵

一旦定位層次確定後，就需要針對目標市場明確其一些重要的專門特徵，尤其應當考慮影響購買決定的那些因素，例如人們對商業保險的評價標準是有差異的，而且

顧客基於自身所感受到的不同服務機構之間的差異來做出選擇，有時，這種差異並非本行業最重要特徵之間的差異。如：「安全」是航空公司最重要的特徵，但實際上由於各航空公司安全性相差無幾，顧客根據舒適、方便的起飛時間及食物和飲料的標準選擇。因此，應當明確定位的顯著特徵。這是形成定位的基礎。

（三）繪製定位圖

定位過程包括識別最重要的特徵和在定位圖上識別有關所選特徵方面競爭對手服務的位置。典型的是把產品和服務放在定位圖的二維上。

（四）評估定位選擇

定位的方式主要有三種：一是針鋒相對式定位，即企業選擇在目標市場上靠近現有的競爭者或與其重合的市場位置定位，以奪取同樣的目標顧客；二是填補空缺式定位，即企業避開與競爭者直接對抗，將其位置位於某處市場的「空隙」，開拓新的服務領域；三是另闢蹊徑式定位，即企業對已提供的服務實施再定位。企業無論採取哪種定位方式，應當考慮：定位應當是有意義的、定位應當是可信的、定位必須是獨一無二的。

（五）執行定位

服務定位需要通過與所有顧客隱性和顯性的接觸來傳達出去，也即意味著企業的服務人員、政策、形象都應當反應類似的形象，傳遞期望中的市場定位：一是建立與市場定位相一致的形象，讓目標顧客知道、瞭解和熟悉企業的市場定位，使目標顧客對企業的市場定位認同、喜歡甚至偏愛；二是鞏固與市場定位相一致的形象，強化目標顧客對市場定位的印象，保持目標顧客對市場定位的瞭解，確定目標顧客對市場定位的態度，加深目標顧客對公司定位的感情；三是矯正與市場定位不一致的形象，當企業在顯示其獨特的競爭優勢過程中，出現偏差，或定位模糊、混亂時，必須對與市場定位不一致的形象加以矯正。

第五節　服務行銷組合

一、傳統的產品行銷組合

市場行銷組合是現代行銷學中一個重要的新概念。這一概念是20世紀90年代由美國哈佛大學的鮑敦教授首先提出來的，此後受到學術界和企業界的普遍重視和廣泛運用。所謂市場行銷組合，也就是企業的綜合行銷方案，即企業為了滿足目標市場的需要，有計劃地綜合運用企業可以控制的各種市場行銷手段，以達到銷售產品並取得最佳經濟效益的策略組合。也可以認為是一種市場行銷策略的「配方」或綜合運用。

企業可控制的行銷因素很多，可分成幾大類，最常用的一種分類方法是麥卡錫提出的，即把各種行銷因素歸納為四大類：產品（Product）、價格（Price）、地點（Place）和促銷（Promotion），因為這四個詞的英文字首都是「P」，故簡稱4P。所謂

市場行銷組合，也就是這四個「P」的適當組合與搭配，它體現著現代市場行銷觀念中的整體行銷思想。

市場行銷組合是一個多層次的複合結構。四個「P」之中又各自包含若干小的因素，形成各個「P」的亞組合。因此，企業在確定行銷組合時，不但應求得四個「P」之間的適當搭配，而且要注意安排好每個「P」內部的搭配，使所有這些因素達到靈活運用和有效組合。

由此可見，市場行銷組合是企業可控因素多層次的、動態的、整體的組合，即具有可控性、複合性、動態性和整體性的特點。它必須隨著不可控的環境因素的變化和自身各個因素的變化，靈活地組合與配合。

市場行銷組合這一概念的提出與應用，是建立在企業經營指導思想從「以生產為中心」轉變為「以消費者為中心」的基礎上的。在第二次世界大戰以前，企業經營指導思想實質上是以生產為中心，企業的每個職能部門都發展自己的經營觀點，從自己部門的業務出發，強調各自的重要性以及各自獨立地運用某種手段。如生產管理部門負責人只考慮如何降低成本，生產出質地優良的產品；採購部門考慮如何買到優質價廉的生產資料，並能按期進貨；財務部門僅考慮如何節約財政開支；銷售部門則僅考慮如何能以高價銷售產品。可見，企業中的各職能部門均力求實現自己的目標。儘管各職能部門各自採取的措施會直接或間接地影響消費者的利益，但由於企業缺乏一個從整體上考慮消費者需求的計劃與機構，因而不可能協調各職能部門之間的矛盾，也就不可能以消費者為出發點以及從整體上滿足消費者的需求。第二次世界大戰以後，特別是 20 世紀 50 年代後，企業經營觀念發生了根本的變化，企業行銷要從整體上滿足消費者需求。這就要求企業建立統一行銷組織，以便領導與協調各職能部門的活動，提高企業行銷效益。

二、服務行銷組合

儘管鮑敦和麥卡錫的市場行銷組合一直被廣泛重視和運用。但是，如果要將他們的行銷組合策略有效地運用於服務市場行銷，則必須將他們的某些觀點加以調整，理由如下：

（1）最初的行銷組合，是根據製造業的情況確定的，鮑敦原來的組合源於對製造業的案例研究和調查，也就是說針對的是那些製造實物產品的廠商。因此，在他的行銷組合中的要素，與製造業相關。這些要素組合併不能很好地配合服務業的需要。服務產品的非實體性特徵很強，這些組合不見得配合所需。

（2）服務業的行銷實務從事者認為行銷組合內容不足以涵蓋服務業的需要。有些研究報告顯示，服務業管理者發現，若與製造業相比，他們必須要應付一些顯然不同性質的問題。例如：維持服務質量的問題、從事服務的人成為「產品」的一部分、服務產品不能庫存。還有，越來越多的證據顯示，行銷組合的層面和範圍，不適應於服務業行銷。足夠的證據足以說明有必要重新調整行銷組合以適應服務行銷。事實上有一系列的要素是傳統行銷組合框架所未能涵蓋的。因此，為服務行銷管理設計修正的行銷組合框架是必要的。20 世紀 80 年代初，市場行銷學家布姆斯和畢納將服務業行銷

組合修改和擴充成為七個要素，即產品（Product）、定價（Price）、地點或渠道（Place）、促銷（Promotion）、人員（People）、有形展示（Physical evidence）、過程（Process），簡稱7P。在制定行銷組合戰略時，服務行銷人員要考慮這些組合要素的關係。

與傳統的行銷組合相比，服務行銷組合增加了三項要素，即「人」「有形展示」和「服務過程」。在此，我們先作一些比較簡單的評論，說明為什麼這三個要素是必要的。

（一）人（People）

人是多數服務生產和交付的基本要素。人逐漸被那些尋求創造附加值和贏得競爭優勢的服務企業當作其差異化行銷的一部分。因為：

（1）在服務業公司擔任生產或操作性角色的人（如在銀行做職員或在餐館做廚師），在顧客眼中其實就是服務產品的一部分，其貢獻也和其他銷售人員相同。大多數服務公司的特色是操作人員可能擔任服務生產和服務銷售的雙重任務，換言之，在服務公司的服務執行者工作勝任得如何，就像一般銷售活動中銷售能力如何一樣重要。正如布隆得奇和馬歇爾所指出：「在服務業公司，服務的銷售和遞送之間是不易區分的……換言之，服務本身就是一件產品，在服務被遞送的同時，顧客所能見到的所有功能，都成為服務產品的一部分。由於顧客一直能接觸到服務公司的所有部分，所以無論操作、產品、銷售或行銷人員都和服務的售出關係密切……」

據此行銷管理必須和作業的處理工作協調合作，才能影響並控制顧客和公司工作人員之間的某些關係層面。公司工作人員的任務極為重要，正如威斯所說的在「高接觸度」的服務業務方面，行銷管理者也應注意雇傭人員的挑選、訓練、激勵和控制。戴維森也指出：「服務業成功的秘訣在於認清與顧客接觸的工作人員才是公司最關鍵性的角色。」

（2）對某些服務業而言顧客與顧客間的關係也應重視，因為，一位顧客對一項服務產品質量的認知，很可能是受到其他顧客的影響。例如一旅行團中的特殊成分結構，或者一家餐廳的其他食客的行為都可能影響顧客所得到的服務產品，在這種情況下，管理者應面對的問題是在顧客與顧客間相互影響方面的質量控制。

（二）有形展示（Physical evidence）

在市場交易上沒有形展示的「純服務業」極少。因此，有形展示的部分會影響消費者和客戶對於一家服務行銷公司的評價。有形展示包括的要素有：實體環境（裝飾、顏色、陳設、聲音）以及服務提供時所需用的裝備實物（比如汽車租賃公司所需要的汽車），還有其他的實體性線索，如航空公司所使用的標示或干洗店將洗好的衣物加上的「包裝」。

（三）過程（Process）

人的行為在服務業公司很重要，而過程也同樣重要，即服務的遞送過程。表情愉悅、專注和關切的工作人員，可以減輕顧客必須排隊等待服務的不耐煩的感覺，或者

技術上的問題時而造成的怨言或不滿。當然工作人員的良好態度，對這些問題是不可能全部補救的。整個體系的運作政策和程序方法的採用、服務供應中機械化程度、雇傭人員裁量權用在什麼情況、顧客參與服務操作過程的程度、諮詢與服務的流動、定約與等候制度等都是經營管理者要特別關注的事情。過程的管理是改善服務質量的關鍵因素。

在許多服務經營上表現人和過程是密不可分的。行銷管理者必須重視服務表現和遞送的過程程序，在行銷組合中這個重點也應包括。對於從事服務業行銷活動的公司，這方面也是相當重要的。將生產或操作角色分開的傳統作風，現在已經不合適了。從事服務業經營的經理者們，通常都得扮演綜合性的經營角色，即人事、生產、行銷和財務等功能可說是無所不包。

以上我們分析了添加「人」「有形展示」和「服務過程」這三個要素的必要性。7P服務行銷組合可以說是許多服務行銷方案的核心，忽略了其中的任何一項要素都會關係到整體方案的成敗。因此，有必要將其他的四個要素做一簡要分析。

（四）產品（Product）

服務產品所必須考慮的是提供服務的範圍、服務質量和服務水準。同時還應注意的事項有品牌、保證以及售後服務等。服務產品中，這些要素的組合變化相當大，這種變化可以從一家供應數樣菜品的小餐館和一家供應各色大餐的五星級大飯店相比較之後看出來。

（五）定價（Price）

價格方面要考慮的包括價格水準、折扣、折讓和佣金、付款方式和信用。在區別一項服務和另一項服務時，價格是一種識別方式，因此，顧客可從一項服務獲得價值觀。而價格與質量間的相互關係，也是重要的考慮對象。

（六）渠道（Place）

提供服務者的所在地以及其地緣的可達性在服務行銷上都是重要因素，地線的可達性不僅是指實物上的，還包括傳導和接觸的其他方式。所以銷售渠道的形式以及涵蓋的地區範圍都與服務可達性的問題有密切關聯。

（七）促銷（Promotion）

促銷包括廣告、人員推銷、銷售促進或其他宣傳形式的各種市場溝通方式，以及一些間接的溝通方式，如公關。總之，服務行銷組合策略的運用，既是一門科學也是一門藝術。每一個企業所採用的7P服務行銷組合都應該是獨一無二的，行銷組合過程也是隨著變動的市場狀況和需求而修正和調整。

本章小結

本章首先從現代企業所面臨的挑戰闡述了服務行銷戰略的重要性，並對服務行銷戰略的含義、服務行銷戰略制定的前提和服務行銷戰略管理過程進行了概括性的介紹；

其次，較全面地論述了服務行銷 STP 戰略，揭示了市場細分、目標市場選擇、市場定位這一普遍適用且必須遵循的行銷方法論；最後，結合服務行銷組合理論的新發展，對服務行銷組合 7P 進行了簡要介紹。

關鍵概念

服務行銷戰略；SWOT；服務市場細分；目標服務市場選擇；服務市場定位

復習思考題

1. 服務行銷戰略的內涵是什麼？為什麼服務企業要制定服務行銷戰略？
2. 簡述服務市場細分的內涵和標準。
3. 簡述目標服務市場選擇的方式。
4. 根據服務市場定位的步驟，為一個實際的服務企業進行定位。
5. 服務市場組合與市場行銷組合有什麼區別和聯繫？

第五章 服務產品策略

學習目標與要求

1. 瞭解服務產品的概念和層次
2. 掌握服務產品生命週期各階段的特徵及策略
3. 理解服務新產品開發的必要性和程序
4. 瞭解服務產品組合策略及服務產品創新的意義

[引例] 麥當勞的 Q、S、C、V 經營理念

麥當勞金色的拱形「M」標誌，在世界市場已成為不用翻譯即懂的大眾文化，其企業形象深深扎根於消費者心目之中。正如美國密歇根大學的一位教授說：「如果有人哪一天看不到麥當勞餐廳的金色拱頂，會感到這一天難以打發，因為它象徵著安全。」

麥當勞公司是怎樣取得如此矚目的成就呢？這歸功於公司的市場行銷理念。公司知道一個好的企業國際形象將給企業市場行銷帶來巨大的作用。所以其創始人克勞克在努力樹立其產品形象的同時，更著重於樹立其良好的企業形象，並將其濃縮於金色的「M」形標誌之中。當時市場上可買到的漢堡包比較多，但是絕大多數的漢堡包質量較差，提供速度很慢，服務態度不好，衛生條件差，餐廳環境嘈雜，消費者很是不滿。針對這種情況，麥當勞提出了著名的 Q、S、C、V 經營理念，具體說，Q 代表質量（quality）、S 代表服務（service）、C 代表清潔（cleanliness）、V 代表價值（value）。他們知道向顧客提供合適的產品和服務，並不斷地滿足顧客的需要，是樹立良好企業形象的重要途徑。

麥當勞公司為了保證其產品的質量，對生產漢堡包的每一個具體細節都有著詳盡具體的規定和說明，從管理經營到產品的選料、加工等，甚至包括多長時間必須清洗一次廁所，煎土豆片的油應有多熱等細節，都有嚴格的要求。經營麥當勞分店的人員，必須先到伊利諾斯州的麥當勞漢堡包大學培訓10天，得到「漢堡包」的學位，方可經營。因此，所有麥當勞快餐店出售的漢堡包都嚴格執行規定的質量和配料。就拿與漢堡包一起銷售的炸薯條為例，用作原料的馬鈴薯是專門培植並精心挑選的，在通過適當的貯存時間調整澱粉和糖的含量後，放入可以調溫的炸鍋中進行油炸並立即供應給顧客，薯條炸後如果七分鐘內還未出售，就不能再供應給顧客，這就保證了炸薯條的質量。同時由於麥當勞快餐店就餐的顧客來自不同的階層，不同的年齡、性別和愛好，

因此漢堡包的口味及快餐的菜譜、佐料也迎合不同的口味和要求。這些措施使得公司的產品博得人們的讚嘆並經久不衰，樹立了良好的企業及產品形象。

麥當勞快餐的服務也是一流的。它的座位舒適、寬敞，有早點，也有新品種項目，供顧客挑選。這裡的服務效率高，遇到人多時，顧客要的所有食品都事先放在紙盒或紙杯中，排隊一次就能滿足顧客所有的要求。麥當勞快餐店總是在人們需要的地方出現，特別是在高速公路兩旁，上面寫著「10 米遠就有麥當勞快餐服務」，並標明醒目的食品名稱和價格；由顧客帶走在車上吃的食品，不但事先包裝妥當，不至於在車上溢出，而且還備有塑料袋、叉、匙、吸管和餐巾紙等，飲料杯蓋上則預先代為劃上十字口，以便顧客插入吸管。如此周詳的服務，更為公司服務添加了多彩的一筆。

麥當勞公司在公眾中樹起優質產品、優質服務形象的同時，也意識到清潔衛生對於一個食品公司的重要性，假如沒有一個清潔衛生的形象，麥氏公司是無法一直保持良好形象的，當然也就無法保證其良好的行銷效果。所以麥當勞快餐店制定了嚴格的衛生標準，如工作人員不準留長髮，女性員工必須戴髮網，顧客一走就必須擦淨桌面，落在地上的紙片，必須馬上撿起來，使快餐店始終保持窗明幾淨的清潔環境，均可立刻感受到清潔和舒適，從而對該公司產生信賴。

由於麥當勞快餐店在服務、質量、清潔三方面的傑出表現，使得顧客感受到麥當勞快餐是一種真正的享受，花錢也值得。這種感受會促使顧客再次走進麥當勞，走進那金色拱頂的餐廳。

麥當勞公司就是這樣通過 Q、S、C、V 的行銷管理模式，為企業贏得了良好的形象。今天，麥當勞公司正以安全、可靠的形象揚名國際市場。良好的國際形象為企業的市場行銷帶來了巨大的效益。同時，良好的銷售又進一步擴大、鞏固了企業的國際形象。

第一節　服務產品及服務包

一、服務產品的概念和層次

在服務行銷中，要清晰理解服務產品的概念就必須區分「產品」與「服務」。嚴格來說，產品是個大概念，它是指能為顧客提供某種利益的客體或過程，而服務是產品概念下的小概念。服務產品的情形與有形產品有著很大不同，在有形產品的市場行銷過程中，其產品是實實在在有形的實體，其大小、款式、功能等都是由企業事先設計好的，而顧客所購買的也正是企業所提供的。相反，服務產品則多數是無形的、不可感知的、顧客購買服務產品的過程實際上就是服務感知的過程，其彈性更強，這意味著很可能企業所提供的與顧客所感知到的是兩碼事。服務產品是一種無形產品，但並不排除有形的內容，它是一個整體概念。

服務產品是指服務經營者憑藉一定的資源和設施，向消費者提供的滿足其需求的服務。通過服務的生產與銷售，經營者達到贏利的目的。這裡，服務產品最終表現為

活勞動的消耗，即服務的提供。必須指出的是，服務是與具有一定使用價值的有形物結合在一起的，只有借助一定的資源、設施、設備，服務才能得以完成。因此，服務與產品很難真正分離，即沒有純產品也沒有純服務，二者「你中有我，我中有你」。

服務產品是服務行銷組合要素 7P 中的首要要素，這個要素是具有以提高某種形式的服務為核心利益的整體產品。服務產品有多個層次，服務市場行銷的起點在於如何從整體產品的五個層次中滿足顧客需求。服務行銷管理者必須理解服務產品的五個層次（見圖 5-1），以此來加深對服務產品的理解。

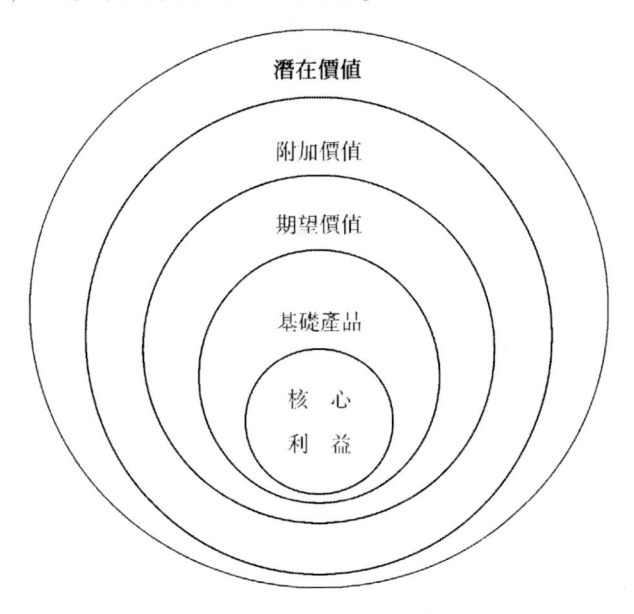

圖 5-1　服務產品的五個層次

下面是菲利普‧科特勒所闡述的關於個人計算機的例子（見表 5-1），可以用來說明服務產品的五個層次中的四個主要方面。

表 5-1　　　　　　　　　　　產品層次闡釋

產品層次	顧客的觀念	行銷者的觀念	個人計算機的例子
核心產品	必須滿足顧客的通常需要	使產品有趣味的基本利益	數據存儲、運行、運行速度和調出
期望產品	顧客最小的期望系列	行銷人員對有形和無形產品成分的決策	品牌的名稱、保修、服務支持、計算機自身
增值產品	賣主所提供的超過顧客所期望的和所習慣的	行銷人員對價格、配送、促銷其他組合決策	診斷軟件、允許貼錢以舊換新、基本價格加選項、經紀人網絡、用戶俱樂部、個人銷售
潛在產品	產品中有潛力可以對顧客有實用性的每一件東西	不管條件變化或新用處，行銷者的行動能夠吸引和留住顧客	可用作系統控制者、傳真機、音樂製作者和其他用處方面

對服務產品五個層次的理解由內層到外層依次進行，越內層的越基本，則越具有一般性，越外層的越能體現產品的特色。下面以酒店客房為例，闡釋服務產品的五個層次。

第一層次是核心利益，它是基本層次，是無差別的顧客真正所購買的服務和利益，實際上就是企業對顧客需求的滿足，由基本服務產品組成。這充分說明服務產品是以客戶需求為中心的。因此，如何衡量一項服務產品的價值，是由客戶決定的，而不是由該產品本身或服務提供者決定的。對酒店客房服務的顧客而言，其真正購買的是「休息和睡眠」。

第二層次是基礎產品，它由抽象的核心利益轉化而來，是產品的基本形式。如酒店的客房應該配備相應的床、衣櫥、桌椅、浴室、廁所、毛巾等。

第三層次是期望價值，是指顧客在購買該產品時期望得到的與產品密切相關的一整套屬性和條件。例如，對酒店客人來說，希望得到乾淨舒適的床、香皂、毛巾、衛生設施、電話、衣櫥和安靜的環境。因為大多數的酒店都能滿足這種最低限度的期望，因此，旅客在選擇檔次不同的酒店時，一般會從中選擇一家最便利的。

第四層次是附加價值，是指增加的服務和利益，使在此領域一個產品與其他產品有所差別。這個層次是形成產品與競爭者產品差異化的關鍵。例如 IBM 以出色的顧客服務贏得了聲譽，雖然他們可能沒有技術最先進的核心產品。他們的差異化是用可靠和負責的方式給他們的核心產品加入附加值。

第五層次是潛在價值，是指服務產品的用途轉變，由所有可能吸引和留住顧客的因素組成。它由已經或可以被買主利用的所有和潛在增加的特徵和利益組成。因此，服務產品應該是價值滿足的綜合體。例如租用酒店套房的顧客可能不僅僅是為了休息，還把房間作為會見商務客人的場所。

二、服務包相關知識

（一）服務包

我們知道，由於服務的無形性及不可分離性，對具有多層次的產品進行設計和實施是必要的。為此引入服務包的概念（Service Package）。服務包是指在某種環境下所提供一系列產品與服務的組合，即提供的一種服務產品被認為是一個包裹，集合著各種服務和利益的提供，該組合具有以下特徵。

1. 支持性設備

支持性設備是指在提供服務之前需要到位的物資資源。如高爾夫球場、滑雪場的纜車、醫院和飛機等。

2. 輔助物品

輔助物品是指顧客購買和消費的物質產品或是顧客自備的物品。如高爾夫球桿、滑雪器材、食物、替換的汽車零件、法律文件以及醫療設備等。

3. 顯性服務

顯性服務是指那些可以用感官察覺到的和構成服務基本、本質特性的利益。例如，

補牙後未感覺到疼痛，修理過的汽車恢復平穩行駛等。

4. 隱性服務

隱性服務是指顧客能模糊感到服務帶來的精神上的收穫，或服務的非本質特徵。例如，貴族學校學位的身分象徵等。

服務所包含的所有這些特徵都要被顧客經歷，並形成他們對服務的感知。重要的是，服務經理要為顧客提供他們所期望的服務包相一致的整個經歷。這裡以經濟型旅館為例：支持性設施為一幢樸素的大樓，有簡單的家具，輔助性物品減少到最低限度；顯性服務為乾淨房間裡的一張舒適的床；隱性服務可能是有一位和藹可親的前臺服務人員。偏離這個服務包，例如在房間鋪上地毯，則會破壞旅館經濟型的形象。

(二) 服務包的組成部分

根據服務包模型，服務作為一種產品被認為是一個包裹或各種有形或無形服務的集合，一起構成總產品。服務包主要包含以下三個部分。

1. 核心服務

它是指顧客可感知及得到的構成服務產品的核心服務及利益，由產品層次中的核心利益和期望價值所組成。核心服務是企業存在於市場的原因。例如航空公司提供的安全而準時的航空運輸、酒店提供的舒適而安靜的休息。一個企業可以有許多核心服務。例如航空公司既可以有長途運輸，也可以有短途運輸。

2. 便利性服務

它是指提供該項服務所需的基本物質基礎、輔助物品、有形產品及相關的輔助服務。所謂的物質基礎有飛機、酒店、醫院、圖書館、服務器等；輔助物品有毛巾、床、CT機、桌椅、電腦終端端口等；有形產品有食品、藥品、網上住處瀏覽等；輔助服務有酒店接待、機場的登機服務等。

3. 支持性服務

它是基本服務外的供顧客感受或在其模糊意識中形成的其他利益。例如短途航班中的正餐提供、酒店客房中贈送的鮮花果盤、和藹可親的前臺服務員以及快速結帳等。

從服務包看，其組成與服務產品的五個層次是有所對應的，然而二者是不完全等同的，服務包對應的是全面感知質量的技術產出方面，是行銷管理者針對顧客心理和行為特點所做的設計與實施。包裹所包含的要素，決定著顧客所能得到的利益。其中，核心服務是細胞核，顧客真正購買服務產品的核心利益就在於此；便利性服務是細胞質，沒有他們，細胞核就會很快因缺乏支撐和營養而消亡；而支持性服務則是細胞壁，決定著服務包細胞體的規模，顧客也通過感受細胞壁的韌性來評判服務包的特性。對於一個富有生命力的服務包來說，三者缺一不可。此外，應注意防止將便利性服務和支持性服務混為一談，以致服務包缺少其中一個。因為二者間的界限不會總是那麼分明，例如短途航班中的正餐在長途航班中就成為一種便利性服務。

從管理的觀點看，區分便利性服務和支持性服務是很重要的。便利性服務是必須要有的。如果缺少它們，服務包就癱瘓了。但這並不意味著這些服務在設計時不能與競爭對手的便利性服務有所不同。便利性服務能夠而且應該創新，這樣它們可以成為

競爭的手段，有助於服務形成特色。但是支持性服務僅僅作為一種競爭手段。即使沒有它們，核心服務仍然可以發揮作用。當然，如果這樣的話，總的服務包可能沒有太大的吸引力，而且可能缺乏競爭力。

(三) 擴展的服務包

格魯諾斯認為服務行銷產品管理僅僅停留在基本層次是不夠的，為此他引入了芬蘭管理諮詢合作公司 AMC 顧問、常務管理主管卡萊維先生首創的服務供給模型，即「形象、溝通和擴大的服務供給」，也可以理解為擴展的服務包。以此來概括其全面的管理步驟：

(1) 開發服務概念，即服務設想與宗旨。
(2) 開發基本的一攬子服務，即基本服務包設計。
(3) 開發擴大的服務供給，包括服務的可接近性、顧客參與及顧客與企業的相互作用。
(4) 管理形象和交流。

第二節　服務產品生命週期

服務也是一種產品，因此每種服務都有一個生命週期，經歷各自產生問題和機遇的階段。換言之，任何一種產品在市場上的銷售和獲利能力都處在變動之中，隨著時間的推移和市場環境的變化，最終退出市場。產品在市場上的演化過程同生物的生命過程一樣，有一個誕生、成長、成熟和衰退的過程，即生命週期。服務的週期是從設計和新思想的發展開始，然後發展到引進市場。如果發展的一個階段裡得到成功，就會迅速增長，進入成熟期，期間銷售穩定，利潤開始逐步下降，最後是銷售滑坡的衰落期。

當然，不是所有的產品都按照上述週期一成不變的。有的服務進入市場後就迅速消失了，有的成熟期則很長，還有的進入衰落期後，還能靠促銷和新市場定位發展起來。全面認識服務的生命週期並依據不同週期的階段特徵制定相應的行銷策略和改進方案，是促進服務快速增長，保持服務產品競爭力的必由之路。

一、服務產品的生命週期理論

由於新服務在誕生之後的各個階段會遇到不同的機遇和挑戰，服務產品在市場上的發展變化，受到各種主觀、客觀條件以及宏觀微觀因素的影響，所以在各階段服務產品的生產速度和規模也各不相同。典型的服務生命週期走向呈現「S」形，所以服務生命週期曲線又稱為「S」形生命週期曲線。服務產品在市場中的整個發展過程也可以分為四個階段。第一個階段是引入期，特點是銷售增長緩慢，而且由於服務商的產品在研究和開發過程中投入了成本，在引入市場時又需要支付巨額產品推廣費用，企業沒有利潤甚至虧損。第二階段是成長期，特點是銷售迅速增加，服務商開始贏利。第三

階段是成熟期，特點是銷售減緩並趨於穩定。雖然成長期不像前期一樣需要大量的投資，但競爭加劇，服務商為了應對競爭，行銷費用會逐漸上升，因此成長期的利潤總的來說比較穩定，但在後期利潤開始下降。最後一個階段是衰退期，產品銷售開始顯著下降，利潤也不斷下降。如一條旅遊線路剛推向市場，可能由於自然災害和戰爭等偶發因素，使產品過早地衰退。某些酒店經營的產品在其進入成熟期後，由於企業的集中促銷努力或對原有產品在質量上和特點上的改良，促使產品銷量突發性的擴大，即在成熟期內又出現一個成長期，從而使成長期得以延長。而有些作為時尚產品的服務產品，則會出現快速生長和急速衰退兩個階段。

對服務產品生命週期的研究是服務企業和行業進行市場行銷管理不可缺少的依據，研究服務產品生命週期理論的目的在於：

（1）針對處於不同生命週期階段的服務產品特點，做出相應的市場行銷決策。

（2）設法延長服務產品的生命週期，延緩衰退期的到來。

（3）針對市場需求及時進行服務產品的更新換代，適時撤退過時產品以免遭受不應有的損失。

二、服務產品在不同生命週期的特點和所應採取的策略

處於不同生命週期階段的服務產品有著不同的特徵，服務企業必須對其經營的產品在市場中的位置和發展狀況進行正確的判斷和預測，採取有針對性的策略，並隨著時間的推移和市場趨勢的發展變化不斷做出調整。

（一）服務產品的引入期

服務生命週期始於新服務的上市。在引入期內，服務新產品正式推向服務市場，具體表現為新的服務設施建成，新的服務項目推出。在這一階段，產品尚未被顧客瞭解和接受，銷售量增長緩慢，引入期的長短取決於使消費者認識新服務並消除主觀上的購買風險的時間。與其他階段相比，引入期銷售量小，上升很慢，但為了市場推廣，需做大量的廣告、開展促銷活動等，企業不得不承擔高昂的推銷成本，所以收益率極低，甚至處於盈虧平衡點下。

服務商在制定新產品引入期策略時要綜合考慮各個行銷變量，如產品質量、價格、促銷水準和分銷等。如果考慮價格和促銷水準兩個變量，公司有四種策略可以選擇。

1. 快速取脂策略

即為新產品定高價，並用高促銷水準的方式推出新產品。這種策略的目標是通過高水準的促銷使潛在顧客盡量瞭解和購買公司新產品，盡快打開新產品銷路，同時通過高水準的促銷提高公司新產品在顧客心目中的價值，通過定高價來獲得更高的毛利。它適用的前提是目標市場的大多數人不知道公司新產品；他們有能力並且願意付高價；公司面臨潛在的競爭，希望盡快建立品牌偏好。

2. 緩慢取脂策略

即為新產品定高價，並用低促銷水準的方式推出新產品。該策略希望通過高價和降低促銷費用兩方面配合，提高毛利。這種策略適用的前提是市場規模有限；市場對

新產品已經比較瞭解並其願意出高價購買；潛在的競爭不迫切。

3. 快速滲透策略

即為新產品定低價，並以搞促銷水準的方式推出新產品。這種策略的目標，一方面通過高促銷水準和較低價格迅速提高市場佔有率。該策略的前提是市場很大，消費者對產品不瞭解，而且對價格比較敏感；潛在的競爭很強烈，服務商希望迅速占領市場。這種低價格高支出的策略要想贏利必須隨著生產規模的擴大和生產經驗的累積大幅度降低新產品的單位成本。例如一些短程、週末旅遊產品就是基於這種策略推動的。

4. 緩慢滲透策略

即為新產品定低價，同時以低促銷水準的方式推出新產品。該策略一方面通過低價格打開市場，另一方面降低促銷費用來追求利潤。它適用的前提是市場對價格比較敏感，目標市場規模比較大；目標市場消費者對公司產品比較瞭解；存在潛在的競爭。很難確定緩慢滲透策略同快速滲透策略哪一種在長期能夠得到更高的利潤。採用快速滲透策略要投入較高的促銷費用，但快速滲透策略在生產成本上的下降要比緩慢滲透策略快。

引入期最常見的行銷策略是採用中低價結合大力度促銷的快速滲透策略。面對不熟悉的服務，低價是降低感受上的購買風險的最好辦法。這種策略在市場廣闊、價格敏感、潛在消費者眾多的市場環境中尤為適用。

(二) 服務產品的成長期

產品在經歷引入期後，進入成長期。這時市場上的大眾消費開始追隨早期採用者，購買新產品，銷售迅速增長。由於市場前景光明，競爭者紛紛進入市場參與競爭，但競爭者加入的影響被迅速增長的市場消化，產品價格維持不變或略有下降。為了應付競爭和繼續培育市場，企業會維持引入期相同的促銷費用或略有增加，由於企業銷量大幅度增加了，促銷費用相對於銷售額的費用將不斷下降，同時隨著產量的增加，產品的單位製造成本也迅速下降，成長期企業開始贏利並且利潤不斷上升。以下為成長期的策略。

1. 改進服務產品，提高產品質量

在成長期，競爭者開始出現，為此服務企業應考慮如何在競爭中取勝。改進服務產品，提高產品質量是制勝之道。服務企業應根據消費者的信息反饋，增減一定的服務活動內容，規範服務技巧，加強員工培訓，狠抓產品特色和服務質量，以吸引和集聚更多潛在消費者。

2. 開拓並積極採用新的銷售渠道

加強銷售渠道的管理，做好各渠道成員的協作工作。對中間商應給予相應的優惠，擴大銷售範圍，增加銷售新渠道。

3. 開拓新市場

應積極尋找並進入新的服務細分市場。例如，在引入期某服務產品的目標市場可能定位在高收入階層，而到了成長期，可考慮向中低收入階層進軍。在這一過程中，必須採用適當的價格策略，即通過擴大服務產品的生產規模、降低單位服務產品成本，

從而降低服務產品價格，以吸引對價格敏感的潛在購買者，以此積極主動地占領新的細分市場。

4. 加強服務促銷

在服務產品生命週期的引入期，促銷的重點在於提高服務產品的知名度。而進入成長期，服務產品促銷目標應轉向引導消費者購買和採用該產品，促銷內容應該強調服務產品的具體要素，以便把本產品與市場上的類似服務產品區別開來，吸引消費者的注意，增強他們對服務產品和企業的信任感，使它們樂於接受本產品，從而擴大市場佔有率。

(三) 服務產品的成熟期

當服務市場上眾多服務商相互模仿，促銷戰、價格戰此起彼伏的時候，服務產品開始進入成熟期。此時穩定的市場份額會給企業帶來巨大的銷售利潤，但收益率經歷最高點之後開始走下坡路。此時，企業為了維持市場份額，不得不採取降價的策略。而此時，服務商中的強者開始把贏取的利潤用於新一輪的服務創新，弱者則慢慢退出市場。

雖然成熟期市場競爭激烈，利潤下降，但由於服務商並不是總能找到新的市場機會，繼續經營成熟期的服務產品仍然是公司的一個選擇，且成熟期市場投入也相應減少，所以，如果服務商能夠占據有利的競爭地位，採用恰當的行銷策略，一樣可以獲得豐厚的利潤。成熟期的行銷策略主要包括以下幾個策略。

1. 市場改進策略

即設法使服務新產品進入新開拓的市場、並進一步挖掘市場潛力，在現有的基礎上，穩定和擴大產品的銷量。例如，深圳華僑城的幾個大型旅遊景區（民俗文化村、世界之窗、錦繡中華），最初的定位是港澳同胞。進入20世紀80年代末，隨著特區建設步伐的加快，華僑城把目標市場由已經飽和的港澳市場轉向內地市場，從而鑄造了新一輪的輝煌。

2. 改進產品策略

即設法改進服務產品的性能、用途及品質，以吸引新的顧客或增加使用量來刺激銷售。通過改進產品可以提高公司市場佔有率，也可以促使消費者淘汰老產品，購買改進後質量更高、性能更優越的產品，還可以在不增加銷售量的情況下提高單位產品價值，增加銷售額。企業可以從提高質量和增加服務特色兩個方面重點著手改進產品。提高質量指提高產品的性能，如耐用性、可靠性以及其他同產品種類聯繫的性能指標。根據消費者的反饋意見，改進產品特性，豐富服務產品內涵，規範服務，使顧客滿意而歸；增加服務特色，服務機構或人員向顧客提供獨特的、體現個性的服務，使服務商在同競爭者的競爭中占據有利地位，同時使服務商獲得更高的利潤，因為消費者願意為他們希望獲得的產品特色付出更高的價錢。

3. 改進行銷組合策略

改進行銷組合是指通過改變定價、銷售渠道以及促銷方式來刺激銷售。一般是通過改變一個因素或者幾個因素的配套關係來刺激和擴大消費者的購買。如保持產品質

量不變，降價以吸引新的用戶；保持價格不變，但增加服務項目、延長保修期等。公司可以考慮調整分銷渠道，增加銷售網點或進入新類型的分銷渠道。公司還可以靈活運用廣告、銷售促進、人員推銷等促銷方式，保持和強化消費者對公司產品的品牌忠誠，刺激產品銷售。成熟期的產品由於被消費者所熟悉，如果產品沒有什麼大的變化，連廣告形式、促銷手段等也沒有什麼新意，消費者就有可能淡化產品的印象。所以成熟期的產品銷售一定要不斷通過行銷手段的創新來吸引消費者的注意，在市場中創造新的亮點。但需要注意的是，行銷組合的創新很容易被競爭者模仿，所以需要不斷變化，而且要變在競爭者的前面。

（四）服務產品的衰退期

服務產品進入衰退期，銷量開始下降。其衰退來自消費者消費偏好的轉移、服務技術的過時，以及競爭對手新服務的推出等。不過銷售量的下降是緩慢的。主要在於，一方面，服務商可以節約大量的促銷費用以壓縮成本，在保證銷售處於盈虧平衡點之上的前提下全面降價，以繼續獲得最後的利潤，為推出新服務蓄積能量；另一方面，處於衰退階段的老服務成本與公司其他成功推出的新的服務綜合成本相比尚有優勢，那些不願意冒購買風險的保守型顧客仍是老服務的目標市場，但同時收益率的下降幾乎立竿見影，邊際利潤也微乎甚微。此時企業應採取以下幾種策略。

1. 放棄策略

如果公司繼續經營產品已經無利可圖，公司應該考慮主動放棄，將現有的資源投入到其他更有發展前途的服務市場上。公司可以選擇將其出售或者直接撤銷該業務部門。但同時也需保證公司產品用戶的需要的服務，否則會影響用戶對公司的忠誠。

2. 收穫策略

服務企業如果不主動放棄某一產品，而是繼續根據產品生命週期，繼續用過去的市場、渠道、價格與促銷手段，直至服務產品的完全衰竭，在這一過程中，服務企業不再對該產品進行投資，只是繼續經營，以收回原來的投資。

3. 重新定位策略

如果可能，公司還可以通過對衰退期的產品進行重新定位，發現新市場，使處於衰退期的產品重新煥發活力。

我們應當對處於衰退期的市場有一個全新的認識，一個需求進入衰退期的細分市場並不等於沒有市場容量，但這部分市場容量只屬於那些具備出奇制勝的行銷戰略、巧妙控制成本收益的經營策略的服務企業。

第三節　新產品開發

隨著當今經濟、科技的發展，市場競爭日益激烈，社會上服務產品更新的速度非常快，服務企業要想取得成功，決不能僅僅依靠現有的產品，新產品的開發和創新是企業獲得可持續盈利能力、競爭優勢、維持品牌創新形象的保證。

一、新產品開發的必要性

從經營者的角度，服務新產品是指本企業以前從未生產和銷售過的產品，整個服務產品的構成中，任何一部分的創新或改革，都屬於新產品之列。在企業經營中，新產品的開發一直是企業得以長期發展獲利的要項。企業開發新產品的必要性主要包括：

1. 開發新產品是服務業獲得競爭優勢的關鍵

現代服務業競爭激烈，要想保持競爭優勢，就需要不斷地創新，開發新產品。事實證明，開發服務新產品是在競爭市場中占據領先地位，以獲得持續性競爭優勢的關鍵。現有的成功企業，之所以取得驕人的業績，主要原因在於它們特別重視服務新產品的開發，能不斷滿足消費者變化的需求。

2. 開發新產品是服務企業生存發展的需要

沒有長盛不衰的服務產品，任何一種服務產品都遲早會由成長期和成熟期而走向衰退期。當產品將被市場淘汰時，如果不開發新產品，服務企業就會陷入困境。隨著消費者收入水準的提高，他們對服務產品提出了更高的要求。因此，服務企業只有不斷地進行新產品的創新，才能滿足日新月異的服務市場的新需求，否則就會被消費者拋棄，失去生存發展的機會。

3. 利用超額生產能力探索新機會

一方面，企業可以利用超額的生產能力，進行新產品的引入，創造優勢利益；另一方面，新機會往往是在一家競爭對手公司從市場撤退，或者顧客需求發生變化的時候出現，這對於企業而言也是新的發展機會。

4. 降低風險，抵消季節性波動

對於一些可能存在季節性銷售波動的服務業公司而言，新服務產品的引入，有利於平衡銷售上的波動。

二、新產品開發的途徑和要求

在市場上，服務企業主要是通過兩種途徑引入新產品：一是通過購買或特許經營的方式從外部獲得，這種戰略在國際市場行銷過程中較為常見；二是從企業內部進行新型服務產品的開發。需要注意的是，兩種策略均有風險，並且新產品開發失敗率是相當高的。當然導致新產品失敗的因素有很多，如產品構思上的錯誤、實際產品沒有達到設計要求、市場定位錯位、行銷策略失誤等。因此，為了使服務產品盡可能成功和迅速的發展，在設計與開發服務新產品時，必須採取慎重的科學態度。應符合四個基本要求：首先要有市場，即在準確測定市場需求的基礎上，發展適銷對路的新產品，保證一定的市場容量；其次要有特色，使新產品具有一定的特色和顯著優點，保證新產品的競爭能力；再次要有能力，即必須量力而行，在保證企業生產條件、技術力量、原材料供應上是企業基本具備的，使新產品的開發建立在可靠基礎之上，並且能形成一定規模的生產能力，形成批量生產；最後要有效益，即考慮在消費者能接受的價格範圍之內，要考慮投資少、收益大，使企業獲得較好的經濟利益。

三、新產品的開發程序

像有形產品的開發一樣，開發服務產品也要遵循科學合理的程序。服務新產品的開發工作是一個從收集新產品的各種構思開始，到把這些建議轉變為最終投入市場的服務新產品為止的前後連續的過程。拉斯摩認為，有形產品開發過程的七個步驟即構思、篩選、概念的發展和測試、商業分析、產品開發、市場試銷和正式上市等同樣適用於服務產品的開發。

（一）構思

構思是對未來新產品的基本輪廓架構的設想，是新產品的基礎和起點，任何產品的開發都是在一定的構思基礎上形成的。開發服務新產品首先需要有充分的創造性構思，才能從中發掘出最佳的可供開發的項目。這些構思既可能來自企業內部也可能來自企業外部，既可以通過正規的市場調查獲得，也可以借助於非正式的渠道。這些構思可能是公司遞送新服務產品的手段，也可能是公司取得服務產品的各種權利（如特許權）。從外部來看，顧客、競爭對手、科研機構、大學和海外企業的經驗等都是企業獲得構思的主要來源；而從內部來看，企業的科技研發人員和市場行銷人員是重要的來源，甚至企業的一般員工的設想對企業也具有啟示意義。好的構思並不依賴於偶然的發現，也不是無窮盡的搜索，除了明確未來的市場定位、贏利前景之外，還有許多好的方法可以利用。眾多極富「創造性」的構思來源於個人和集體的靈感、勤奮、智慧和技術；如進行市場調查，以向顧客詢問現行產品存在的問題來獲取新產品開發的構思。

（二）篩選

對於經過第一階段產生的大量的構思，企業根據自身的資源、技術和管理水準等進行篩選，因為有些構思雖然是比較好的構思但並不一定能付諸實踐，進行篩選的目的是盡可能早的發現和放棄那些明顯不切實際的和錯誤的構思，以免造成投資的浪費。在篩選階段，企業一定要避免「誤捨」和「誤用」兩種錯誤。「誤捨」就是讓一個有缺點但能改正的優秀的構思草率下馬；「誤用」則導致一個錯誤的構思進入開發和商品化階段。

篩選的過程主要包括兩個步驟：首先，建立評選標準以比較各個不同的構思；然後，確定評選標準中不同要素的權數，再根據企業的情況對這些構思予以打分。一些服務企業習慣於採用如下標準：市場大小、市場增長狀況、服務水準和競爭程度等。這裡必須強調的是，沒有任何一套標準能普及所有的服務業公司，每個企業均應視其特殊情況而開發、制定自己的一套標準。

（三）概念的發展和測試

經過篩選之後的產品構思並不是一種具體的產品，只是經營者本身希望提供給市場的一個可能產品的設想，要想將其轉變成具體的產品概念，它包括概念發展和概念測試兩個步驟。產品概念是對產品構思進行詳細、形象的描述，一個構思可以基於如

消費者、使用場合、產品利益的角度等形成幾個產品概念。概念發展階段，主要是將服務產品的構思設想轉換成服務產品概念，並從職能和目標意義上界定未來的服務產品，然後進入概念測試階段，其目的是測定目標顧客對產品概念的看法和反應。此外，在發展和測試概念的過程之中，還要對產品概念進行定位，即將該產品的特徵同競爭對手的產品做比較，並瞭解它在消費者心目中的位置。

產品構思是企業希望提供給市場的一個可能產品的設想；產品概念是用有意義的消費者語言表達的精心闡述的構思；產品定位是消費者得到的產品的特定形象。為了使產品概念既符合企業的構思，又達到樹立與之相一致的特定產品形象的目的，企業一定要對產品概念進行測試，這個工作可以由適合的目標顧客的服務小組完成。

(四) 商業分析

商業分析是測試一種產品概念在市場中的適應性和發展能力的階段，也即經濟效益分析，瞭解這種產品概念在商業領域的吸引力有多大以及其成功和失敗的可能性。具體的商業分析包括很多內容，如推廣該項服務所需要的人手和額外的物質資源，銷售狀況預測，成本和利潤水準，顧客對這種創新的看法以及競爭對手的可能反應。

毫無疑問，在這一階段要想獲得準確的預測和評估是不切實際的，企業只能做大體的估計。服務企業在進行商業分析時，要收集的信息涉及社會和競爭等方面的各種因素，其中主要有：人口特徵、地方經濟信息、交通、需求或客源、經濟法規、行業形勢等。一些常用的分析方法如盈虧平衡分析、投資回收期法、投資報酬率法等將非常有利於企業的商業分析。在此階段經常需要一些開發性技術和市場研究，以及新服務產品推出上市的時機掌控和成本控制手段。

(五) 產品開發

如果產品構思經過概念發展和測試以及商業分析後被確定為是可行的，就進入具體服務產品的實際開發階段。這意味著企業要增加對這次項目的投資，招聘和培訓新的人員，購買各種服務設施，建立有效的溝通和管理體系。此外，還要建立和測試構成服務產品的有形要素，同時還要注意服務產品的遞送系統。

(六) 市場試銷

試銷是把一種產品小批量的投放到經過挑選的具有代表性的小型市場範圍內進行試銷，以檢驗顧客可能做出的反應。試銷的目的是使新產品失敗的風險最小化。試銷的作用是一方面使服務企業能夠瞭解一種產品在正常市場行銷環境下可能的銷量和利潤，另一方面能夠使企業明確產品和整體行銷計劃中的優勢和不足。通過在幾個細分市場上的試銷，以此確定重點目標市場，根據各方面的意見和建議改進服務內容，不斷適應市場需要。服務產品所憑藉的物質產品不同於製造業的有形產品，事先要進行充分的市場調研，根據不同需求去設計和建造。服務產品投入市場後大多數只能在服務商進行改進，而對服務所憑藉的物質條件更改則具有一定的難度。

(七) 正式上市

這一階段意味著企業正式開始推廣新產品，從而新產品進入其生命週期的引入階

段。儘管一開始業務的經營可以保持適當規模，但企業必須在新產品上市之前做出以下決策，即在適當的時間和地點、實施適當的推廣戰略、向適當的顧客推銷其新型服務產品。顯然，企業市場行銷組合戰略正確與否將直接影響到新產品正式上市後的銷售效果，就此來看，正式上市階段也是最重要的階段。

四、新產品的推廣

在新產品被開發出來之後，被普遍接受之前，總有一段必要的過程，其間潛在的目標顧客在行銷人員的引導下經歷了從第一次耳聞到接受並採用該服務的過程，即為新服務的推廣過程。本質上新服務的推廣就是通過行銷策略說服顧客採用新服務的過程。新服務的推廣是以行銷人員為中心，在服務開發的基礎上進行的市場開發。要使新服務更容易被採用和推廣，具體而言，可以從以下方面著手。首先，應大力提高新服務的傳播性，如通過廣告、人員促銷、專業機構認證等手段提高新服務的知名度，顧客只有知道了新服務的存在，才會有可能產生瞭解和接受該服務的可能。其次，強化新服務的優越性。行銷人員應突出服務開發中的特色和優越性，並通過恰當的比較宣傳、適度的效果描述以及必要的服務承諾來激發消費者的興趣。再次，降低服務的專業性。高專業性意味著顧客在接受服務前要廣泛瞭解大量相關的服務知識和信息，這本身會影響服務的採用率，因此相對地降低服務的專業性或通過服務包重組絕對地降低服務的專業性是很有必要的。最後，創新新服務的可分性，改善新服務的適用性。對於複雜、費用高昂的服務項目，適當的創造條件分割出部分服務讓顧客試用，將鼓勵顧客進一步採用和接受新服務。另外，服務的適用性源於服務設計和服務生產，但服務行銷可以通過服務引導和預期調節，改善顧客的感知質量和滿意度。

第四節　服務產品組合與服務產品創新

一、服務產品組合

（一）服務產品組合的定義

菲利普・科特勒將產品組合定義為一個特定銷售者售給購買者的一組產品，包括產品線和產品品目。服務產品組合由各種各樣的服務產品線所構成。它具有寬度、長度、深度和相關度，服務產品線是相關聯的一組服務產品。這些服務出自於統一生產過程，或針對統一的目標市場，或是在同一銷售渠道裡銷售，或者屬於統一服務檔次。例如，酒店提供各種各樣的房間在統一銷售渠道裡銷售，飛機提供的頭等艙和經濟艙兩種服務，服務過程完全同一。寬度（廣度）是指公司具有產品線的數目；深度是指產品中每一產品有多少品種，如酒店雙人間分為普通和豪華兩檔，則雙人間的深度就為2；產品組合的相關度（一致性）是指各條服務產品線在產品用途、生產條件、分銷渠道和其他方面的相互關聯的程度。如旅行社的觀光產品和度假產品就具有很強的相關度，加強服務產品相關度，可以提高服務企業的聲譽，有助於各種服務產品之間在產

銷方面相互促進。

(二) 產品線決策

服務業與製造業不同，因此在產品組合中，服務產品線決策也有自己的特點。相比較而言，服務產品線更注重的是：產品線分析、寬度（多種服務項目還是少量服務項目）及長度擴展決策。

1. 服務產品線分析

產品線經理需要知道產品線上的每一種產品項目的銷售額和利潤，以及他們的產品線和競爭對手的對比情況。首先，產品線經理需要瞭解產品線上的每一個產品項目對總銷售量和利潤所做貢獻的百分比。如果某個項目突然受到競爭者的打擊，產品線的銷售量和利潤就會急遽下降。把銷售量高度集中於少數幾個項目上，則意味著產品線比較脆弱。克服產品線脆弱的最佳方式是進行特色行銷，運用擴展服務進行差別化行銷，否則公司必須小心監視並保護好這些項目。產品線經理還應考慮將某一銷售不暢的或者與目標市場相抵觸的項目及時從產品線上撤出，減少現有產品線的負擔。其次，產品線經理還需要根據競爭者產品線的情況來分析一下自己的產品線定位問題，適時地抓住市場機會，占據發展先機。

2. 服務產品線寬度

對服務產品線寬度起決定作用的是企業的戰略目標。如跨國諮詢公司希望客戶感受自己寬廣的服務產品線；固定成本高的企業需要擁有大市場份額，以此加寬其服務產品線。

3. 產品線的長度

服務產品線長度的安排同樣受公司戰略的影響。那些希望有較高的市場份額與服務增長的服務企業將有較長的服務產品線。每個服務企業的產品線只是該行業整個範圍的一部分，如果超出現有的產品線範圍來增加產品線的長度，即產品線延伸。公司可以選擇向下延伸、向上延伸或雙向延伸。

（1）向下延伸。許多公司最初位於高端市場，而後決定轉向生產低端產品。公司為了宣傳其品牌經常會在產品線的低端增加新品種，從較低價格開始。因此在宣傳期，旅遊公司通常會推出某些特價線路。企業進行產品線向下延伸的原因有：企業發現其高端產品成長發展極為緩慢，因此不得不將其產品線向下延伸，達到開拓市場的目的；企業在初期進入高端產品市場是為了建立質量形象，而當這個目標已經達到時，向下延伸則可以擴大產品範圍，進一步開拓市場；為了填補市場競爭缺口，防止低端產品成為競爭者的競爭機會。同時，企業服務向下延伸策略也有風險：可能會刺激本來生產低檔產品的企業進入高檔產品市場，加劇市場競爭；一些經銷商可能存在因利潤較少而不願經營低檔產品，從而企業不得不為新增低檔產品經銷系統而增加相應的銷售費用和成本；此外，由高端向低端，有可能損害已有的企業質量形象，為保護已創立的品牌，企業在新增低檔產品是可以考慮使用新的品牌。

（2）向上延伸。在服務業市場不乏定位於低檔服務產品的公司可能會打算進軍高檔服務產品市場的情形。高檔服務產品市場銷售形勢看好，利潤高，競爭者實力弱，

則可以取而代之；企業實力增強，意圖發展各檔產品俱全的完全產品線。向上延伸的決策風險同樣不容小覷。高檔產品市場的競爭者會不惜一切堅守陣地，還可能向下延伸侵入低檔市場，進行相應的反擊；由於一直生產低檔產品的企業在進軍高檔產品市場時，顧客可能會懷疑其高檔產品的質量水準；需要培訓或者招聘新的銷售人員。

（3）雙向延伸。生產中檔產品的企業在取得市場優勢後，可能決定同時向產品線的上下兩個方向延伸。其原因在於，通常這一類型的企業在兩個方面都有發展機會，其風險在於可能將遭受雙向夾擊。該戰略的主要風險在於當消費者發現低價就能滿足他們原有的滿意服務時，就會轉向消費低價產品。

服務產品線也可以拉長，辦法是在現有的服務產品線的範圍內增加一些服務產品項目，即服務產品的填充決策。

二、服務產品創新

（一）服務產品創新觀念

服務產品創新是指服務新產品的研究與開發，是實現行銷策略差別化的根本途徑。企業沒有創新，就沒有發展。服務創新是促進服務業增長的有效戰略。新產品的規劃和開發對服務業而言是一個重要的問題，它們不僅需要建立一個具有防衛性的競爭地位，同時需要向客戶提供搭配均衡的服務類別。服務業的發展使其在國民經濟中的地位越來越重要，市場競爭日趨激烈，人們對新服務和新服務增長的強大需求與日俱增，服務業想要取得成功，絕不能僅僅依靠現有的服務產品，而必須不斷地開發和完善服務新產品。

進行新服務產品的設計和開發，以此更好地滿足顧客的需求，增強企業的競爭優勢，勢在必行。但創新通常是具有一定的難度的，其原因在於：

（1）以服務為導向的公司研究和開發與以產品為導向的公司不同的是，以產品為導向的公司可以以某種方式設計和試驗新產品，而由於服務本身的無形性、不可分離性、不可儲存性、品質多變性，這種研發任務就相應的複雜得多。如以人為交付對象的服務業裡，一項新的服務的每一次交付使用，在試驗過程中都會有所差異。此外，構想服務產品的全過程涉及服務觀念而非有形實體；研發完成後還需要吸引顧客來體驗對應的服務。儘管服務產品可能以設備或者以人為基礎，但是預測哪種服務概念可以被顧客所接受和吸引則是很難的，也就意味著採用一項成功的服務產品成本可能很高。

（2）新服務項目的開發高度抽象，並伴隨著隨之而來的測試、開發和規範化工作，服務業企業尤其是所謂「以人為本」的服務企業，往往缺乏穩定性和真正的創新，市場上多以相互模仿居多，如銀行、金融行業。

（3）更為重要的一點是，以服務為導向在某種意義上等同於以客戶為導向，則顧客最基本的需求是服務產品創新的依據。一方面，顧客利益概念要求企業的服務應該基於顧客的需求以及所追逐的利益。然而，顧客可能由於缺乏足夠的知識、經驗和能力來清楚地表達其需求，從而使企業未能準確甄別出顧客的利益所在；另一方面，顧

客服務體驗的好壞，將會導致顧客追求新的利益，從而使企業難以把握顧客的利益所在。

(二) 服務創新的方向

顧客的認知和態度總在變化，最善於將產品進行比較的顧客，會在某服務業的競爭者提供符合其新需求的服務時進行轉換，所以，服務企業想在激烈的市場競爭中獲得成功就必須不斷引入新產品，以適應不斷變化的市場需求。進行創新的首要問題是理解創新方向。

（1）完全創新產品，即採用全新的方法來滿足顧客的需求，給予他們更多的選擇。如最早的衛星通信電視轉播等。採用這種方向風險較大，如新開闢一條旅遊線路，新開發一個景點，新開展一項有特色的專項旅遊或一種新飯店的經營模式等全新的服務產品，開發週期長、投資較大、風險較高。

（2）新服務產品。提供某一市場上已由其他企業提供給顧客的新服務。該方向除了有創新風險，還有被競爭對手奪取市場份額的危險。

（3）產品線擴展，即增加現有產品線的品種，如一個商業學校裡增設新的培訓班。使用這種方向優點在於投資較少，技術和行銷方式也已經具備，缺點在於創新效果不突出。

（4）產品改善，用新技術對現有服務產品的特徵予以改進和提高。實質上是對產品核心層以外各層次進行改善，以調整產品的期望價值、增加顧客的附加利益等。

（5）包裝改善，即通過改善有形展示來改變現有產品，如快遞改變包裝袋，從嚴格意義上來說，這已經不屬於創新的範疇了。

本章小結

服務產品是服務市場行銷組合的首要因素。本章首先對服務產品的概念和服務產品的五個層次進行了概括性的介紹，並引出服務包的概念來加深對服務產品的理解；其次，較全面地闡述了服務產品的生命週期、各生命週期階段的特點及相應的策略，對企業應對各個階段變化和挑戰、認清潛藏於生命週期邊緣的市場機遇具有一定借鑑意義；同時，對服務新產品開發的必要性、程序及推廣進行了梳理；最後，論述了服務產品組合和服務產品創新兩部分內容，對於企業優化產品組合、適時進行服務產品創新具有指導作用。

關鍵概念

服務產品；服務產品生命週期；服務新產品開發；服務產品組合；服務市場產品創新

復習思考題

1. 怎樣理解服務產品的概念？為什麼服務企業要制定服務行銷戰略？
2. 什麼是服務產品生命週期？研究這一理論有什麼實際意義？
3. 簡述服務產品生命週期各階段的特徵及可供選擇的策略。
4. 簡述服務新產品開發的程序以及服務新產品開發的意義。
5. 論述服務產品組合的策略，以及服務產品創新的意義。

第六章　服務質量

學習目標與要求

1. 瞭解服務質量的內涵和特性
2. 掌握服務質量的構成要素和測量
3. 理解服務質量差距模型
4. 熟悉服務質量管理策略

［引例］人性服務 讓顧客為你宣傳

　　鄭州有一家以火鍋為特色的全國連鎖店叫「海底撈」，他們細緻入微的服務可以讓顧客感動，讓顧客真正感到「賓至如歸」。

　　由於生意太好，顧客經常需要等座位，該店專門在入口處開闢一候餐處，並有服務員熱情接待。顧客坐下後立即遞上熱騰騰的豆漿，並在顧客快喝完時及時添上。等有空位時，根據顧客的候餐牌號碼的先後順序，及時引導顧客就座，男服務員表演式地給顧客擦乾淨桌子，並擺好餐具，一切動作優美標準。每個服務員都笑容滿面，充滿激情。

　　點菜時，服務員不像某些酒店想辦法鼓動顧客多點菜，而是親切地說：「不要點多，夠吃就行，不要浪費；如果不夠也可以再點，如果點得多吃不完，只要沒有動筷子還可以退。」讓顧客真正感到該店始終站在消費者的立場。顧客消費過程中服務員不時地添上免費的熱豆漿。整個消費過程十分溫馨、愉快。難怪這家店生意好得沒有空位。

　　酒店應該重視服務的人性化，充滿對顧客的關懷。顧客在接受服務的同時，也希望感受到他被人接受並被尊重。所以服務並不能為服務而服務，而要一切為滿足和超越顧客期望，使顧客的精神回報最大化。新加坡東方大酒店推行了一項「超級服務計劃」。有一次，他們遇到這樣一件事：一位咖啡廳服務員看見一桌拿著文件的四位消費者在大廳商談，為了讓他們免受大廳內人聲嘈雜的影響，服務員主動詢問客房部有無空房，以供四位消費者臨時一用，客房部馬上答應提供。當這四位顧客明白這些後，他們感到難以置信。事後他們在感謝信中說道：「我們除了永遠成為您的忠實消費者外，我們所屬的公司以及海外的來賓，將永遠為您廣為宣傳。」

第一節　服務質量的概念和特性

一、服務質量的概念

　　服務是服務行銷學的基礎，而服務質量則是服務行銷的核心。無論是有形產品的生產企業還是服務業，服務質量都是企業在競爭中制勝的法寶。服務質量的內涵與有形產品質量的內涵有區別，消費者對服務質量的評價不僅要考慮服務的結果，而且要涉及服務的過程。服務質量應被消費者所識別，消費者認可才是質量。服務質量的構成要素、形成過程、考核依據、評價標準均有別於有形產品的內涵。

　　服務質量是產品生產的服務或服務業滿足規定或潛在要求（或需要）的特徵和特性的總和。特性是用以區分不同類別的產品或服務的概念，如旅遊有陶冶人的性情給人愉悅的特性，旅館有給人提供休息、睡覺的特性。特徵則是用以區分同類服務中不同規格、檔次、品味的概念。服務質量最表層的內涵應包括服務的安全性、適用性、有效性和經濟性等一般要求。

　　預期服務質量即顧客對服務企業所提供服務預期的滿意度。感知服務質量則是顧客對服務企業提供的服務實際感知的水準。如果顧客對服務的感知水準符合或高於其預期水準，則顧客獲得較高的滿意度，從而認為企業具有較高的服務質量；反之，則會認為企業的服務質量較低。從這個角度看，服務質量是顧客的預期服務質量同其感知服務質量的比較。

　　預期服務質量是影響顧客對整體服務質量的感知的重要前提。如果預期質量過高，不切實際，則即使從某種客觀意義上說他們所接受的服務水準是很高的，他們仍然會認為企業的服務質量較低。預期質量受四個因素的影響：即市場溝通、企業形象、顧客口碑和顧客需求。

　　（1）市場溝通包括廣告、直接郵寄、公共關係以及促銷活動等，直接為企業所控制。這些方面對預期服務質量的影響是顯而易見的。例如，在廣告活動中，一些企業過分誇大自己的產品及所提供的服務，導致顧客心存很高的預期質量，然而，當顧客一旦接觸企業則發現其服務質量並不像宣傳的那樣，這樣使顧客對其感知服務質量大打折扣。

　　（2）企業形象和顧客口碑只能間接地被企業控制，這些因素雖受許多外部條件的影響，但基本表現為與企業績效的函數關係。

　　（3）顧客需求則是企業的不可控因素。顧客需求的千變萬化及消費習慣、消費偏好的不同，決定了這一因素對預期服務質量的巨大影響。

二、服務質量的特性

　　要真正地理解和提高服務質量，首先必須瞭解服務質量具備哪些特性。實物產品質量，一般具有客觀性、產出性和個體性。評價實物產品的質量，一般是比較客觀的。

實物產品的質量是看產出後產品的質量。另外，單個實物產品就能形成質量。服務質量區別於實物產品質量的特點是主觀性、過程性和整體性。

(一) 服務質量的主觀性

產品質量通常容易確定，顧客可以憑藉產品的款式、顏色、材質、性能、商標、包裝等多種標準來判斷。而服務的無形性使消費者對服務質量的評價沒有可依賴的客觀對象，也沒有客觀的評價標準，而往往憑自己消費後獲得的滿足程度進行評價。

顧客評價一個服務機構的服務質量是好是壞，一般是根據自己的期望和實際感知的服務做比較進行判斷。如果顧客對服務機構的服務感知高於或符合其期望，那麼顧客認為服務質量高；反之，感知低於期望值，就算服務機構已經為她提供最周到的服務了，她也認為服務質量差。對相同水準的服務，期望高的顧客可能認為服務質量比較低，期望不高的顧客可能就對服務質量做出好的評價。這是因為：前一種情況下，實際的服務不容易超過顧客期望，而在後一種情況下，實際的服務容易超過顧客期望。這裡的顧客期望成了評價服務質量的主要依據。

由於服務的生產與消費密不可分，大多是人與人的接觸，因而不可能不受主觀因素的影響。服務企業雇員的態度對服務質量都有影響，而製造業生產工人的態度對質量就沒有多大關係。如一個對企業不滿的汽車生產工人，可以通過流水線上有瑕疵的汽車來發現，而且最後的檢查將確保這樣的汽車在交付消費者之前得以糾正；而服務企業中一個心懷不滿的雇員對組織造成的損害將是無法彌補的，因為唯一和顧客進行接觸的是雇員而不是產品，雇員的行為和態度都會嚴重影響到服務質量的高低，而且不能事前控制和事後控制。

(二) 服務質量過程性

實物產品的質量，消費者只關係最後產品的產出質量，而對生產過程不關心。而大多服務需要消費者參與到服務過程中，與員工進行面對面的接觸，顧客不僅關注產出質量，而且注重服務過程中的感受。所以，服務的過程質量是評價服務質量的一個重要組成部分。

這一特性使得服務產品質量比實物產品質量更難控制，因為實物產品在生產出來後交付顧客之前，可以根據產品尺寸、規格、性能進行測試，發現質量缺陷再重新生產，使不符合規格的產品不出現在顧客面前。但服務不行，服務的生產與消費的不可分性，使服務產品的質量難以在「出廠」前加以控制，服務過程會發生太多意外，事中控制也很難，更無法像實物產品一樣對生產的結果即服務產品本身的質量進行事後檢查，對其功能進行測試，出現質量問題也難以返工，不好補救，甚至當質量低劣的服務產品生產出來時也不得不消費它。

(三) 服務質量的整體性

服務質量是一種整體的質量。服務質量的形成，需要服務機構全體人員的參與和協調。不僅一線的服務生產、銷售和輔助人員關係到服務質量，而且二線的行銷策劃人員、後勤人員對一線人員的支持和有形實據也關係到服務質量。服務質量是服務機

構整體的質量。

第二節　服務質量的測量

服務具有無形性和質量差異性等特徵，服務又是通過服務人員和顧客的交往在「真實瞬間」共同完成的。因此，評估服務質量並不存在統一的、具體的且由服務提供者制定的標準。事實上，服務質量的高低並非取決於提供服務的企業對所提供服務的看法，而是由接受服務的顧客對服務質量的評估所決定的。

一、服務質量評估過程

美國行銷學家派拉索拉曼等三人在顧客評估服務質量問題上提出了「差距理論」，認為顧客的感知服務質量高低決定了顧客對服務質量的評估，而顧客的感知服務質量取決於服務過程中顧客的感覺與顧客對服務的期望之間的差異程度。他指出感知服務質量是「顧客主觀所做出的，是與服務客觀上是否優質有關的全面的判斷或看法」。顧客的感覺是「顧客關於所接受的及所經歷的服務的感受」。顧客的期望是「顧客的願望與需求」，比如說他們覺得當顧客實際感受到的服務質量符合甚至超過他們預期的服務質量時，他們的感知服務質量就好；當他們實際感受到的服務質量不及預期的服務質量時，他們的感知服務質量就差。每個顧客對服務質量的期望各不相同。研究表明，這一現象的產生是企業的市場溝通、企業的形象、其他顧客的宣傳和顧客不同的需求等因素對有著不同經驗、知識的顧客在主觀上產生不同影響的結果。

從顧客實際經歷的服務質量來看，可以把服務質量分為兩個組成部分，服務結果的質量和服務過程的質量。服務結果的質量是服務的技術質量，是服務的產出，是企業為顧客提供的服務結果，顧客購買服務主要就是為了得到服務結果。比如說維修部門為顧客完成產品的維修工作，醫院為病人治好疾病，諮詢公司為顧客提供報告等都是顧客得到的服務結果。服務過程的質量是服務的職能質量，本章討論服務質量管理的重點就在於服務過程質量的管理，同時這也是服務質量管理和改進中的難點。

二、服務質量測量模型

（一）服務質量測量五維度模型

企業服務質量的高低由顧客對感知服務質量的評估決定，在評估企業服務質量時應圍繞「顧客」這一中心，對顧客期望和顧客實際感受的服務質量都要進行充分調查瞭解。派拉索拉曼等學者在評估服務質量方面的研究被公認為是目前較為合理並為大多數學者所接受的。他們建立了服務質量模型來評估企業的服務質量。他們認為，正確評估服務質量首先應對顧客評估服務質量的內在情況進行研究。為此，他們將顧客感覺中的服務質量歸結為五大要素，具體如下。

1. 有形性

有形性是指服務產品的「有形部分」，如各種設施、設備以及服務人員的形象等。由於服務產品的本質是一種行為過程而不是某種實物，所以顧客只能借助這些有形的、可視的部分來把握服務的實質。一方面，這些部分提供了有關服務質量本身的有形線索；另一方面，它們又直接影響到顧客對服務質量的感知。所以可感知性是顧客感知質量中核心和關鍵的內容。

2. 可靠性

可靠性是指企業準確無誤地完成所承諾的服務。許多以優質服務著稱的企業都是通過「可靠」的服務來建立自己的聲譽。企業應努力避免在服務過程中出現差錯，因為服務差錯給企業帶來的不僅是直接意義上的經濟損失，而且可能意味著失去很多的潛在顧客。

3. 回應性

回應性是指企業隨時準備願意為顧客提供快捷、有效的服務。對於顧客的各種要求，企業能否給予及時的滿足將表明企業的服務導向，即是否把顧客的利益放在第一位。同時，服務傳送的效率則從一個側面反應了企業的服務質量。研究表明，在服務傳遞過程中，顧客等候服務的時間是一個關係到顧客的感覺、顧客印象、服務企業形象以及顧客滿意度的重要因素。

4. 保證性

保證性是指服務人員的友好態度與勝任工作的能力，它能增強顧客對企業服務質量的信心和安全感。當顧客同一位友好、和善且學識淵博的服務人員打交道時，他會認為自己找對了公司，從而獲得信心和安全感。友好態度和勝任能力二者是缺一不可的，尤其是在服務產品不斷推陳出新的今天，服務人員更應該擁有較高的知識水準。

5. 移情性

移情性不是指服務人員的友好態度問題，而是指企業要真誠地關心顧客，瞭解他們的實際需要（甚至是私人方面的特殊要求）並給以滿足，使整個服務過程富有「人情味」。

(二) SERVQUAL 量表的基本構成

SERVQUAL 最早誕生於 1988 年，在以後的若干年裡，PZB 對這種方法進行了多次的修正。現在大多數學者所應用的主要是 1991 年經過修正的 SERVQUAL，簡稱為「修正 SERVQUAL」，其所遵循的基本理論依據是所謂的差距理論或稱之為「確認-不確認理論」，即顧客感知服務質量＝顧客感知-顧客期望，如果結果是大於或等於零，即顧客感知達到成超過了顧客期望，那麼，就可以認為顧客感知服務質量是令顧客滿意的，否則為不滿意。與此相對應，SERVQUAL 量表也是由兩張表構成的，一張為期望表，一張為感知表，兩張表的項目是完全一樣的，都是由 5 個維度、22 個問項所組成。但期望表反應的是顧客對其一類企業的總體性期望，而感知表反應的則是顧客對所要調查的企業的實際感受。具體維度與項目如下。

正常情況下，我們對顧客期望和感知的調查應當分別進行，即在顧客接受服務之

前，先進行顧客期望的調查，然後在服務過程結束後，再進行感知的調查，這樣所得出的結論是最為科學的。但問題是，在很多情況下，我們沒有辦法在不同的時刻獲取到同一個顧客期望和感知的兩個數據，因為顧客是流動的，這會使調查成本無限增大。因此，很多學者在進行調查時，實際上是對期望和感知兩個數據在同一時刻先後進行採集，這樣做的結果是調查成本下降了，但所得到的數據會多多少少存在著所謂期望和感知相互映射、相互影響的問題。

同時，學者們一般採用Likert5點或7點量表，即將顧客對期望和感知的反應控制在一個區間內，而不是一個點上，以更好地反應顧客的心理變化。例如，在期望中，對有形性問項包括：優良的某類企業應當有一流的辦公設備；優良的某類企業的員工著裝應當整潔、大方；等等。然後讓顧客選擇從非常不同意（假設為1）一直到非常同意（假設為7），再在中間設置若干中間狀態，然後對這些數據進行加總和統計，進而得到某個維度的得分（見表6-1）。

表6-1　　　　服務質量評估方法——修正SERVQUAL量表

服務質量維度	指標
有形性	1. 具有現代的服務設施。 2. 服務設施具有吸引力。 3. 員工有整潔的服裝和外表。 4. 公司的設施與它們所提供的服務相匹配。
可靠性	5. 公司對顧客所承諾的事情都能及時地完成。 6. 顧客遇到困難時，能表現出關心並提供幫助。 7. 公司能一次就把工作做好。 8. 能準時地提供所承諾的服務。 9. 正確地記錄相關的服務。
回應性	10. 告訴顧客準確的服務內容。 11. 為顧客提供及時的服務。 12. 員工樂意幫助顧客。 13. 員工不會因為太忙而疏忽遠離顧客。
保證性	14. 員工的行為會建立顧客的信心。 15. 顧客與公司打交道時會有安全感。 16. 員工保持對顧客有禮貌。 17. 員工有足夠的知識。
移情性	18. 給予顧客特別的關懷。 19. 為顧客提供個性化的服務。 20. 瞭解顧客的現實需求。 21. 優先考慮顧客的利益。 22. 提供服務的時間要便利所有的顧客。

SERVQUAL理論是20世紀80年代末由美國市場行銷學家帕拉休拉曼（A. Parasuraman）、來特漢毛爾（Zeithaml）和白瑞（Berry）依據全面質量管理（Total Quality Management，TQM）理論在服務行業中提出的一種新的服務質量評價體系，其理論核心是「服務質量差距模型」，即服務質量取決於用戶所感知的服務水準與用戶所期望的服務水準之間的差別程度（因此又稱為「期望-感知」模型），用戶的期望是開展優質

服務的先決條件，提供優質服務的關鍵就是要超過用戶的期望值。其模型為：SERVQUAL 分數＝實際感受分數－期望分數。SERVQUAL 將服務質量分為五個層面：有形設施、可靠性、回應性、保障性、情感投入，每一層面又被細分為若干個問題，通過調查問卷的方式，讓用戶對每個問題的期望值、實際感受值及最低可接受值進行評分，並由其確立相關的 22 個具體因素來說明它。然後通過問卷調查、顧客打分和綜合計算得出服務質量的分數。

近十年來，該模型已被管理者和學者廣泛接受和採用。模型以差別理論為基礎，即顧客對服務質量的期望，與顧客從服務組織實際得到的服務之間的差別。模型分別用五個尺度評價顧客所接受的不同服務的服務質量。研究表明，SERVQUAL 適合於測量信息系統服務質量，SERVQUAL 也是一個評價服務質量和用來決定提高服務質量行動的有效工具。

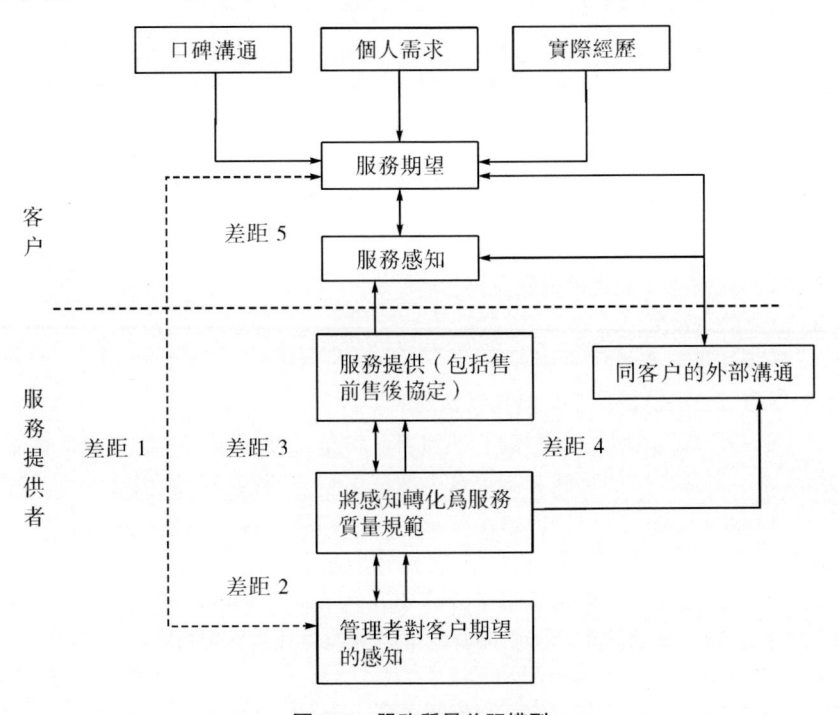

(三) 服務質量差距模型

服務質量差距模型是 20 世紀 80 年代中期到 90 年代初，美國行銷學家帕拉休拉曼（A. Parasuraman），贊瑟姆（Valarie A Zeithamal）和貝利（Leonard L. Berry）等人提出的，5GAP 模型是專門用來分析質量問題的根源。顧客差距（差距 5）即顧客期望與顧客感知的服務之間的差距——這是差距模型的核心。要彌合這一差距，就要對以下四個差距進行彌合：差距 1——不瞭解顧客的期望；差距 2——未選擇正確的服務設計和標準；差距 3——未按標準提供服務；差距 4——服務傳遞與對外承諾不相匹配。

圖 6-1　服務質量差距模型

首先，模型說明了服務質量是如何形成的。模型的上半部涉及與顧客有關的現象。期望的服務是顧客的實際經歷、個人需求以及口碑溝通的函數。另外，也受到企業行銷溝通活動的影響。

實際經歷的服務，在模型中稱為感知的服務，它是一系列內部決策和內部活動的結果。在服務交易發生時，管理者對顧客期望的認識，對確定組織所遵循的服務質量標準起到指導作用。

當然，顧客親身經歷的服務交易和生產過程是作為一個與服務生產過程有關的質量因素，生產過程實施的技術措施是一個與服務生產的產出有關的質量因素。

分析和設計服務質量時，這個基本框架說明了必須考慮哪些步驟，然後查出問題的根源。要素之間有五種差異，也就是所謂的質量差距。質量差距是由質量管理前後不一致造成的。最主要的差距是期望服務和感知（實際經歷）服務差距（差距5），五個差距以及它們造成的結果和產生的原因分述如下：

1. 管理者認識的差距（差距1）

這個差距指管理者對期望質量的感覺不明確。產生的原因有：

A. 對市場研究和需求分析的信息不準確；

B. 對期望的解釋信息不準確；

C. 沒有需求分析；

D. 從企業與顧客聯繫的層次向管理者傳遞的信息失真或喪失；

E. 臃腫的組織層次阻礙或改變了在顧客聯繫中所產生的信息。

針對問題產生的原因，其治療措施各不相同。如果問題是由管理引起，顯然不是改變管理，就是改變對服務競爭特點的認識。不過後者一般更合適一些。因為正常情況下沒有競爭也就不會產生什麼問題，但管理者一旦缺乏對服務競爭本質和需求的理解，則會導致嚴重的後果。

2. 質量標準差距（差距2）

這一差距指服務質量標準與管理者對質量期望的認識不一致。原因如下：

A. 計劃失誤或計劃過程不夠充分；

B. 計劃管理混亂；

C. 組織無明確目標；

D. 服務質量的計劃得不到最高管理層的支持。

第一個差距的大小決定計劃的成功與否。但是，即使在顧客期望的信息充分和正確的情況下，質量標準的實施計劃也會失敗。出現這種情況的原因可能是：最高管理層沒有保證服務質量的實現；質量沒有被賦予最高優先權。治療的措施自然是改變優先權的排列。今天，在服務競爭中，顧客感知的服務質量是成功的關鍵因素，因此在管理清單上把質量排在前列是非常必要的。總之，服務生產者和管理者對服務質量達成共識，縮小質量標準差距，遠比任何嚴格的目標和計劃過程重要得多。

3. 服務交易差距（差距3）

這一差距指在服務生產和交易過程中員工的行為不符合質量標準，它是因為：

A. 標準太複雜或太苛刻；

B. 員工對標準有不同意見，例如一流服務質量可以有不同的行為；
C. 標準與現有的企業文化發生衝突；
D. 服務生產管理混亂；
E. 內部行銷不充分或根本不開展內部行銷；
F. 技術和系統沒有按照標準為工作提供便利。

通常引起服務交易差距的原因是錯綜複雜的，很少只有一個原因在單獨起作用，因此治療措施不是那麼簡單。差距原因可粗略分為三類：管理和監督；職員對標準規則的認識和對顧客需要的認識；缺少生產系統和技術的支持。

4. 行銷溝通的差距（差距4）

這一差距指行銷溝通行為所做出的承諾與實際提供的服務不一致。產生的原因有：
A. 行銷溝通計劃與服務生產沒統一；
B. 傳統的市場行銷和服務生產之間缺乏協作；
C. 行銷溝通活動提出一些標準，但組織卻不能按照這些標準完成工作；
D. 有故意誇大其詞、承諾太多的傾向。

引起這一差距的原因可分為兩類：

一是外部行銷溝通的計劃與執行沒有和服務生產統一起來；

二是在廣告等行銷溝通過程中往往存在承諾過多的傾向。

在第一種情況下，治療措施是建立一種使外部行銷溝通活動的計劃和執行與服務生產統一起來的制度。例如，至少每個重大活動應該與服務生產行為協調起來，達到兩個目標：

第一，市場溝通中的承諾要更加準確和符合實際；

第二，外部行銷活動中做出的承諾能夠做到言出必行，避免誇誇其談所產生的副作用。

在第二種情況下，由於行銷溝通存在濫用「最高級的毛病」，所以只能通過完善行銷溝通的計劃加以解決。治療措施可能是更加完善的計劃程序，不過管理上嚴密監督也很有幫助。

5. 感知服務質量差距（差距5）

這一差距指感知或經歷的服務與期望的服務不一樣，它會導致以下後果：
A. 消極的質量評價（劣質）和質量問題；
B. 口碑不佳；
C. 對公司形象的消極影響；
D. 喪失業務。

第五個差距也有可能產生積極的結果，它可能導致相符的質量或過高的質量。

感知服務差距產生的原因可能是本部分討論的眾多原因中的一個或者是它們的組合。當然，也有可能是其他未被提到的因素。

第三節　服務質量的管理

一、服務質量管理模式

　　服務質量比有形產品質量更難管理，這是因為服務比有形產品有著更多難以把握、難以標準化的特性。服務質量管理與產品質量管理有著很大的不同，企業不能完全照搬產品質量管理的方法管理服務質量，應該根據每個企業的自身特點而制定相應的服務質量管理規範並嚴格執行。近年來，國內外許多行銷管理專家對服務質量管理進行了探討，提出了數種服務質量管理模式，現分別介紹如下。

（一）產品生產模式

　　服務是一種特殊的產品，具有無形、無法儲存、生產和消費同時進行等特點。因此，企業管理人員應集中精力確定服務屬性的質量標準，選擇服務工作中應使用的資源和生產技術，以最低的成本生產符合質量標準的無形產品。至今為止，產品生產模式仍然是占統治地位的一種服務質量管理模式。

　　美國著名企業管理學家萊維特在20世紀70年代初期提出「服務工業化」觀點。他認為，服務企業管理人員應從工業企業引進流水作業法，對服務人員進行合理分工，並使用現代設備（硬技術）和精心設計的服務操作體系（軟技術），取代勞動力密集型的服務工作，進行大規模生產，提高勞動生產率和無形產品的質量。

　　這些企業管理學家和行銷學家將某種服務的質量看成這種服務的有形屬性和技術的質量。他們認為管理人員可通過生產體系客觀地控制無形產品的質量。因此，他們建議所有服務企業都採用產品生產管理模式。例如，在快餐館、汽車旅館、汽車出租公司等服務企業裡，產品生產模式相當有效。這些企業通過提供標準化服務，廣泛使用「服務實績標準」來進行服務質量管理。

　　產品生產模式可使管理人員較易確定服務質量標準，較易衡量和控制服務質量。但是，這種模式是否行之有效，卻是由以下兩個假設是否正確決定的。第一，管理人員能全面控制投入生產過程的各種資源和生產過程中使用的各種技術。第二，管理人員規定的服務質量，消費者感覺中的服務質量與消費者行為之間存在著明顯的對應關係。

　　在面對面服務過程中，這些條件並不存在，通常服務屬性很抽象（例如，熱忱、友好、方便、迅速等），企業能夠完全控制的服務也非常少。服務過程會受消費者情緒和服務環境等因素影響，而服務企業幾乎無法控制這些因素。在服務過程中出現的某種差錯，會使消費者對一系列服務屬性的看法產生不利的影響。他們感覺中的以下缺點：①把服務屬性看成可以觀察、可以測量的有形屬性。②不能表明服務過程和消費過程的特點。③把不同時間、不同場合、不同服務人員為不同消費者提供的不同服務等同起來。④消費者的行為往往不是合理的經濟動機激發的，而常常是由他們的特殊習慣、心理需和社會習俗指導的。⑤只強調企業內部組織結構和管理人員規定的服

務結果，忽視企業外部因素和消費者的感覺。

(二) 消費者滿意程度模式

服務過程是服務人員和消費者相互交往的過程。服務質量不僅和服務結果有關，而且和服務過程有關。消費者滿意程度模式強調消費者對服務質量的主觀看法。

根據這個模式，消費者是否會先用並反覆購買某種服務，在服務過程中是否會與服務人員合作，是否會向他人介紹這種服務，是由消費者對服務過程的主觀評估決定的。

消費者的主觀看法則與他們的個性、服務時間和服務場合有關。

據消費者滿意程度研究表明，服務屬性與消費者感覺中的服務質量並不存在簡單的、機械的對應關係。消費者的滿意程度是他們對自己消費經歷進行主觀評估的結果。如果消費者感覺中的服務質量超過他們對服務質量的期望，他們就會感到滿意；如果他們感覺中的服務質量不如期望，他們就會不滿意；如果他們感覺中的服務質量與期望相符，他們就既不會滿意，也不會不滿意。

根據消費者滿意程度評估服務質量。管理人員不僅應重視服務過程和服務結果，更應分析、把握消費者的看法及服務過程中服務人員和消費者相互交往的心理、社會和環境因素。消費者滿意程度研究極大地豐富了管理人員對服務質量的理解，促使他們重視服務質量的動態性、主觀性、複雜性等特點。

(三) 相互交往模式

近年來，許多企業管理學家和行銷學家指出：面對面服務的核心是消費者和服務人員的相互交往。因此，企業管理人員應根據相互關係理論、角色理論等相互交往理論，分析面對面服務，指導面對面服務設計和管理工作，以便提高面對面服務的質量。面對面服務的質量受以下因素的影響。

1. 服務程序

在消費者和服務人員相互交往過程中，與服務工作有關的行為方式是由服務企業的標準操作程序規定的，雙方之間的「禮節性」行為是社會規定的。

2. 服務內容

即消費者對服務人員需完成的作業與需滿足的心理需要。

3. 消費者和服務人員的特點

在面對面服務中，消費者和服務人員同樣重要。服務人員的特點、態度、技能和行為方式是企業主導的。消費者的特點、態度、技能和行為方式與他們的文化、經歷等因素有關，要提高服務質量，管理人員必須考慮消費者和服務人員的感覺、反應和交往行為。

4. 企業特點和社會特點

企業特點、社會特點、文化特點等一系列外部因素也會影響消費者和服務人員的相互交往。服務性企業管理人員的主要管理方法是做好服務組織工作。企業的組織結構和企業文化應符合優質服務的需求。管理人員應支持、指導、激勵服務人員提供優質服務。

5. 環境和情境因素

消費者和服務人員的相互交往受環境和情境因素的制約。環境和情境因素包括有形環境和服務時間，也包括與消費者和服務人員有關的特殊情況。例如雙方的心情、疲勞程度、消費者有多少時間接受服務等。

面對面服務質量是上述各個因素共同影響的結果。因此，管理人員往往無法通過預先確定的服務質量標準做好服務質量管理工作，而必須通過上述各個因素的優化組合，間接地提高服務質量。

二、服務質量管理的實操要點

（一）管理人員必須高度重視服務質量

高層管理人員對服務質量的重視是提升服務質量的關鍵。服務標準的制定、服務流程設計、服務執行的監督、支持系統的完善都與管理人員有關，只有管理人員在思想上樹立優質服務觀念，才會制定出符合顧客期望和要求的有效服務標準，並採取相應的措施把這種理念傳遞給員工，員工才會直視服務質量，才會盡力執行服務質量標準。

（二）重視內部行銷，注重團隊精神塑造

內部行銷是指服務機構對內部員工的行銷，重視內部行銷是實現承諾的關鍵。招聘合適的員工，加強服務技能和技巧的培訓，採取適當的激勵措施，留住人才，並給予廣泛支持，使各部門之間團結合作，是內部行銷的日常工作。其基本思想就是：員工滿意是顧客滿意的溫泉。因此，內部行銷要注重員工團隊精神培養，團隊精神是激發每名員工努力工作的重要動力之一，它利於企業各個環節相互配合，共同為顧客提供滿意的服務。有一位成功的企業家曾寫下過這樣一個頗具哲理的等式：$100-1=0$，其含義是：員工1次劣質服務帶來的壞影響可以抵消100次優質服務產生的好影響。因此，有人將員工與顧客的每一次接觸視為對服務企業的嚴峻考驗。

（三）注重傾聽顧客的期望和感知

服務質量的好壞是由顧客來評價的。企業提供的服務與服務質量標準保持一致並不能說明服務質量就一定好。只有企業提供的服務水準與顧客心中的標準一致才能說是好的服務質量。只有通過多種途徑不斷「傾聽」顧客的期望和感受才可能有針對性地採取明智、有效的措施來改善質量。

（四）搞好服務設計

能否為顧客提供可靠的、實在的服務在一定程度上取決於服務系統中各個功能因素是否可以有機地結合起來共同發揮作用。對一個服務系統進行恰當的服務設計可以有效地提高服務質量。

（五）利用現代科技成果，促進服務創新

科技可以提高服務質量，它可以通過服務創新，為顧客提供更為方便、迅速、可

靠以及個性化的服務。現代科技的應用，對加強客戶管理、提高服務質量、實現顧客滿意，提供了更大的發展空間。

(六) 通過適當的有形實據，提升服務質量的感知度

有形實據能促進顧客對服務質量的感知，但其不是憑空誇大，而要講究「真善美」。

廣告、人員推銷、公共宣傳等在對外部宣傳時一定要塑造出自己的真實形象，與服務質量相稱，這樣會給顧客一種安全感和信任感。所以，服務環境、服務內外部設施布置等各種有形展示在體現形象外部「美」的同時，一定要符合內部服務質量，體現內在美。用顧客的真實體驗來加強和宣傳自己的服務形象。

(七) 開展服務承諾

合理有效的服務承諾有利於服務機構提高服務質量。服務承諾有利於信息反饋和便於顧客監督服務質量，為顧客提供了評判服務質量是否合格的依據。

(八) 加強相互溝通

服務過程是服務人員與顧客的一個互動過程，因此，加強溝通可以提高這種互動質量。改進服務質量涉及的溝通有兩種：一是企業與顧客的溝通，二是企業內部之間的溝通。溝通可以消除摩擦、增進友誼、提高服務效率和質量。

(九) 提供可靠務實的服務

可靠性是顧客評價服務質量五要素的核心。如果服務的可靠性無法保證，則其他一切都無從談起。同時，顧客需要務實的服務，他們需要認真、實在的服務內容而不需要華而不實的服務。顧客花錢是為了買實惠，而不是僅僅為了得到幾句空洞的許諾和保障。

(十) 給顧客以驚喜

一個企業在給顧客提供服務的過程中，如果能在某些方面給顧客一些意外的驚喜，例如給顧客一些精美紀念品、增加服務時間或者實行適當優惠等，會給顧客留下很好的印象。即使企業在一些環節上出現了小失誤或者有所欠缺，處於驚喜之中的顧客往往也會以寬容的心態來對待這些問題。而一個企業如果能夠給顧客提供比較完美的服務，再給顧客以意外驚喜的話，可以肯定，這個企業一定是這一服務行業中相當優秀的企業。

本章小結

服務質量是指顧客對服務生產過程、服務的效用感知認同度的大小及對其需求的滿足程度的綜合體現。服務產品的質量水準並不完全由服務企業所決定，而是同顧客的感受有很大的關係。從這個意義上講，服務質量是一個主觀概念。由於服務產品的特殊性，服務質量的高低往往取決於顧客的感受，而顧客感受又受一系列因素的影響

和制約，服務企業必須重視顧客的感受，可採用差距分析模型來分析服務企業與顧客在服務質量上存在的差距及其原因。服務質量的測量是一個困難的、複雜的問題。其測量標準主要有五項，即：有形性、可靠性、回應性、保證性和移情性。具體的測量方法主要是問卷調查和顧客打分（SERVQUAL 打分＝實際感受分數−期望分數）。服務企業質量管理模式主要有：產品生產模式、消費者滿意程度模式和相互交往模式，並且可以採用一些方法提升服務質量管理水準。

關鍵概念

服務質量；服務質量管理；SERVQUAL；服務質量差距模型

復習思考題

1. 什麼是服務質量？服務質量與產品質量有何區別？
2. 服務質量的構成要素是什麼？如何測量服務質量？
3. 請結合移動通信服務情境，開發出相應的移動服務質量測量表。
4. 服務質量差距模型由哪些差距構成？如何彌補服務質量差距？
5. 結合實際談談如何提高企業的服務質量水準。

第七章　服務定價策略

學習目標與要求

1. 瞭解服務產品定價的目標及其特殊性
2. 理解服務定價的影響因素
3. 掌握服務定價的主要方法
4. 熟悉服務定價的基本策略

［引例］法航和美國西北航空的定價策略

　　法國航空公司在西方公司中首先開關中國航線，目前飛往中國航線的數量已達每週19個班次。從2000年3月28日起，北京—巴黎航線每日都有法航立達航班。法航制定中國航線的機票價格主要基於三個方面：為乘客提供的產品、它們的競爭對手、市場的需求。其原則是必須為乘客提供優質的服務產品，增加附加服務並不意味著提高價格。法航認為價格太高或太低都不能推動自身的發展和乘客的需求，太高只會追求短期效益，太低又將降低其產品質量。例如：北京—巴黎航線已於1999年夏季引進了B777機型，所有客艙（包括經濟艙）都配備了可以個人獨享的私人電視等。儘管法航是增加了這些額外的服務，機票的價格並沒有變化。當然，這個票價策略也會根據競爭對手的定價和市場需求而相應做調整。

　　那麼法航中國航線的盈利情況怎樣呢？法航中國地區市場及銷售總經理愛里克·夏達爾先生介紹說，在中國這條航線上，採取的是中國與歐洲雙方賣票對等的辦法。一條航線是否能贏利，不僅與在中國的價格有關，還與在歐洲所銷售的價格有關。穩定的價格能夠保證一條航線的贏利，也很少搞促銷活動，有時候做一些促銷也是迫於市場或來自競爭對手的壓力。但法航始終堅持的策略是，通過自己的服務產品來贏得乘客。

　　至於法航在國際市場上的定價策略，法航認為市場的變化會以兩種方式影響機票價格：如果市場需求小，價格就有下降的趨勢；如果需求量大，價格就會趨於穩定。比如，中國飛往歐洲有兩個季節，冬季是從11月1日至第二年的3月31日，市場需求比較小。而夏季是從4月1日至10月31日，客流量始終都很大，所以冬季價格與夏季價格相比要低10%左右。

　　與法航相比，年輕而活躍的美國西北航空公司機票的種類比較多，美國飛往中國

的飛機的正常票價不受出票及旅行時間的限定，但受到訂座及改票、退票、旅行日期等因素限制。因為美國人喜歡旅行，西北航空在美國境內的機票定價策略是將票價基本分為五個種類：正常機票不受出票及旅行時間限定，可隨時更改，退票無罰金；特殊票價根據出票日期、訂座艙位及改票、退票、旅行日期、季節等因素進行調整和變化；政府票價只適應於政府工作人員；軍人票價只適應於現役軍人；此外還有訪美旅遊者票價，這種票價只適用於短期訪美乘客，而且得持有往返機票。

　　各種有形產品定價的概念、原理、模式和技巧均適用於服務產品定價，但是，由於服務產品受其自身產品特徵的影響，並且服務企業與顧客之間的關係通常比較複雜，服務產品定價不單單是給產品一個價格標籤那麼簡單，服務定價戰略也有自己的特點。因此，我們必須研究服務產品定價的特殊性，重視定價在服務行銷中的作用。同時，還要對服務定價的目標、策略以及傳統定價方法在服務市場行銷中的應用給予一定的重視。

第一節　服務定價的目標與定價的特殊性

一、服務定價目標

　　一般情況下，各種有關有形產品定價的概念和方法基本上均適用於服務產品定價。不過，受服務產品特徵的影響，服務定價策略也顯示出不同的特點。同時在服務市場上，企業同顧客之間的關係通常是比較複雜的。

　　從而，企業定價不單單是給產品一個價格標籤，而且有其他方面的重要作用。這就要求服務企業必須重視定價在服務市場行銷中的地位。

　　為服務選擇定價的方法和途徑是類似於在商品上的方法。採用什麼定價方法應該從考慮定價目標開始。這包括以下幾個方面：

　　（1）生存——在不利的市場條件下，定價目標可能是放棄了期望的利潤水準而確保生存。

　　（2）利潤最大化——定價目標為保證一定時期內的最大利潤水準。這裡的時期是與服務生命週期有關的。

　　（3）銷售最大化——為占據市場份額而定價。這可能包括最初以虧損銷售以獲得最大的市場份額。

　　（4）信譽——服務企業可能希望用定價以確立其獨占者的地位。星級飯店和大型商場就是典型例子。

　　（5）投資回報——定價目標是基於實現所期望的投資回報。

　　這些只是一些常用的，還不是全部的定價目標。定價決策取決於許多因素，例如服務定位、企業目標、競爭狀態、需求彈性、成本結構、服務能力、服務的生命週期，等等。其中成本結構、需求彈性和競爭狀態三個因素需要更多的精心考慮。

二、服務定價的特殊性

對於購買者而言，服務價格傳達了服務價值的信息。購買者希望用自己的購買力換取至少價值相等的服務效用。但消費者的價值判斷需在獲得服務好處和利益的綜合感受後才能做出。所以，更多的消費決策是在直接對價格信息的感受基礎上做出的。如果消費者感受到價格更多地意味著一種成本或代價，那麼此時的價格便具有一種負面的決策推動作用，使消費者在有不少需求的情況下望價興嘆。因此與實物產品的價格相比，服務價格具有明顯的特殊性。

（一）服務領域價格代名詞的複雜性

在運輸服務中，價格稱為運費；在保險業務中，價格稱為保險金；銀行的價格是手續費與利息的組合；學校教育要收取學費，演出要出場費，醫療要診療費，打電話要交電話費，住旅館要交房費……總之服務行業的複雜性決定了價格代名詞的複雜；同時這種多樣性又說明了服務價格是市場評價的結果。這些生動的用詞正是在市場交易中約定俗成的。

（二）服務價格目標和定價哲學更加多樣化

很多競爭性的服務企業會像所有實物產品生產商那樣將利潤最大化作為價格策略的目標指向。無可厚非，利潤是競爭性企業追求的最終目標，把利潤作為企業戰略的航標，價格制定就有了明確的取向。當然，利潤最大化原則可以體現在短期或長期的各種戰略策略規劃中。時限的區別會直接帶來定價哲學的差異。將利潤最大化置於短期目的的行銷規劃中，那麼高價位的撇脂戰術將受到企業青睞；而中長期的利潤最大化目標則會指導定價原則更堅決地阻止競爭對手的進入，或迅速盤踞所在的細分市場。

事實上，服務業要比產品製造業更複雜。製造業的定價至少要在市場上實現盈虧平衡，但服務業中卻有不少企業並不在乎在盈虧平衡點以下長期經營。這種價值理念上的差別，決定了服務業價格目標和定價哲學會偏離利潤最大化，而更趨多樣化。比如考慮投資回報目標、市場份額目標、社會效益目標、顧客滿意目標等。

第二節　影響服務定價的因素

價格在服務行銷組合中起到中樞作用。通常，在定價方面，各種有關有形產品定價的概念和方法均適用於服務產品定價。但由於服務產品有其自身的特徵，因此，服務定價也顯示出不同的特點。

一、服務定價的依據

按照價格理論，影響企業定價的因素主要有三個方面，即成本、需求和競爭。成本是服務產品價值的基礎組成部分，它決定著產品價格的最低界限，如果價格低於成本，企業便無利可圖；市場需求影響顧客對產品價值的認識，進而決定著產品價格的

上限,而市場競爭狀況則調節著價格在上限和下限之間不斷波動並最終確定產品的市場價格。不過,在研究服務產品成本、市場供求和競爭狀況時必須同服務的基本特徵聯繫起來。

(1) 成本要素。對於服務產品來說,其成本可以分為三種,即固定成本、變動成本和準變動成本。固定成本是指不隨產出而變化的成本,在一定時期內表現為固定的量,如建築物、服務設施、家具、工資、維修成本等。變動成本則隨著服務產出的變化而變化,如業餘職員的工資、電費、運輸費、郵寄費等。在許多服務行業中,固定成本在總成本中所占的比重較大,比如航空運輸和金融服務等,其固定成本的比重高達60%,因為它們需要昂貴的設備和大量的人力資源。變動成本在總成本中所占的比重往往很低,甚至接近於零,如火車和戲院等。準變動成本是指介於固定成本和變動成本之間的那部分成本,它們既同顧客的數量有關,也同服務產品的數量有關,比如,清潔服務地點的費用、職員加班費等。這種成本取決於服務的類型、顧客的數量和對額外設施的需求程度,因此,對於不同的產品其差異性較大。同時,這種成本的變動所牽涉的範圍也比較大。比如,如果飛機上的座位已經滿員的話,要想增加另外一名旅客,那麼所增加的就不僅是一個座位,在人力資本、資源消耗方面也相應要求增多。

(2) 需求因素。服務業公司在制定價格政策目標時,應考慮需求彈性的影響。需求的價格彈性是指因價格變動而相應引起的需求變動比率,反應了需求變動對價格變動的敏感程度。它通常用彈性係數 E 來表示,該係數是服務需求量變化的百分比同其價格變化的百分比之比值。當 E 大於 1 時,表示富有彈性;當 E 小於 1 時,表示缺乏彈性。在實際中,凡是服務產品之間區別很小而且競爭較強的市場,都可以建立相當程度的一致價格。

競爭對手的成本及其定價是需要考慮的重要因素。需瞭解競爭對手的定價,需要瞭解競爭對手的成本位置。瞭解競爭對手的成本將有助於本企業評估競爭對手調整其價格結構的能力。總之,企業要瞭解競爭對手的成本狀況、利潤率、市場份額等,這將有助於企業制定適宜的價格戰略。

二、服務定價的影響因素

服務定價的影響因素主要是指服務特徵。服務特徵對服務產品的定價有很大影響。在不同的服務形態和市場狀況中,這些特徵所造成的影響也不同。對定價造成影響的服務特徵,主要有以下幾類。

1. 對於有形產品而言,其生產成本與價格之間的關係是再明顯不過了,但服務的無形性特徵則使得服務產品的定價遠比有形產品的定價更為困難。雖然大多數顧客在選購產品時很自然地檢視產品,並根據其質量和自身的經驗判斷價格是否合理,但是,在購買服務產品時,顧客卻不能客觀地、準確地檢查無形的服務。第一次購買某種服務的顧客甚至不知道產品裡面到底包含什麼內容,再加上很多服務產品是按各類顧客的不同要求,對服務內容做適當的增減,使得顧客只能猜測服務產品的大概特色,然後同價格進行比較,但對結論卻缺乏信心;這就解釋了為什麼服務產品價格的上限與下限之間的定價區域一般要比有形產品的定價區域要寬,最低價格與最高價格的差距

極大。這種例子在管理諮詢、醫療和美容服務等行業比比皆是。因此，顧客在判斷價格合理與否時，他們更多地受服務產品中實體要素的影響，從而在心目中形成一個「價值」概念，並將這個價值同價格進行比較，判斷是否物有所值。

所以，企業定價時所考慮的也主要是顧客對產品價值的認識，而不是產品的成本。一般說來，實物成分愈高，定價往往愈傾向於使用成本導向方式，而且也愈傾向於採取某種標準；反之，實物成分愈低，則愈多採用顧客導向定價，而且價格也愈缺少標準可循，服務的非實體性也意味著提供服務比提供實體產品要有更多地變化，因此，服務水準、服務質量等都可以依照不同顧客的需要而調整配合，價格必然也可以經由買主和賣主之間的協商來決定。

2. 服務的易逝性。服務的易逝性以及服務不易儲存及服務的需求波動大，產生了不同的價格含義。因而對於服務企業來說，可能必須使用優惠價及降價等方式，以充分利用剩餘的生產能力，因而過季定價政策得到了普遍應用。例如在航空旅行和假期承包旅遊團的定價中就很常見。但經常使用這種定價方式，往往會加強顧客的期待心理，他們可能會故意不消費某種服務，因為他們預期必然會降價。為了防止產生這種現象，服務企業就需給予提前訂購服務的顧客優待性特價。

3. 顧客往往可以推遲或暫緩消減某些服務，甚至他們可以自己來實現某些服務的內容，類似的情況往往導致服務賣主之間更激烈的競爭。當然，這也可能提高某些市場短期內價格的穩定程度。

4. 如果服務是同質性的（如洗車、干洗業服務），那麼價格競爭就可能很激烈，不過，同業協會或政府主管部門，往往規定收費標準，防止不正常的削價。一般來說，越是獨特的服務，賣方越可以自行決定價格，只要買主願意支付此價格。在這種情況下，價格可能用來當作質量指標，而提供服務的個人或公司的聲譽，則可能形成相當的價格槓桿。另一方面，服務質量具有很高的差異性，服務與服務之間沒有統一的質量標準可供比較。往往是顧客要求的越多，則其得到的也就越多，而價格則沒有變化。基於這種原因，一些顧客往往會偏愛於某個企業。這種情況為企業選擇細分市場和制定價格戰略提供了決策依據。

5. 服務與提供服務的人的不可分開性，使得服務受地理因素或時間限制。同樣，消費者也只能在一定的時間和區域內才能接受到服務，這種限制不僅加劇了企業之間的競爭，而且直接影響其定價水準。

第三節　服務定價方法

服務業對服務產品進行定價的方法主要有：成本導向定價法、競爭導向定價法、需求導向定價法。

一、成本導向定價法

成本導向定價法是企業依據提供服務的成本來制定價格方法。

價格＝固定成本+變動成本+邊際利潤

其中：邊際利潤是總成本（固定成本+變動成本）的某個百分比。

這種定價方法的優點是相對簡單明了，有利於企業開展經濟核算，並且容易保證服務企業合理利潤的實現。但由於相對脫離了市場，制定的價格很有可能不符而容易遭到競爭對手的排擠。成本導向定價法在有形產品性較強的領域如餐飲、零售等行業比較常見。

成本導向定價法在服務價格制定中，首要的問題是服務的成本很難確定，如單位成本的概念在有形產品中能得到很好理解，而在服務中卻變得很模糊，特別是在企業提供多樣化服務的情況下更是如此；其次，影響成本的主要因素是提供服務的人員，而不是使用的材料，人員支出的時間價值是難以估計的；最後，服務的真實成本與提供給顧客的服務價值可能不相吻合，如修理工修補奔馳車輪胎和夏利車輪胎所支付的同樣多的時間，應該如何定價？是收取同樣的修理費，還是差別定價，差別的幅度應該多大才合理？

二、競爭導向定價法

在競爭十分激烈的市場上，企業通過研究競爭對手的生產條件、服務狀況、價格水準等因素，依據自身的競爭實力、參考成本和供求狀況來決定服務價格，這種定價方法就是通常所說的競爭導向定價法。其特點是，價格與服務成本和需求不發生直接關係。定價方法主要包括：隨行就市定價法和產品差別定價法。在壟斷競爭和完全競爭的市場結構條件下，任何一家企業都無法憑藉自己的實力在市場上取得絕對的優勢。為了避免競爭特別是價格競爭帶來的損失，大多數企業都採用隨行就市定價法，即將本企業某產品的價格保持在市場平均價格水準上，利用這樣的價格來獲得平均報酬。產品差別定價法是指企業通過不同的行銷努力，使同種同質的服務在顧客心目中樹立起不同的形象，進而根據自身特點，選取低於或高於競爭者的價格作為本企業提供服務的價格。因此，產品差別定價法是一種進攻性的定價方法。

競爭導向定價法注重競爭者的價格，但不意味著與競爭者收取相同的費用，而將競爭者的價格作為本企業定價的重要依據。由於服務標準難以統一，使用競爭導向定價法制定服務價格，可能並不容易。此方法在以下兩種情況下應用得最為普通：第一是所提供的服務標準化，如干洗業；第二是寡頭壟斷，即只有少數大型的服務提供商，如航空業或汽車租賃業。

服務提供中出現的困難時常使競爭導向定價法不像在有形產品中那麼容易。按競爭對等法，小型服務企業在制定價格時，可能會收取過少的費用，從而不能獲得足夠的利潤以維持企業的生存。服務的異質性使服務沒有可比性，不同服務者提供的服務，以及相同服務者提供的服務都是有差異的，因此價格的差異就難以確定，不同的價格也難以比較其合理性。

三、需求導向定價法

該定價法是以顧客為導向，將價格定在與顧客的價值感受相一致的水準上：價格

以顧客會為提供的服務支付多少為導向。需求導向定價法的第一個問題是顧客對服務成本信息知之甚少，且難以估計，這使得貨幣價格的作用在初次選擇服務時不像在購買有形商品時那麼重要，即價格有可能不是決定性因素。因此，在利用需求導向定價法制定服務價格時，要考慮非貨幣因素的影響，顧客的需求價值不僅僅取決於貨幣成本，還取決於時間成本、體力成本和精神成本。當服務容易接近，能節省時間、提供方便時，顧客可能願意支付較高的價格。需求導向定價法的關鍵問題就是要評價每個非貨幣因素對顧客影響的大小。

服務業市場行銷人員應用需求導向定價法時，需要認真分析以下幾個問題：顧客如何看待價值的含義，如何將價值用貨幣來量化以便可以為我們的服務確定恰當的價格？價值的含義在顧客之間以及在服務之間是類似的嗎？價值感受如何被影響？若要完全瞭解需求導向定價法，我們必須徹底弄明白價值對顧客意味著什麼，這項工作並非易事。

顧客在討論價值時，他們將其用於許多不同情況，而且談到無效的屬性或成分。價值由什麼組成這一問題，即便在一個單一的服務類型中，也顯現出高度的個性和特質性。顧客以四種方法來定義價值。

（1）價值就是低廉的價格。這表明了在顧客價值感受中所要付出的貨幣是最為重要的。典型的顧客評價有：針對干洗業，價值就是最低的價格；而對航空業，價值就是打折了的機票。

（2）價值就是我在產品或服務中所需要的東西。在這個價值定義中，價格的重要性遠遠低於能滿足顧客需要的質量或特色。對工商管理碩士（MBA）學位，價值就是我所能得到的最好的教育；對於醫療服務，價值就是高質量；對於綜藝晚會，價值就是最好的表演。

（3）價值就是我根據付出所能獲得的質量。在這個定義中，顧客將價值看作其付出的金錢和所獲得的服務質量間的交易。針對度假的旅館：價值就是價格第一，質量第二。針對商務旅行的旅館：價值就是獲得高品質品牌的最低價格。針對計算機服務合同：價值等同於質量。

（4）價值就是我的全部付出能得到的全部東西。這個定義表明了顧客描述價值時考慮既有的其所有付出的因素（金錢、時間和努力）和其得到的所有利益。針對家政服務：價格是我能以這一價格清理多少間房間。針對發型師：價值是我為了得到的外表所付出的成本及時間。

顧客對價值的這四種表達可以涵蓋於一個全面的定義中，該定義符合經濟學中有關效用的概念：感覺價值是顧客基於其得到和付出的而對服務效用總體做出的評價。但所獲得的因顧客而異（如一些可能需要數量，一些需要質量，而還有的需要便利），所付出的也是如此（如一些顧客只關心所付出的金錢，一些只關心所付出的時間和努力），價值代表得到和付出因素的交易。顧客會根據感受價值做出購買決定，並不是單單只想降低價格。這些定義是在確認服務定價中必須量化的因素時的第一步。

第四節　服務價格策略

定價不僅是一門科學，而且是一門藝術。服務企業在明確了服務定價的目標之後，就應當選擇適當的定價策略和技巧，根據市場的具體情況制定出靈活的價格。我們將在下面介紹一些常用的定價策略，供大家參考。

一、心理定價策略

心理定價策略是指運用一些心理學原理，根據不同消費者購買和消費服務時的心理動機來確定價格，引導消費者採用本企業服務產品的定價策略。

（一）聲望定價

這是指服務企業根據自己的服務在消費者心目中的聲望高低來制定相應的服務價格。因為服務產品的質量很難形成統一客觀的判斷標準，所以在消費者眼中價格在一定程度上就成為服務質量的標志。服務企業可以根據自己在業內的聲望制定相應的價格。低價可以刺激消費，打開低端市場份額；高價對應高質優質服務，同樣可以吸引目標市場。服務企業在利用聲望定價時必須根據自己的服務種類、服務質量和市場的接受程度等因素，避免一意孤行，造成市場反應疲軟。例如新東方學校憑藉其一流的教學考證師資水準以及在培訓考證行業的極高的知名度和美譽度，對其培訓服務的定價相對於行業培訓的一般水準來說較高，但每年依舊吸引數不勝數的求學及考證者。

（二）招徠定價

招徠定價也稱為犧牲定價，即採取低於服務產品市場通行的價格來吸引顧客嘗試購買和消費產品。這是利用「求廉」的消費心理，因為恰當的低價總會引起消費者的興趣。有些服務企業就是利用消費者的這種心理，有意使自己的幾種服務產品價格降低，以此來吸引顧客上門，從而帶動其他服務的銷售，提高收入。許多美容美髮院採取每日都有特價或優惠服務的方式來拉動整體美容服務。如周一洗髮免費、周二修眉修甲免費、周三剪髮半價、周四按摩半價等，在保持美容院高質服務形象的同時，降低了顧客嘗試服務的門檻，吸引了許多顧客的光顧，並且還推動了其他如染髮、燙髮、保健服務的銷售，效果很不錯。

（三）尾數定價

指保留價格的尾數，以零頭標價的價格策略，也稱非整數定級策略。如某商品的標價為9.38元，而不標作10元。這種定價策略使價格水準保留在第一位的檔次，容易給消費者以便宜的感覺；另一方面，留零的標價，相對精準，會使消費者認為服務企業認真定價，從而產生信賴感。這種定價策略通過滿足人們求實的消費心理，以貨優價廉的特點贏得顧客好感。因此，對於一些需求價格彈性和實物性較強的服務產品，採用尾數定價策略容易吸引顧客，收到較好的效果。正版軟件銷售在這方面的例子很多。許多國內

軟件公司在銷售其正版軟件時採取尾數定價法，用低於當時盜版光盤10元的低價9.9元或9.8元來震盪市場，引發業界的大討論，從而打開正版軟件市場的銷路。

（四）整數定價

即服務企業採用去零湊整的定價方式，為服務產品制定價格。這是利用消費群中另一部分人「求名」的消費心理而採取的定價策略。對一些有名服務企業的著名服務產品或者高檔服務產品，採取整數價格有利於抬高身價，贏取高消費者的垂青。此外，整數定價策略還有便於結算、支付、增加企業贏利等優點。

（五）習慣定價

這是指按照消費者的習慣價格心理來制定價格。那些在日常生活中經常被使用的服務的價格在消費者心理已經形成了一種習慣性的標準。符合這種標準的定價容易被消費者接受。高於這種習慣標準的價格通常被認為不合理，低於這種標準的定價又會引起消費者的疑惑。因此，對於此類服務的價格應力求穩定，避免價格波動帶來不必要的損失。如果必須調整價格，最好同時改進服務，讓消費者充分瞭解改進前後的區別，以化解習慣心理產生的抵觸情緒，逐步引導消費者適應價格的調整。

二、折扣定價策略

折扣定價策略，是一種把部分價格以折扣的方式讓利於顧客以促進服務產品銷售的定價策略。折扣的目的在於：促進服務的生產和消費，形成規模優勢；鼓勵提前付款、大量購買和淡季消費。折扣定價通常表現為現金折扣、數量折扣、交易折扣等形式。

（一）現金折扣

現金折扣，也稱付款期折扣。就是對現款交易或按期付款的顧客給予價格上的折扣。目的就是鼓勵顧客提前付款，以加速服務企業的資金週轉、降低利率的風險。現金折扣的大小一般根據提前付款的天數和風險成本來確定。

（二）數量折扣

它是指服務企業為了鼓勵顧客大量購買或集中購買，根據購買數量給予不同的價格折扣。數量折扣又分為累計數量折扣和非累計數量折扣兩種形式。

1. 累計數量折扣

即對一定時期內，累計購買數量超過規定量的給予價格優惠。目的是與客戶保持長期的業務關係。某些培訓機構為了吸引更多的培訓者或者更多的培訓次數，設定當培訓者的累計培訓金額達到2,000元以上者，即可享受9折的費用優惠，累計培訓金額達到3,000元以上者可享受8.5折優惠等。培訓越多，折扣越大，並且經由其介紹參加培訓的人也可享受一定的價格折扣。這種方式拉動了參加培訓的人數，為這些培訓機構增加了不少收入。

2. 非累計數量折扣

即對一次購買量達到規定數量或金額標準的給予價格優惠。目的是鼓勵買方增大每次購買量，便於服務提供商組織大量產銷。某複印店為了減少開機次數，減少人力

的頻繁支出，鼓勵客戶增大每次複印名片的數量，提出每次複印 300 張以上，該複印店提供 9.5 折的優惠，500 張以上 9 折優惠，800 張以上 8.5 折優惠的措施，結果許多顧客把每次複印名片的數量增加到 300 張以上，單位用戶更是積極回應。

(三) 交易折扣

交易折扣，也稱為業務折扣或功能性折扣。即服務商依據各類中間商在市場行銷中所擔負的不同職能，給予不同的價格折扣。如給批發商的折扣較大，給零售商的折扣較小，使批發商樂於大批進貨，並有可能進行批轉業務。使用交易折扣的目的，就在於刺激各類中間商充分發揮各自組織市場行銷活動的能力。例如，許多有代銷各類電話卡業務的企業、個體或個人，都會根據其自身的作用，享受到不同的折扣優惠。

三、差異定價策略

差異定價策略，就是根據影響服務產品的銷售時間、銷售地點、服務自身特點以及服務對象特點等因素，將服務產品以不同的價格銷售的定價策略。差異定價策略可以分為以下一些情況。

(一) 時間差異定價

就是針對不同的服務時間採取不同的服務價格的定價策略。因為時間是影響服務需求波動，造成服務供給緊張與空閒的一個重要因素。麥當勞為了促進早上快餐的銷售，採取了早上十點之前能以較低的價格享用其早餐套餐的優惠措施。中國電信公司為了緩和高峰時期電話線路承載的壓力，對長途用戶的通話時段做了相應的優惠規定，一定程度上平衡了其供給能力，同時也促進了用戶對長途電話的使用量。

(二) 地區差異定價

即服務企業以不同的價格在不同地區銷售同一產品，以形成同一產品在不同空間的橫向價格策略組合。差價形成的原因不僅是因為運輸和中轉費用（某些實物性較強的服務產品），而且是由於各地區具有不同的消費水準、消費習慣和文化傳統，從而表現為不同的需求彈性。明顯的例子就是沿海與內地的價格差別，國內市場與國外市場的價格差別。

(三) 服務差異定價

這是依據服務的特色、效果、質量、服務者或者其他一些服務附帶因素的差別來制定價格的方法。因為那些優勢顯著、特色突出、效果明顯、質量較高的服務往往會比其他具有同樣成本的服務更有需求。比如專家門診、名廚料理、教授講課、明星演唱會等，價格必定會相應提高。

(四) 顧客差異定價

這是針對消費者因為年齡、階層、職業、愛好、信仰等特徵和對服務需求的主觀緊迫程度的方面存在的差異，給予這些特定的細分市場相應的價格措施。如乘車給學生、老人優惠，在教師節對教師購物給予相應的優惠措施，麥當勞對當天過生日的顧

客提供免費套餐，等等，都是運用需求差別定價的結果。

四、等級定價策略

等級定價策略是指根據服務評定的等級檔次，制定相應的價格檔次。由於服務產品複雜多樣，質量參差不齊，很多服務行業一般會採取把服務產品分為幾個檔次，每個檔次對應相應的價格。這樣從價格上既反應了質量的差別，又簡化和規範了服務企業的工作，並且還為消費者進行產品比較提供了便利。按照美國服務業的經驗，一般將服務產品分為五級，價格分佈類似於正態分佈，即40%的平均價格，20%的中高價格，20%的中低價格，10%的最高價格以及10%的最低價格。當然，等級定價必須以分級服務為基礎，以便使顧客信服。

五、階段定價策略

階段定價策略，是指針對服務產品在其生命週期的各個階段分別採取不同的定價技巧的價格策略。各階段的情況如下。

（一）引入期定價策略

引入期是新服務剛剛投放市場的時期，因此引入期定價策略又叫作新服務定價策略。這個時期的定價關係到服務是否能順利進入市場以及能否為以後的市場控制打下基礎。具體而言，新服務的定價策略主要有三種。

1. 撇脂定價策略

所謂的撇脂定價是指在市場上以遠高於成本的售價投放新服務，以求得短期內補償其全部投入並迅速獲取贏利。就像從牛奶中撇取奶油，因此叫作撇脂定價。

這種定價策略的目標對象主要是那些收入水準較高的先鋒消費者。他們勇於嘗試新鮮事物，並且有足夠的支付能力。撇脂定價策略的優點在於能幫助掌握新產品開發主動權的服務企業，利用先入優勢在短期內迅速實現贏利目標，並為以後實行降價策略時留有充分餘地。缺點是由於高價的限制，銷售不易擴大，所以往往要巨額的促銷投入。同時，高利潤容易吸引投資、誘發競爭，從而引起市場共同降價，縮短企業新產品的高額利潤期。因此，它適用於技術獨特、不易效仿、受專利保護、生產能力難以迅速擴大等特點的新服務產品。

2. 滲透定價策略

它是指用低價在市場上投放新服務，使之迅速打開銷路並在市場上廣泛滲透開來，從而提高企業的市場佔有率。這種定價策略的優勢在於能迅速打開市場，在短期內提升市場佔有率；同時保持服務產品低價薄利，市場進入難度較大，不易誘發競爭，便於企業長期占領市場。缺點是本利回收期較長，價格變動餘地小，難以應付短期內驟然出現的競爭或需求的變動。因此，作為一種長期價格策略，它適用於能盡快大批量生產、工藝技術含量較低的新服務產品。

3. 滿意定價策略

這種定價策略介於撇脂定價和滲透定價之間，服務產品的價格適中，同時兼顧服

務生產商、銷售商和顧客的利益，各方面都能接受，因此稱之為滿意定價策略。其優點是價格比較穩定，在正常情況下，贏利目標可按期實現；缺點是市場開拓比較保守，容易失去高額利潤或高市場份額的機會，不適於複雜多變或競爭激烈的市場環境。

(二) 成長期定價策略

服務產品的成長期，從市場銷售的角度看，就是銷售量和利潤兩高的黃金時期，即暢銷期。這一階段服務成本降低、銷售暢通，市場銷售和經濟效益都呈現光明的前景。服務企業實行定價策略的目的就是盡可能延長這一時期。

如果市場上競爭對手不多，消費者已經接受新服務進入市場時的價格，企業就應採取穩定價格策略，維持原有價格水準，爭取更多的利潤。如果新服務投放市場的價格較高，成批生產後成本迅速降低，市場上競爭對手較多，服務企業則應考慮採取降價策略，以吸引更多的消費者，擴大市場份額；同時又可以提高產品的競爭力，阻礙競爭者的加入。

(三) 成熟期定價策略

服務產品的成熟期又叫作飽和期。對許多服務來說，意味著進入激烈競爭的市場環境中，是持續時間最長的階段。面臨銷售量和利潤開始下降的狀況，企業一般願意採用競爭價格策略，以便抵抗競爭對手，保持原有的銷售量。為此，甚至可採取「驅逐」定價策略，即以保本價格為最低限，以低價逼迫競爭者退出市場，占領其空出的市場份額，盡可能延長本企業服務產品的市場壽命。

(四) 衰落期定價策略

服務產品的衰落期又叫作滯銷期。處於這個時期的產品面臨著利潤微薄，銷售乏力，逐步被市場淘汰的命運。服務企業可採取「降價處理」的價格策略。通過大幅度降價的誘惑力來爭取顧客，盡早回收資金，投入新產品的開發和行銷。

六、組合定價策略

組合定價策略，就是將兩種及兩種以上相關服務產品的價格組合在一起銷售的定價策略。組合定價能夠發揮服務組合和價格組合的聚合效應，從而營造單獨定價所不具有的促銷效果。我們下面將介紹一些常見的組合定價策略。

(一) 捆綁組合定價

顧名思義，也就是將兩種及兩種以上的服務通過某種價格組合關係打包捆綁銷售出去的一種組合定價策略。這種定價策略有利於簡化購買和支付，滿足顧客對服務產品的價值感受，從而刺激消費需求；對服務企業而言，需求增加了淨收入，取得了成本經濟。捆綁定價的有效性取決於服務企業對顧客或細分市場感知價值的理解、對捆綁服務的正確選擇以及所捆綁服務需求的互補性。根據服務產品的定價組合關係的不同，捆綁定價策略還可以分為混合捆綁定價、主導捆綁定價、同一捆綁定價等具體的組合定價方法。

1. 混合捆綁定價

在這個價格組合中，顧客可以購買單一或者成組購買服務產品，但後者可享受價格優惠。例如，參加健身俱樂部的顧客，可以每月支付 10 美元參加有氧運動訓練班，15 美元參加負重機械班，15 美元參加游泳培訓班，或者支付 27 美元參加以上三種項目的服務。

2. 主導捆綁定價

這是指對於捆綁銷售的服務產品，如果顧客以全價購買了其中一項服務，那麼他在購買其他服務時便可享受價格的優惠。這樣定價的目的，就是在於給銷量大的服務降低價格以增加其銷售量，拉動對銷量小但利潤高的服務的需求。

3. 同一捆綁定價

這是指對捆綁定價的服務產品制定單一的價格。其目的就在於通過捆綁銷售一起增加對所有組合的服務的需求。在銷售上有合作關係的服務企業之間常常採用這種定價方式，共同增加銷售，以維持合作關係。

(二) 互補組合定價

這是針對互補性很強的服務產品組合採取組合定價策略。利用服務產品之間高關聯的互補性，以部分服務的價格優勢來吸引消費，從而通過其他的服務來滿足組合最終盈利。通常包括以下三種相關策略：俘獲定價、雙部定價和降價先鋒。

1. 俘獲定價

它是指服務企業提供一種基本服務產品後，將另外一部分價格轉移到而後繼續提供的該服務所得的外圍服務中去。例如，有線電視服務通常把初裝費降得很低，然後以收取足夠多的外圍服務來彌補收入的損失。

2. 雙部定價

許多服務的價格可分為固定費用和可變費用兩部分。雙部定價就是針對這兩部分價格而採取的把一部分服務價格降低而通過另一部分價格來彌補的定價方法。諸如電話服務、健身俱樂部以及租賃等都是如此。

3. 降價先鋒

服務企業以很低的價格推出熟悉的服務，以此來招徠顧客，而其他服務則以相對較高的價格提供。這在零售業中經常用到。

本章小結

由於服務產品的特徵，且與顧客之間的關係比較複雜，服務的定價策略從而有其自身的特點。本章首先指出了服務定價的目標和服務定價的特殊性；其次，對服務定價的依據和影響服務定價的因素進行了全面分析；最後，對服務定價的策略和方法進行探討，分析了服務定價的一些技巧。

關鍵概念

服務定價；成本導向定價法；需求導向定價法；競爭導向定價法；心理定價；折扣定價；差異定價；等級定價；捆綁定價

復習思考題

1. 定價目標是如何影響服務企業定價策略的？
2. 服務企業定價應該考慮哪些因素？
3. 簡述服務企業定價的主要策略有哪些。

第八章　服務分銷策略

學習目標與要求

1. 瞭解服務網點的含義、類型和佈局策略
2. 掌握直接服務渠道和間接服務渠道的差異
3. 明確服務渠道設計的影響因素
4. 瞭解服務渠道創新發展的幾種形式

［引例］分銷渠道是國內電信營運商的競爭要素

　　移動營運商和固話營運商最初採取不同的策略建立渠道。中國電信和中國網通建立了強大的銷售團隊。中國移動和中國聯通由於銷售人員較少，而且主要瞄準個人客戶市場，更偏重於開發第三方分銷渠道。

　　中國電信傳統上並沒有銷售團隊，隨著電信網絡逐步升級和優化，中國電信已不再需要龐大的維護團隊，因此逐步將售後人員轉至銷售團隊。據業內人士估計，此類銷售人員占到中國電信雇員總數的50%左右。其中，一些是專門的銷售人員，其他則仍在業務部門，但要參與各類行銷活動。

　　中國移動的分銷渠道分為自營渠道和第三方分銷渠道。中國移動2008年網點總數已近4萬家，僅廣東移動就有約1,500家網點。以廣東省為例，中國移動在第三方分銷渠道的規模龐大是其獨特優勢，分銷商大多數是地區同業中最好的，同時具備高效的管理。廣東移動在渠道管理中應用了五大「統一」：統一規劃、統一標示、統一規範、統一標準以及統一考核。通過高效管理，中國移動幫助其主要合作夥伴建立了核心競爭力，並鞏固了雙方的關係。廣東的一位分銷商估計中國電信和中國聯通可能要付出3~4倍的成本，才能將分銷商拉出去。

　　客戶在選擇電信服務提供商時會依賴渠道的建議，因為大多數客戶會先選擇手機，然後選擇營運商，而渠道在維修等售後服務中扮演重要角色。因此，國內電信營運商的分銷渠道比其品牌影響力更重要。

第一節　服務網點的位置決策

一、服務網點的含義

渠道是連接企業和消費者之間的橋樑，可以說，如果只有高質量的產品或服務、合理的價格，而沒有合適的渠道將產品或服務傳遞給消費者的話，企業和消費者之間就會出現斷層。服務網點即服務提供的場所，是服務渠道建設的關鍵。科學合理的網點佈局將會使企業的產品或服務銷售得到事半功倍的效果。

二、服務網點的分類

服務網點的位置選擇對於服務型企業非常重要。服務提供者和顧客之間具有三種相互作用的方式：

（1）顧客來找服務提供者，比如酒店、餐飲、旅行社、醫院、銀行等。
（2）服務提供者來找顧客，如保險業等。
（3）服務提供者和顧客在隨手可及的範圍內交易，如快餐業、電信營業廳、便利店等。

根據服務提供者和顧客之間存在的上述三種相互關係，可將服務企業劃分為以下兩種：

1. 與服務網點的位置幾乎沒有關係的服務

這類服務主要是專業服務，包括律師、會計師、私人醫生、月嫂服務、保潔服務、室內裝潢設計、住宅維修、汽車拋錨服務及公用事業、某些送餐服務等。這些服務或者在客戶的住所完成，或者對於地點沒有特別的要求。對於這類服務來說，服務網點的位置有時也很重要，合理的網點設置有利於宣傳服務產品的品牌和形象，吸引新客戶，節省顧客的交易成本。但是在某種程度上，更重要的是通過建立便利的溝通和服務傳輸網絡，對顧客的需求做出快速的回應。

2. 與服務網點的位置有關的服務

這類服務根據其集散程度不同，可分為以下兩種：

（1）分散的服務業

它主要包括一些公共服務，如醫院、電力等部門，其所在的位置取決於市場潛力。有些服務業由於需求特性及其服務本身的特徵，必須分散於市場中；有時也可以集中，但服務營運必須分散。地區醫院就是比較典型的例子，在一個區域內，通常至少會有一家地區醫院，但又不必太多，以免造成資源的浪費和不必要的衝突。

（2）集中的服務業

由於供應條件的制約和傳統購物習慣使然，加上某些點的地位關聯致使需求密集度低、顧客需求服務的意願、鄰近核心服務的補充性服務的歷史發展等，促成某些服務業行業通常聚集在一起。最明顯的例子是零售百貨業、餐飲業、酒店業等。

服務業位置的重要性依據服務業類型而不同。但企業在制定選址策略時，必須考慮以下幾個問題：

第一，市場的要求是什麼？可及性與便利性是選擇服務的關鍵性因素嗎？

第二，服務業公司所經營的服務活動的基本趨勢如何？

第三，服務業的靈活性有多大？這些因素影響所在位置以及重要位置決策的靈活性嗎？

第四，公司有選取便利位置的義務嗎？

第五，有什麼新制度、程序、過程和技術，可用來克服過去所在位置決策所造成的不足？

第六，補充性服務對所在位置的決定性影響有多大？顧客是在尋找服務體系還是服務群落？

三、服務網點的佈局

（一）布置網點

服務網點選址的好壞和各個網點之間的協同效應，對於企業能否提供優良的服務質量、快速回應客戶的需求、提高企業的核心競爭力、增強市場拓展能力都是至關重要的。因此，服務網點的選擇是行銷工作的重中之重。

選擇服務網點的準則主要有三點。

1. 方便顧客接受服務

國內外的服務網點選址一般都是靠近目標顧客區，如超市通常選擇靠近居民區。因此，服務網點選址應遵循的一條基本準則是方便顧客接受服務。

2. 良好的交通條件

企業應選擇交通方便的地方設立服務網點，這樣才能給顧客提供方便，節省顧客的交易成本。在設立網點之前，市場調研人員應對目標區域進行詳細調查，包括城市內區域之間的交通情況和區域內的交通情況，分析公交線路、地鐵、高鐵的交通網絡是否暢通。一般而言，鐵路、河流、封閉性的公路在一定程度上都限制了顧客的流動。同時，鐵路、高速公路建設計劃、區域開發計劃等，都會對未來的交通條件產生影響，從而影響網點的顧客群。因此，進行服務網點規劃前，一定要對本區域的整體行政規劃做詳細深入的調查。

3. 未來網點的可持續經營力和增值能力

對服務網點的投資涉及房地產投資，包括企業購買產權或租賃的形式。這些投資對於企業來說，是一筆不小的開支，而且一旦投資，在相當長的時間內都難以改變，所以必須謹慎。企業在選址時，要具備發展的、動態的眼光，要綜合考慮本城市、本區域的長期發展，不僅要使企業能迅速開展業務，還應使網點的房產具有升值空間。

（二）服務網點的佈局策略

企業在進行服務網點設置的時候，不僅要追求銷量和市場覆蓋的最大化，同時也要考慮投入成本和企業的資源狀況，考慮如何才能通過最小的投入達到效益最大化的

問題。隨著人們消費意識的提升，服務業的競爭也日趨激烈，企業希望通過增加服務網點的形式，擴大市場佔有率，最大限度接近目標消費者，那麼，在進行網點佈局的時候，就要考慮整體佈局的問題。

1. 飽和行銷策略

飽和行銷策略也叫區域性集中佈局策略。該策略的主導思想是在城市和其他人口流動大的地區集中定位許多相同的公司和網點，然後服務企業集中資源於某一特定的地區內。

優點：①節省廣告費用，提高知名度；②節省人力、物力、財力，提高管理效率。

缺點：容易加劇市場競爭激烈程度，導致供過於求的局面。

2. 搶先占位策略

搶先占位策略也叫弱競爭市場先佈局策略。該策略是優先將網點開設在競爭對手數量和質量較差的區域，搶先占領市場。

優點：滿足當地顧客的需求，可以避免過度競爭；在實踐中的效果較好，容易搶先建立優勢，進行顧客偏好鎖定，增大後來者的進入成本。

3. 網點協同策略

網點協同策略也叫跳躍式佈局策略，是指服務企業的各種網點之間互相支持、協助和加強交流，從而使整體網點所發揮的效應大於各個渠道成員單獨所產生的效應。

第二節　服務渠道選擇與評估

一、服務渠道的定義

分銷渠道是指商品通過交換從生產者手中轉移到消費者手中所經過的路線。分銷渠道涉及商品實體和商品所有權從生產向消費轉移的整個過程。在這個過程中，起點為生產者出售商品，終點為消費者或用戶購進商品，位於起點和終點之間的為中間環節。中間環節包括參與從起點到終點之間商品流通活動的個人和機構。

企業生產出商品之後，只有通過分銷渠道，才能轉移到最終消費者手中。分銷渠道是實現商品銷售的重要因素。作為一種通道，分銷渠道可使商品實體和所有權從生產領域轉移到消費領域。分銷渠道也可作為信息傳遞的途徑，對企業廣泛、及時、準確地收集市場情報和有關商品銷售、消費的反饋信息起著重要的作用。企業如果能正確地選擇分銷渠道，採取合適的分銷渠道策略，使商品銷售渠道暢通無阻，不僅能保證商品及時地銷售出去，而且能加速企業資金週轉，降低銷售費用，提高企業的經濟效益。

在現實生活中，分銷渠道概念並不局限於實體產品的分配，服務領域同樣存在分銷渠道，服務企業同樣面臨如何使其產品接近目標消費者並為其採用的問題。他們必須找出適於接近到在空間上散布於各地人群的機構和地點。例如，醫院必須建立在需要充分醫療服務的人口聚集區，學校必須建造在接近學齡兒童居住地的地方。

可以看出，服務的分銷渠道即服務渠道，它是指服務從生產者手中轉移到消費者手中所經過的路線。根據服務在其分銷活動中是否通過中間商，服務渠道可以分為直接渠道和間接渠道。直接渠道就是服務從生產領域轉移到消費領域不經過任何中間商轉手的分銷渠道。間接渠道則是服務從生產領域到消費者手裡需經過若干中間環節的分銷渠道。間接渠道是兩個以上層次的分銷渠道模式。

二、服務渠道的分類

(一) 直接服務渠道

直接服務渠道是服務企業即生產者不經過任何中間環節，將服務產品直接銷售給最終消費者或用戶的分銷渠道，即直銷。直銷可能是服務生產者選定的銷售方式，也可能是由於服務和服務提供者不可分割導致的。如果直銷是經由選擇而決定的方式，經營者的目的往往是為了獲得以下行銷優勢：①對服務的供應與表現可以保持較好的控制；②以真正個性化的服務方式，產生富有特色的服務；③從顧客那裡直接瞭解當前的需求；④保證經營原則始終得到貫徹；⑤保證服務組織的利潤在內部進行分配，而不需要與其他組織分享。

服務的不可感知性、不可分離性以及不可存儲性使得直接渠道成為最適合企業服務的渠道。採用直接服務渠道，企業可以在以下兩個方面獲得優勢：一方面可以及時與顧客溝通，便於企業瞭解市場信息，進而提供個性化服務。由於企業提供服務時採取直銷，通過面對面的接觸，用戶可以更好地瞭解服務的特點，而服務提供者也可以直接瞭解用戶的需求、購買習慣以及變化趨勢。在此基礎上，結合對競爭對手以及內外部行銷環境的分析，企業可以進一步開發新的個性服務，開拓市場。另一方面，有利於服務質量的管理，便於開展維護工作。通過對直接渠道的全程控制，實現服務質量的高效管理和控制，從而為顧客提供更好的服務，為企業贏得更多忠誠顧客。而一旦服務出現差錯，企業也可以通過直接反饋的信息來開展維護工作，進一步提升服務質量和管理效率。

但是採用直接渠道時，往往要配合以較多的銷售網點，企業必須對此進行大量的投資，所需的人力、財力和物力會消耗大量的資源，使得營運成本較高。此外，在市場相對分散的情況下，利用直接渠道會使企業的服務在短期內難以實現廣泛的分銷，從而使占領、鞏固和擴大目標市場都變得相對困難。這也意味著企業很可能失去目標顧客和相應的市場佔有率，使企業的生產經營活動帶來不利的行銷。因此，企業是否選擇直接渠道需要根據企業自身的情況進行慎重的考慮。

(二) 間接服務渠道

間接服務渠道是指服務從提供者流向消費者的轉移過程中，經過仲介的渠道。間接渠道是服務企業最常使用的渠道類型。間接服務渠道為企業縮短了買賣時間，在一定程度上幫助生產企業節約了資金，有利於生產企業把人、財、物等資源集中用於生產。此外，中間商具有較豐富的市場行銷知識和經驗，與顧客保持密切而廣泛的聯繫，瞭解市場情況及顧客的需求特點，能夠有效地促進商品的銷售，彌補生產企業銷售能

力弱的不足。

服務業市場的仲介結構形態很多，常見的有下列五種。①代理。一般在觀光、旅遊、旅館、運輸、保險、信用、雇用和工商服務業市場出現。②代銷。專門執行或提供一項服務，然後以特許權的方式銷售該服務。③經紀人。在某些市場，服務因傳統慣例要經由仲介機構提供才行，如股票市場和廣告服務。④批發商。批發市場的仲介機構有「商人銀行」等。⑤零售商。包括照相館和提供干洗服務的商店等。

仲介機構可能的形式可能還有很多，在某些服務交易進行時，可能會牽涉到好幾家服務企業。例如，某個人長期租用一棟房屋，可能牽涉到的服務業包括：房地產代理、公證人、銀行、建築商等。另外在許多服務業市場，仲介機構可能代表買主或賣主（拍賣）。

隨著服務需求的不斷膨脹和服務業發展要求的不斷升級，服務仲介機構在服務行銷過程中的作用除了交易職能外，還可能承擔其他多種職能。①引入職能。服務仲介機構地域分佈的廣泛性能夠使服務在更多的地方、更長的時間內進行銷售，將更多的顧客引入服務的銷售系統中。比如在各級音像店中銷售音樂會、歌舞劇的門票等。②信息職能。依靠服務仲介機構的參與可以彌補服務生產者人員不足的問題，以便向潛在的購買者提供更全面的信息。③承諾職能。服務提供者關於服務質量保證的承諾能夠通過分銷渠道有效地傳遞給顧客，並且因為顧客容易接近的原因增加了質量承諾的可信度。仲介機構的介入保證了服務的可靠性。④支持職能。對服務生產者而言，流通環節的外移節約了其固定成本的投入和管理精力。⑤後勤職能。對於仲介機構而言，在正式服務前的一些準備工作，如旅行團的集合、分組、統一服裝等工作可以由它們來進行。⑥跟蹤職能。跟蹤職能表現為服務的一些善後工作，包括解答疑問，取得反饋信息等。仲介機構的加入能大幅度彌補這一職能的欠缺，在保險服務中這一點體現得最為明顯。投保人希望遇險後立刻獲得損失檢驗和賠償支付，這往往是保險公司力不能及的。

三、服務渠道設計考慮的因素

服務渠道設計是指對關係企業生產和發展的基本服務渠道模式、目標和管理原則做出的決策。其基本要求是：適應變化的市場環境，以最低總成本傳遞重要的消費者信息，達成最大限度的顧客滿意。服務渠道設計要考慮以下因素：

1. 服務本身的特性

服務本身的特性包括服務本身的價值大小、標準化程度、服務的時間性。針對服務本身的價值大小，一般而言，服務的價格越低，其選擇的分銷渠道就應該越長，盡可能多地利用仲介機構，以促進銷售，追求規模效益。相反，服務單價越高，所選擇的分銷渠道就應該越短。對於標準化程度，在通常情況下，服務產品的標準化程度越高，採用中間商的可能性越大。而對於與顧客接觸性要求很強的服務，需要企業根據顧客要求進行服務，一般由服務公司直接派人員進行銷售。此外，具有時間性的服務應採取間接渠道，充分發揮代理商的作用，如旅遊服務。

2. 市場因素

在市場因素這個因子下，要充分考慮市場容量的大小、顧客的分佈情況、競爭者的渠道等因素。對於服務而言，如果顧客比較多、市場容量大，企業為了方便顧客預定與購買，更傾向於充分利用代理商或經紀人等中間商，因此渠道的設計就應該更長、更寬。在顧客數量一定的情況下，如果顧客集中在某一地區，則可派人直接銷售，以節省成本，增加收入；如果顧客比較分散，則必須通過中間商才能將產品充分地轉移到顧客手中。在競爭策略上，採取積極抗衡、同步競爭策略的服務企業往往把網點設置在競爭對手網點的鄰近地區，比如肯德基和麥當勞。

3. 企業自身因素

企業自身因素包括服務企業的類型、規模、實力、聲譽、管理能力和經驗等。企業實力主要包括人力、物力、財力，如果企業實力強可以建立自己的分銷網絡，實行直接銷售；反之則選擇中間商推銷產品。如果企業的管理能力強又有豐富的行銷經驗，則可選擇直接渠道；反之應採用中間商。

第三節　服務渠道發展與創新

最近幾年來，服務分銷的方法出現了許多創新，這說明了服務業行銷者在運用創新性行銷實務上並不落後。下面進行簡要介紹。

一、租賃服務

服務業經濟的一個有趣現象，是租賃服務業的增長，也就是說許多個人和公司都已經或者正在從擁有產品轉向產品的租用或租賃。採購也正從製造業部門轉移至服務業部門。這也意味著許多銷售產品的企業，增添了租賃和租用業務。此外，新興的服務機構也紛紛出現，投入租賃市場的服務供應。在產業市場，目前可以租用或租賃的品種包括汽車、貨車、廠房和設備、飛機、貨櫃、辦公室裝備、制服、工作服等。在消費品市場則有公寓、房屋、家具、電視、運動用品、帳篷、工具、繪畫、影片、錄像等。還有些過去生產產品的企業，開發了新的服務業務，提供其設備作為租賃之用。在租賃合同中，銀行和融資公司以第三者身分，扮演了重要的仲介角色。

有些產品是不能租用的，尤其是消耗性物品如食品、禮品等。而且在許多情況下，擁有產品比較有利，但也須根據市場的性質決定（如消費者市場或產業市場）。

在租賃服務中，出租者可以獲得如下利益：

（1）扣除維持、修理成本和服務費之後的所得，可能高於賣出產品的所得。

（2）租賃可以促使出租者打開市場，否則可能因其產品成本因素而根本進不了市場。

（3）設備的出租可以使出租者有機會銷售與該設備有關的產品（如複印機和紙張）。

（4）租用協定可以協助開發和分銷新產品，並配合客戶購買而引發的各種補充性

服務。

在租賃服務中，租用者可以獲得的利益如下：

（1）資金不至於套牢在「資產」上，因而這些資金可以利用來從事其他方面的採購。

（2）在產業市場，租用或租賃可能比擁有物品更能獲得租稅上的利益。

（3）物品能夠租用的話，要進入某一行業或某一市場所需的資本支出，總比其物品必須購買者更少。

（4）租用者可以獲得新設計的產品，這樣也可以減少購置過時產品與遭受式樣改變的風險。

（5）在某種情況下對於一種產品只是有季節性或暫時性需求時，租用設備就比擁有設備更為經濟。

（6）在多數租用條例規定下，服務上的問題，包括維護、修理、毀壞等，都是由別人負責。

（7）租用可以減輕產品選用錯誤的風險以及購後考慮問題。

二、特許經營

特許經營是指一家企業授予一定量的銷售點銷售其生產的各種產品或服務的權利的協議。企業可提供服務的技術訣竅、行銷服務、商標、設施和零售點的建築，換取銷售總額中的一定百分比；而零售者則提供自己的資本和服務，管理銷售，支付各種費用給該企業。

特許經營又可分為垂直和橫向的兩種。垂直的特許經營是指生產者授予銷售者向消費者出售服務的獨家經營權。橫向的特許經營是指生產者授權銷售者可以「克隆」自己的銷售組織和方式。大部分特許經營都是後一種方式，其特許授權者幾乎要規範銷售點的一切：從佈局到招牌，從人員培訓到經營建築內部和外部的詳細規範特點、布置環境，按照授權者確定的質量標準執行，接受授權者的融資幫助，保持與授權者的關係。在服務領域裡，特許經營是很普遍的，從餐飲到健美，從酒店到房地產公司。這種經營涉及服務，面對顧客個人或機構單位。審計公司就是典型例子。

在可能標準化的服務業中，特許經營是一種持續增長的現象。在一般情形下，特許經營是指一個人（特許人，Franchiser）授權給另一個人（受許人，Franchisee），使其有權利利用授權者的知識產權（intellectual property right），包括：商號（trade names）、產品、商標、設備分銷（equipment distribution），等等。

1. 特許交易的特徵

特許權交易（franchise transaction）常見的特徵有：

一個人對一個名稱、一項創意、一種秘密工藝或一種特殊設備及其相關聯的商譽擁有所有權；

此人將一種許可權授予另一個人，允許使用該名稱、創意、秘密工藝及其相關聯的商譽；

包括在特許合同中的各種規定，可對受許人的經營進行監督和控制；

受許人應支付權利金或者為已獲得的權利而付出某種補償。

2. 經營模式特許經營的必備條件

經營模式特許經營（business format franchise）的必備條件如下：

第一，必須訂立包括所有雙方同意條款的合同。

第二，特許人（franchiser）必須在企業開張之前，給予受許人（franchisee）各方面的基礎指導與訓練，並協助其業務的開展。

第三，業務開張之後，特許人必須在經營上持續提供有關事業營運的各方面支持。

第四，在特許人的控制下，受許人被允許使用特許人所擁有的經營資源，包括商業名稱、定型化業務或程序，以及特許人所擁有的商譽及其相關利益。

第五，受許人必須從自有資源中進行實質的資本性投資。

第六，受許人必須擁有自有的企業。

在英國，特許經營過去基本上是以與製造業業務相關者為主，通常是以代理機構型態出現或是以經銷方式（dealership，如汽車經銷商），即一般熟知的垂直特許經營（vertical franchising），因其所涉及的經營機構是兩種或多種經銷層次構成的，而最近新發展的是所謂「水準特許經營（horizontal franchising）」，這種情況通常是產品或服務的零售商和其他在同一分銷渠道的機構間有特許經營關係，這種形態又被稱為是「服務主辦者零售特許經營」（Service-sponsor retailer franchising）。最近在這方面的增長相當快速，在發展上方興未艾的行業有：干洗服務、就業服務、工具和設備租用業以及清潔服務。目前，許多服務業公司都在積極利用特許經營作為企業的增長策略。

3. 特許經營的利益

由於特許經營方式可以帶來很多的利益，因而，很可能變成服務行銷上更重要的一個環節。

（1）特許人可獲得的利益有：體系的擴展可在某種程度上擺脫資金和人力資源的限制；可激勵經理人在多處所營運，因為他們都是該事業的局部有權人；特許經營是控制定價、促銷、分銷渠道和使服務產品內容一致化的重要手段；成為營業收入的一種來源。

（2）受許人可獲得的利益有：有經營自己事業的機會，而且其經營是在一種已經測試證實的服務產品觀念指導下進行的；有大量購買力作為後盾；有促銷輔助支持力量作後盾；能獲得集權式管理（centralized management）的各種好處。

（3）顧客可獲得的利益是，能得到服務產品質量的若干保證，其在全國性特許經營營運的情況下更是如此。

4. 特許經營的弊端

（1）新的風險。企業推出新的服務時要進行實驗，要特別注意與顧客的接觸。而特許經營不適合推出新的產品和服務，因為這樣要冒風險，需要抽調有獲利把握的其他業務的資源，還要對人員進行培訓。

（2）複雜的服務難以複製。一些服務過於複雜或者非常專業化，難以形成連鎖店的複製機制。

（3）動機減退。專營者的動機始終是一個問題。如果專營者經營沒興趣就會毀壞

整個連鎖店的形象。

（4）質量問題。有時專營者很難保證服務質量的標準化。

（5）潛在的衝突。在專營的授權者和專營者之間可能出現衝突。即使簽署了特許專營合同，專營者還是一個獨立的經營者，他可以對授權者的控制做出負面反應，不喜歡其他人進入連鎖搶生意。另外一個衝突的原因是很多授權者還有自己的直接經營網絡。針對在合同期滿後禁止專營者與授權者競爭的條款，針對專營者在收入預測和促銷管理方面出現失誤的情況，可能會出現授權者與專營者之間的衝突。

三、綜合服務

綜合服務是服務業增長的另一個現象，即綜合公司體系與綜合性合同體系的持續發展，並已經開始主宰某些服務業領域。例如，在大飯店和汽車旅館方面，綜合體系如假日飯店，希爾頓和 Best Western 都愈顯其舉足輕重的地位。在觀光旅遊方面，許多服務系統正在結合兩種或兩種以上的服務業，譬如航空公司、大飯店、汽車旅館、汽車租賃、餐廳、訂票及訂位代理業、休閒娛樂區、滑雪遊覽區、輪船公司，等等。目前有些大型的服務業公司，正通過垂直和水準的服務渠道系統，進而控制了整體的服務組合（package），提供給旅遊者和度假的人。以前，綜合服務一直被認為是一種製造業的體制，現在已經變成許多現代化服務業體系中的一種重要特色。

不少企業決定聯合提供產品或服務，目的是抓住更多的消費者，這樣比靠獨立行動所能得到的收入更高。金融服務企業是這類協議的主角，最常見的有旅遊和業餘活動機構之間的協議：酒店住宿，免費參觀遊覽娛樂場所；城市遊覽，免費進入一些地方（博物館、公園、紀念館等）。GM VISA 卡的宣傳口號是「你每次用 GM VISA 信用卡支付通用汽車的購買款，就能得到5％的折扣」。GM VISA 信用卡是通過多倫多 DO-MINION 銀行發行的。在服務領域有很多這樣的類似協議。鑒於生產與消費的不可分離性，很難確切指出誰是服務的主角。迪士尼公司把美國新電影中的人物形象產品（如布娃娃、T恤衫等）的獨家銷售權分別出讓給麥當勞和 BURGER KING。前者在世界各國銷售；後者在美國國內銷售。BURGER KING 的發展是與迪士尼的支持分不開的。孩子們在尋找向往的玩具時，電影是一種理想的載體，而 BURGER KING 中恰好有孩子們向往的玩具，於是孩子們就讓父母隨同去這家餐廳。只要進了餐廳，無論如何都要買點吃的。據該公司估計，顧客的人均消費為 7 美元，兒童餐的銷售價格是 1.99 美元。這說明孩子們受到這種快餐的吸引，促使家長保持了對該品牌的忠誠。憑藉這項協議，它產生了一個巨大的銷售網絡和穩定的目標顧客群——兒童。

四、準零售化

服務業最重要的仲介機構之一便是零售業者。且近幾年來，服務業經濟發展上的一大特色就是「準零售出口」的崛起。這些「準零售出口」主要是銷售服務而不是銷售產品，它們包括：美髮店、包工或承攬業、旅行社、票務代理業、銀行、房地產代理、建築公司、就業介紹所、駕駛訓練班、娛樂中心、大飯店或旅館、餐廳等。

政府管理部門在管理購物中心時所面臨的一個問題是：準零售業者的增長，宣傳

部門應該給予激勵或限制到什麼程度？地方政府有責任將一個購物中心的零售業加以組合調節，但不可避免的問題是：在購物中心內的零售業者的數量、形態和所在地點，要如何才算是「恰到好處」？

準零售業對於整個購物中心的影響如何？目前還缺乏具體的實證，有些人反對在購物中心有太多數量的零售店，其理由是：

（1）他們會哄抬房地產價格；
（2）他們可能會造成店面櫥窗一成不變而減少了逛街採購活動；
（3）有些服務業者往往在高峰採購日歇息（如銀行在星期六不上班）；
（4）有些服務業者並不是好鄰居（如外帶餐飲店、娛樂中心）；
（5）在購物中心有太多的「準零售業分店」往往會減少傳統式零售店的選擇範圍。

但是，在另一方面也有主張應激勵準零售分店再增多的，其所持的理由是：

（1）其他業者可提供許多補助性功能（如需要利用銀行和建築公司服務的消費者，又需要要購買其他實物產品時，可以在同一次採購中完成）；
（2）服務業零售店經常有富有創意性的櫥窗展示，而增強消費者逛街的興趣。

目前許多「準零售業者」都是被多地點方式經營的大型公司所擁有，這是最受關注的現象。對於服務零售業者應如何克服所面臨的問題，專家提出了如下建議：

第一，鼓勵顧客多做較遠程的活動（如通過特別促銷方式）；
第二，讓服務零售店盡量接近補充性設施；
第三，集中服務生產設施，但分散顧客接觸設施；
第四，減少個人化服務零售店的滿足需求項目（如醫院服務）；
第五，分擔服務產能與運用生產成本的經濟規模（如航空公司之分擔行李處理服務）；
第六，改善生產程序的效率（如以設備取代人）。

目前，零售業界所發生的一些重大的改變都是在服務業方面，而不是在產品製造業方面。隨著服務業在先進國家的持續蓬勃發展，服務業零售勢必成為集中研究的對象，也將是服務行銷者為爭取更多的顧客而越來越頻繁使用的方法。

五、網絡銷售

進入 21 世紀，信息高速公路變成了現實。在有線電視網和個人電腦上提供網上服務，特別是因特網的服務，對很多企業而言都是在當地市場上的競爭工具，更是全球市場上的制勝手段。因特網使服務行銷的執行與其他通信載體相結合。其第一個好處就是以很低的成本實現全球的溝通，這對於小企業特別有利。第二個好處就是可以 24 小時全天候聯繫潛在的購買者和供應者。第三個好處是可以針對顧客群決定聯繫的時間和方式。第四個好處是溝通的效果好，因為通過因特網，可以按照目標的不同而選擇不同的時間和信息進行溝通。有了新的通信技術，因特網成了多數廣告宣傳的載體，使用範圍很廣，針對的細分市場也很多。第五個好處是通過因特網把地球村裡的中小企業相互聯繫起來。最後，因特網可迅速得到顧客對企業提供的服務的反應，使企業對服務感受、價格、銷售和促銷形式的結果都有所掌握，有利於決策。

本章小結

本章主要介紹了服務分銷渠道的相關問題。首先，分析了服務網點的含義以及服務網點的分類。其次，分析了服務渠道的選擇和評估，其中對直接服務渠道和間接服務渠道進行了比較分析，並探討了服務渠道設計的影響因素。最後，隨著最近幾年來在服務分銷的方法產生了許多創新，本章又對新發展的服務渠道形式進行了討論，重點分析了租賃服務、特許經營、準零售化、綜合服務以及網絡銷售。

關鍵概念

服務渠道；服務網點；間接服務渠道；直接服務渠道；租賃服務；特許經營；準零售化；綜合服務；網絡銷售

復習思考題

1. 服務網點的含義和分類是什麼？
2. 服務網點選址的原則是什麼？
3. 間接服務渠道和直接服務渠道的區別是什麼？
4. 什麼是特許經營？特許經營的條件和利益是什麼？

第九章　服務促銷策略

學習目標與要求

1. 瞭解促銷的相關概念、理解促銷的實質
2. 掌握促銷組合的相關內容
3. 掌握服務促銷與溝通的策略與方法

［引例］黃太吉煎餅的促銷策略

　　在北京建外 SOHO 西區的 10 號樓，有一家叫黃太吉的煎餅鋪，在這個只有 16 個座位面積不超過 20 平方米的店鋪外面經常排起長隊。有不少人是從朋友、微博、媒體上聽說了黃太吉，特意趕過來嘗嘗到底是個什麼味，為什麼大家喜歡到黃太吉買煎餅？因為這裡的促銷策略很棒，這裡很好玩，經常會有一些新鮮有趣的玩意兒。顧客都是奔著黃太吉用心的促銷活動來的，都願意為超出自己預期的體驗買單。

　　黃太吉哪些事情超出了用戶預期？比如黃太吉門前不允許停車，赫暢（黃太吉創始人）就做了個停車攻略。你走近店裡的收銀臺，第一眼看到的不是菜單而是如何停車不會被罰款。如果不幸被罰老板會送上南瓜羹以表安慰。光棍節，這裡的油條買一送一，不過你得先拍照證明自己是光棍。六一兒童節，會有「超人」「蜘蛛俠」給大家送煎餅。戴著紅領巾來這裡還會送你煎餅果子。

　　這些活動還可以理解為是吸引顧客而搞的促銷活動，那赫暢研究「外星人」和「史前文明」這類事物，甚至做出長達 1,500 頁的 PPT 免費狂講 6 個小時去顛覆大家的三觀，似乎就有點不務正業了。這在別人看來是件不可理喻的事情，你說你一個賣煎餅的不好好研究煎餅怎麼做更好吃，卻去研究外星人，這事和你有關係嗎？片面地看，的確沒有關係，但如果我們再深入想想，真的沒有關係嗎？黃太吉體現了赫暢的信念和經營理念，赫暢不少的理念和宇宙大爆炸的理論頗為相通。在這裡，黃太吉希望你買到的不僅僅是好吃的煎餅，還能享受整個買煎餅的體驗，讓你覺得很好玩，滿足你的好奇心，這些促銷體驗是其他煎餅店沒有的。這也是老板用心之所在，赫暢將自己全身心投入進去，變為黃太吉煎餅的一部分，你買的不僅僅是一個煎餅，還認識了一個賣煎餅的研究外星人的很好玩的朋友。

　　赫暢仔細研究了麥當勞、肯德基，發現其在全世界流行的一個重要原因就是其產品形態，漢堡就是兩片麵包，中間夾什麼都行，但是口味千變萬化。比薩只要做好面

餅，上面隨便撒什麼都行。這樣既能滿足消費者的各種口味需要，產品又非常容易標準化，有效降低了全球推廣的門檻。中餐有其獨特的口味，但包子、餃子、麵條之類不容易標準化，因而很難競爭過洋快餐。所以赫暢選擇了中國的漢堡和比薩——煎餅果子和卷餅，這樣將來才有可能向肯德基等洋快餐宣戰。為了擴充品類，滿足顧客多樣的需要，黃太吉還推出了卷餅系列、麻辣涼面等。

孫子兵法有雲：「兵無常勢，水無常形；能因敵變化而取勝者，謂之神。」赫暢也是個善於借勢的創業者。他看到了互聯網社會化結構的趨勢，借助新浪微博、消費者自身、名人效應之勢，來傳播黃太吉的品牌。

產品是1，口碑是0。產品是口碑的基礎，卓越的產品可以通過口碑來快速傳播，但產品本身不過關，再好的促銷、砸再多的錢打廣告也沒用。黃太吉的微博都是赫暢本人在管理，他通過微博來實現品牌與消費者跨越時間和空間的直接溝通，正是這些互動讓消費者更好地瞭解了黃太吉，由此帶來了知名度、口碑和銷售上的提升。

雖然黃太吉的促銷做得好，但赫暢沒花一分錢做廣告。剛開始時赫暢用自己的車送外賣，結果發現大家對開著大奔送外賣很感興趣，紛紛在微博上曬圖。於是他計劃，將來黃太吉開第二家、第三家店，將會有 Segway、奔馳 Smart 來送外賣。店內有免費的 WiFi，牆上貼著微博、微信、陌陌等的帳號，「在這裡，吃煎餅喝豆腐腦，思考人生」等頗有文藝氣息的海報也非常顯眼。

這是一個信仰缺失的年代，這個時代的顧客比以往任何時候都渴望得到認可。這也是為什麼像海底撈、黃太吉、三只松鼠堅果等商家會因為卓越的服務而成功。這是時代和社會的大勢。以前商家只是把自己定位為賣產品的，他們關心的是如何降低產品價格、提高產品品質來吸引消費者，更多地採用薄利多銷的促銷策略，更多地依靠慣性，沒有仔細思考其本質是什麼。

第一節　服務促銷概述

促銷在產品行銷中的重要作用和意義，已經得到學者和企業的認可。隨著服務產業的發展，服務企業也需要借助促銷手段吸引消費者注意，鼓勵他們試用服務，或是開拓新的市場，或是傳遞信息，以便建立公司形象等。服務促銷的目的有哪些，應當遵循怎樣的促銷原則，有何意義，我們將在這一節討論這些問題。

一、服務促銷的目標

服務促銷是指為提高銷售，加快新服務的引入，加速人們接受新服務的溝通過程。促銷對象不只限於顧客，促銷也可以被用來激勵雇員和刺激中間商。服務促銷的主要目標是：

(1) 形象認知：建立對該服務產品及服務企業的認知及興趣。

(2) 競爭差異：使服務內容和服務企業本身與競爭者產生差異。

(3) 利益展示：溝通並描述服務帶來的各種利益。

(4) 信譽維持：建立並維持服務企業的整體形象和信譽。
(5) 說服購買：說服顧客購買或使用該項服務，幫助顧客做出購買決策。
對服務的促銷目標具體描述，請參見表9-1。

表 9-1　　　　　　　　　　　　　服務促銷的目標

顧客目標 　·增進對新服務和現有服務的認知 　·鼓勵使用服務 　·鼓勵非用戶 　—參加服務展示 　—試用現有服務 　·說服現有顧客 　—繼續購買服務而不終止使用或轉向競爭者 　—增加顧客購買服務的頻率 　·改變顧客需求服務的時間 　·溝通服務的區別利益 　·加強服務廣告的效果，吸引群眾注意 　·獲得關於服務如何、何時以及何處被購買和使用的市場信息 　·鼓勵顧客改變與服務遞送系統的互動方式
中間商目標 　·說服中間商遞送新服務 　·說服現有中間商努力銷售更多服務 　·防止中間商在銷售場所與顧客談判價格
競爭目標 　·對一個或者多個競爭者發起短期攻勢或進行防禦

總之，任何促銷努力的目標都在於通過溝通、說服和提醒等方法，最大限度地增加服務產品的銷售。當然，這些目標也會因服務產品性質的不同而有所差異。而且，任何服務的特定目標在不同的產品、不同的市場中都有所變動。因此，所使用的促銷組合因素也應有所不同。

二、服務促銷應遵循的原則

雖然服務產品與有形產品在促銷上有許多相似之處，但是，由於服務本身的特徵。服務促銷的特殊性是不容忽視的。服務企業在進行促銷時，一般應遵循下列原則：

1. 注重展示有形服務

在顧客信息不足的情況下，他們更加依賴於其個人的信息來源，如親朋好友的推薦、使用者的評價或同事的介紹等。同時，顧客還會根據服務的價格以及企業的設施水準來評價服務的質量。同時，服務的無形性也使顧客對不確定性和風險的感知相應地提高。為了降低這種不確定性，顧客會傾向避免轉換服務品牌，以規避接觸新的服務供應商所帶來的風險。因此在促銷活動中，消除顧客疑慮、品牌標示、員工形象和業務信息等有形的展示都相當重要。

2. 注重樹立企業形象

企業要在社會公眾中樹立良好的形象，首先要靠自己的內功，即為社會提供優良的產品和服務；其次，還要靠企業的真實傳播，即通過各種宣傳手段向公眾介紹、宣

傳自己，讓公眾瞭解企業、加深印象。樹立企業形象的任務，主要體現在企業的內在精神和外觀形象這兩個方面。

一是內在精神。內在精神指的是企業的精神風貌、氣質，是企業文化的一種綜合表現，它是構成企業形象的脊柱和骨架。它由以下三方面構成：①開拓創新精神。這是每個企業都應具備的，而且是非常重要的。②積極的社會觀和價值觀。企業應具有自己的社會哲學觀，不僅要在行銷活動中樹立一個良好的公民形象，而且還要關心社會問題，關心社會的公益事業，使企業在自身發展的同時也造福於民眾和社會。企業在開展外部公共關係工作時，應當把搞好社會公益活動，為社會提供更多服務作為重要內容。③誠實、公正的態度。企業應遵紀守法、買賣公平、服務周到。這種誠實的、正派的競爭態度和經營作風是企業形象的根基所在。二是外觀形象。企業形象的樹立主要是靠其內在精神素質的體現，同時也得力於公共關係的精心設計。這就要求公關人員善於運用一些便於傳播、便於記憶的象徵性標記，使人們容易在眾多的事物中辨認，以此來加深外部公眾對企業的印象。

3. 注重宣傳服務利益

宣傳服務給顧客帶來的好處比宣傳服務形式、特徵更有效。與購買有形商品一樣，顧客在購買服務時，都有其動機和需求，但不同顧客個人關注的欲求是不同的，若能滿足這種「個人關注的欲求」，就會形成與競爭對手的差異。服務的購買者更在意其所尋求的利益是否得到了滿足。

4. 注重宣傳服務理念，提升工作質量

在形成自己的企業顧客忠誠之前，企業的發展需要一個強有力的服務理念作為支撐。一方面理念的成熟，深入人心；另一方面企業的服務質量得到保證，作為企業的支柱，促銷才能吸引其他品牌的顧客。

三、服務促銷的意義

服務促銷的意義主要表現在以下幾個方面：

1. 宣傳服務

當顧客面對一項新的、複雜的、甚至專業性很強的服務項目時，沒有額外的幫助，他很難對這項服務的功能、特色、質量等有清楚的認識。服務行銷的溝通活動對於消除這種服務的陌生感、提供服務的購買信息具有決定性作用。

2. 說服嘗試

在購買不可知的服務時，光靠簡單的服務內容介紹無法消除顧客消費的感受風險。服務不僅需要提供完備的信息，還要能夠提供消費的信心保證，而保證最有效的方式就是親身嘗試。所以接受免費試聽、體驗健身運動是說服顧客接受全程培訓和加入健身俱樂部的最好的溝通方式。

3. 明確定位

服務應該以一定的形象被企業目標顧客所接受。這個形象是戰略性的，應該與競爭對手的定位區別開來。所以需要通過服務促銷來明確這種形象的定位，讓顧客在促銷的溝通中體會並形成認識，而不僅僅是宣揚某些口號。

4. 展示差別

顧客往往希望瞭解企業與其他企業提供的服務之間、甚至是同一個企業現在提供的服務與以往的差別，來為自己的選擇提供一個非常合理的理由。服務促銷的一大任務就是展示企業的服務優勢以及特徵，幫助顧客鑑別，盡快做出購買決定。

5. 糾正偏差

顧客經常會因為某些原因出現對服務的感受超過實際的不足這樣的偏差。這樣往往會惡化對服務和服務企業的印象。通過服務促銷，可以解釋糾正顧客感受上的偏差，表達企業努力改進業務的決心，會留給顧客真誠深刻的感受。

6. 培養忠誠度

服務感受風險的存在使得顧客每一次消費都會小心謹慎。一旦跨越了這道屏障，對風險的迴避便轉向對品牌的忠誠。因此，通過服務促銷與溝通定期消除顧客剛剛萌發的不滿，將有利於品牌忠誠的鑒定。

7. 強化記憶

服務促銷的第一層目的就在於讓顧客瞭解服務，第二層目的在於向顧客保證他們選擇的正確性，第三層目的在於不斷增強顧客對服務的記憶。

第二節　服務促銷組合

促銷能夠幫助服務企業進行顧客服務的定位，溝通企業與顧客之間的聯繫。如何進行促銷？由於製造業和服務業的差距，其含義是不一樣的。企業的促銷活動是由一系列活動所構成的，包括多種元素，即廣告、人員推廣、營業推廣、公共關係，等等。企業必須把這些元素認真整合，各種促銷手段一般同時存在，相互補充。本節將對促銷組合的內容進行相應的闡述。

一、廣告

眾所周知，廣告是現代行銷中最重要的促銷手段，具有傳遞迅速、覆蓋面廣、提供有價值的信息、提升形象的重要作用。服務組織的廣告也具有同樣的效力，通過廣告，依賴媒介、資料有形設施等，向顧客傳遞信息。廣告是服務業貫穿始終的促銷手段，並且服務廣告常常用來引發顧客對某項服務的興趣。

(一) 在服務領域，服務廣告的運作應遵循五項原則

（1）認識到服務是行為而不是物體，因此廣告就不只是鼓勵消費者購買服務，也應把服務員工當作第二受眾，激勵他們提供高質量的服務。

（2）應提供一些有形的線索來彌補服務的無形性，不只是展示員工，還應包括設施、設備、服務現場布置。比如，一些服務組織的廣告不僅展示其統一的員工形象，還對其服務設施和設備予以展示，如聯合包裹服務公司展示其卡車、飛機，星級賓館展示其室內用具，醫院展示其醫療器材，等等。

(3) 針對服務的易變性，可以通過刺激口碑這種高可信度的溝通形式做廣告。顧客的口頭傳播常被認為更加有效，為減少錯選美髮師、醫生、律師的可能性，顧客常依賴於親朋好友的意見或建議。因此，服務組織的廣告中可包括滿意顧客的實證（掛在美髮廳的模特的髮型，醫生醫治的病人在治病前後的照片對照）或者鼓勵一些顧客對其他顧客發表其服務感受。

(4) 借用標誌、術語或標語口號對外傳遞其產品的關鍵特徵，也可以使用動物圖案作為宣傳服務特徵的標誌。比如美國郵政服務使用鷹的形象為快遞郵件促銷，一些鐵路公司使用黑馬形象，證券公司使用公牛形象，為其服務內容促銷都獲得了成功，這其中還要強調對服務品牌的巧妙運作。

(5) 服務廣告中盡量對可能的事情做出承諾，這樣可以使顧客抱有現實的期望，也會激發顧客購買的動力。比如，生活中我們經常接觸到一些做出承諾的服務廣告。醫院為宣傳其醫生醫術高超，會給顧客承諾治療一個療程或是某一具體時間段內保證會徹底痊愈；一些培訓學校（烹飪、裁剪、駕駛、武術等）給學員承諾，學期內全部教會，教不會則退全部學費或教不會免費再學，直到學會；賓館給顧客承諾的是一流的設施、一流的服務水準、一流的顧客感受。這些都是給顧客的服務承諾，從中我們可以看到有的比較真實可信，有的卻模糊不清。這就提醒廣告人員要盡量避免承諾高於提供或低承諾高提供的不利情形。

(二) 廣告的主要任務

服務廣告主要有以下五項任務：

(1) 在顧客心目中創造企業的形象。這包括說明公司的經營狀況和各種活動，服務的特殊之處，公司的價值等。

(2) 建立企業受重視的個性。這是指塑造顧客對公司及其服務的瞭解和期望，並促使顧客對公司產生良好的印象。

(3) 建立顧客對企業的認同。公司的形象和所提供的服務應和顧客的需求、價值觀和態度息息相關。

(4) 指導企業員工如何對待顧客。服務業所做的廣告有兩種訴求對象，即顧客和公司員工。因此，服務廣告也必須能表達和反應公司員工的觀點，並讓他們瞭解。唯有如此，才能讓員工支持、配合公司的行銷。

(5) 協助業務代表順利工作。服務業廣告能為服務業公司業務代表提供有利的背景，使顧客事先對公司和其服務有良好的印象，對銷售人員爭取業務有很大的幫助。

二、人員推銷

人員推銷是一種人際溝通的促銷手段。對於某些複雜或價格昂貴的服務，人員推銷是一種非常有效的信息傳遞與勸說手段。人員推銷具有針對性強、反應靈活、策略實施完整、成本相對較高的特徵，能使員工和顧客面對面，推銷人員對顧客的提問可以做出及時反應，並可對服務產品進行全面的講解與解釋，在促銷專業服務（如管理諮詢、法律諮詢）和企業對企業服務時，人員推銷是促銷組合中的關鍵性因素。

(一) 推銷產品與推銷服務

人員推銷的原則、程序和方法在服務業與製造業中的運用大致類似，但也存在很大差異（見表9-2），應該說，推銷服務比推銷產品更困難。由於服務無法像有形產品一樣展示，顧客不能看、聞、摸；服務在沒有提供時並不存在，促銷推廣人員必須或只能用一些其他的方法來令顧客相信服務的特性和質量，為其可能的出色質量提供證據。

表9-2　　　　　　　　　　推銷產品和推銷服務的差異

一、顧客對服務的看法 　・顧客認為服務業與製造業相比，缺乏一致的質量。 　・購買服務比購買產品的風險高。 　・服務購買似乎總有比較不愉快的購買感受。 　・服務購買似乎主要是針對某一特定買主。 　・決定是否購買時，對該服務組織瞭解程度是一重要因素。 二、顧客對服務的購買行為 　・顧客受廣告影響較小，受別人影響較大。 　・顧客對服務不太做價格比較。 三、服務人員的推銷 　・推銷員往往需要花很多時間說服顧客購買產品。 　・在購買服務時，顧客本身的參與程度很高。

資料來源：王超《服務行銷管理》。

(二) 推銷人員必須遵循以下原則

1. 使用價值的推銷

在世界上，大概很難找出一個不著眼於產品的使用價值，而付諸購買行動的人。顧客購買某一產品，目的就在於滿足他們的某種需要，購買只不過是實現這一目的的一種方式。事實上滿足人們的某種需要並不是商品本身，而是商品所具備的效用—使用價值。顧客有許多的願望和要求，而產品也具有許多功能。推銷員必須立足推銷產品功能才能使顧客感到心滿意足。例如高級服裝，除有遮體御寒的作用外，還有許多功能，如暗示經濟實力、顯示身分、說明自身修養、展示性格愛好等。根據顧客需要，靈活把握顧客的心理，推銷產品的相應功能，才能使顧客產生購買慾望，才能使顧客購後滿意。

2. 樹立三位一體的「GEM」（吉姆）信念

三位一體的「GEM」信念，又稱「吉姆」信念，即：推銷人員，必須忠於自己的企業；信任自己所推銷的產品；要有自尊、自強、自信的推銷能力。推銷人員是推銷的主體，要說服顧客，博得顧客的信任，自己必須有過硬的推銷技術和專業知識，同時還必須具有良好的推銷心理，這是促使推銷員獲得成功的重要保證。作為推銷員，如果不忠於自己的公司，不代表公司辦事，不為公司的利益著想，使顧客只認識個人不認識企業，這種即使是成功的銷售，其潛伏的危險也是可以想像的。如果不正確認識自己所推銷的產品，推銷也只能成為一種沉重的精神負擔，即使推銷也理不直，氣不壯，搞不好導致強行推銷，損壞公司形象。如果一個推銷員連對自身的工作都缺乏

興趣，沒有飽滿的推銷激情，其結果只能是以徹底失敗告終。三位一體的「GEM」（吉姆）信念是成功推銷的要訣。

3. 避免強行推銷

強行推銷就是徵服買主，暗算買主，不擇手段推銷商品的一種最極端的做法。這種推銷如同拳擊賽，訂單的獲得以徹底擊倒對方為代價。這一錘定音的買賣推銷方式，雖然眼前利益很可觀，但從長遠來看，卻以失去更多的顧客信任，失去更多的銷售機會和市場為代價。因為聰明的顧客都能在上當受騙後，吃一塹，長一智，並很快學會保護自己，在心理上有效地築起一道道防衛，表現為對強行推銷人員產生厭惡、反感、拒絕等心理。這種有害於顧客，又有害於推銷人員自身的推銷方法必須堅決放棄。

如何避免強行推銷呢？應注意以下幾點：①不要向顧客推銷最貴的商品，也不能冷淡小筆生意。殊不知小筆生意的買主日後有可能成為你的大客戶。②時刻把顧客利益放在首位。③推銷時，要曉之以理，動之以情，富有誘導力。④勇於承認自己產品和服務的缺點，傾聽顧客意見，做到有則改之，無則加勉。⑤推銷觀點必須十分明了，不能自相矛盾，誇誇其談，信口開河。同時遵守諾言，建立必需的信用。

（三）服務人員推銷的模式

對於服務業的人員推銷，人們提出了一個包括六項指導原則的模式。這個模式是在對具有代表性的產品和服務廠商進行調查，從推銷產品和服務有所不同的實證資料中總結出來的。

該模式的六項指導原則如下：

1. 累積服務採購機會

（1）投入。尋求賣主的需要和期望。

（2）過程。利用專業技術人員；將業務代表視為服務的化身；妥善處理賣主與買主和賣主與生產者互動的各種印象；誘使顧客積極參與。

（3）產出。產生愉快的和滿意的服務採購經歷，且使其長期化。

2. 便利質量評估

（1）建立合理的預期表現水準。

（2）利用既有預期水準作為購買後判斷質量的基礎。

3. 將服務實體化

（1）引導買主應該尋求什麼服務。

（2）引導買主如何評價和比較不同的服務產品。

（3）引導買主發掘服務的獨特性。

4. 強調公司形象

（1）評估顧客對該基本服務、該公司以及該業務代表的認知水準。

（2）傳播該服務產品、該公司以及該業務代表的相關形象屬性。

5. 利用公司以外的參考群體

（1）激勵滿意的顧客參與傳播過程（如口傳廣告）。

（2）發展並管理有利的公共關係。

6. 瞭解所有對外接觸員工的重要性

（1）讓所有的員工感知其在顧客滿足過程中的直接角色。

（2）瞭解在服務設計過程中顧客參與的必要性，並通過提出問題、展示範例等方式，形成各種顧客所需要的服務產品規範。

三、營業推廣

營業推廣是現代推銷的基本手段之一，是構成促銷組合必不可少的重要內容。所謂營業推廣，是指除人員推銷、廣告宣傳、公共關係外，在一個比較大的目標市場中，為了刺激早期需求而採取的能夠迅速產生鼓勵作用的促進銷售的措施。

（一）營業推廣的作用主要表現在四個方面

1. 縮短新產品進入市場的時間

新產品剛投入市場時，因消費者對其缺乏足夠的瞭解，在購買過程中往往表現出觀望態度。中間商則由於最終消費者的上述態度不敢貿然批量經營。如果進行營業推廣，採用贈送樣品、演示、代銷、包退包換等方法，就能消除購買者的懷疑，激發其購買的積極性。

2. 刺激潛在需求變為現實需求，促進購買決策的形成

當消費者的需求處於潛伏狀態或在眾多的同類商品中進行選擇尚未做出購買決定時，採用獎勵、現金折扣、贈送樣品、贈送優惠券、抽獎銷售、使用示範、諮詢服務、租賃等營業推廣方法，往往能使消費者認識到機會難得，進而促成其立即購買。

3. 刺激顧客進行大批量購買，加速資金週轉

營業推廣的一項重要任務就是刺激顧客進行大批量購買。而購貨折扣、經銷競賽、價格保證、推銷獎金等方法的應用，可從物質利益方面誘導顧客加大購買批量，從而有利於企業加速資金週轉，擴大再生產。

4. 提高商業信譽，擴大市場佔有量

營業推廣中服務周到、互惠、價格保證、商品展銷、聯合、紅利提成、優惠券等應用，會促進買賣雙方相互信任，有利於企業生產經營活動的進行。

（二）營業推廣方式

營業推廣方式是進行該項促銷活動的關鍵所在。從國內外的實踐看，對不同的促銷對象，會有不同的方式、技巧。

1. 贈送樣品

即免費向消費者贈送其未使用過的產品，來介紹產品的性能、特點、使用方法等。這是一種比其他任何促銷手段都更能刺激人們使用、購買的方法。特別是在印刷品和電視廣告很難充分描述本企業新產品有別於競爭產品的特性時，促銷效果最佳。商品的氣味、滋味、濃度、堅固性等信息，能通過贈送樣品很好地傳遞給消費者，成為促使他們購買的誘因，如果在贈送樣品的同時，注意發揮其他促銷方式特別是廣告的支持作用，就會使其對消費者試用和開始購買的催化效果更好些。因而國內外許多生產包裝食品或保健美容產品的企業，在全國範圍內進行粗放式廣告和人員推銷的同時，

常常採用這種方式推出新產品。

2. 贈送優惠券

這能使消費者清楚優惠的時限，因而刺激其即時需求。對於那些無特色的產品，用這種方法可使廠家開發出一些對本企業產品的選擇性需求。相反對那些品牌忠誠性高的產品，微小的價格差異不大可能會改變人們已經形成的偏好性購買。所以，產品類別中的品牌忠誠性越強，所需要的價格優惠就越大。優惠券的散發可通過媒體尤其是報紙。優惠券散發以後還要進行回收，回收率與散發方式有密切聯繫。

3. 獎勵

即對購買特定產品的顧客給予一定的實物獎勵。獎勵方式可以是一次性的，也可以是多次性的。採用一次性獎勵是為了促銷某種特定產品，產品銷售完了即停止使用。採用多次性獎勵是為了刺激顧客在較長時期內購買這種產品。採用多次性獎勵，各期的獎品合在一起可以配套。顧客如果連續購買某種產品，最終可以得到一整套獎品。這種獎勵方法對刺激顧客連續購買很有效力。

4. 贈品印花

即當顧客購買某一商品時，企業給予一定張數的印花，湊夠若干張以後，可以兌換某些產品。這種方法可以刺激那些有好奇心的顧客購買產品，達到促銷產品的目的。中國生產兒童食品的一些廠家，如杭州娃哈哈、福建南方食品工業有限公司等均曾以這種促銷方式進行銷售，取得了較好的效果。

5. 競賽

顧客在購買某種產品時，進行某種表演競賽，對於競賽優勝者，由產品單位發給一定的獎品。這是用來引誘、刺激顧客購買某種產品的推銷方法。但採用這種促銷方法時，會有許多專業人員參加，普通顧客會覺得獲獎的機會非常有限，因而參加的積極性受到影響。

6. 展銷

展銷有兩種方式，一種是專門召開產品展銷會，展覽展示產品，邊展覽邊銷售。另一種是在固定的產品促銷櫃臺上展銷。這種方式多適用於一些創新產品和首次投入市場的產品，通過展銷為產品打開銷路。

營業推廣作為現代促銷的基本手段之一，會隨著現代企業經營活動的發展而湧現出許多新的更為有效的方式。但無論如何，營業推廣僅僅是促銷組合中的一部分，它必須和其他促銷手段結合起來才能產生好的效果。

四、公共關係

公共關係（PR）的定義為「有計劃地和持續地努力去建立和保持機構與其公眾之間的善意」。但是，公眾是互不相同的，還可以包括對服務企業活動沒有直接影響的然而機構卻希望與之聯繫的個人和團體。大學和學院的主要公眾的例子如圖9-1所示。

公共關係是成長中的行業，而且其重要性將來很可能還會增加。據估計，在英國，公共關係行業有大約2萬個就業職位，其中一半在機構的公共關係部門，另一半在公共關係代理機構。目前其行業估值共有8億英鎊。

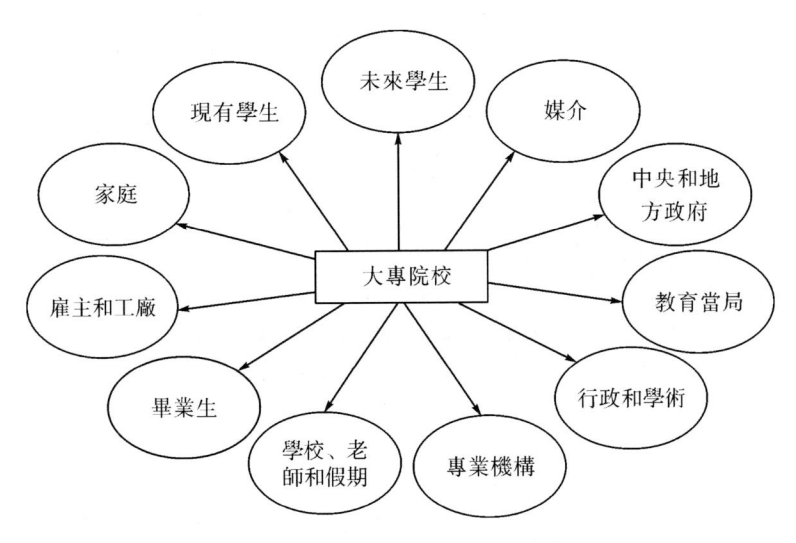

圖 9-1　大專院校的主要公眾團體

(一) 公共關係的任務

公共關係與許多行銷任務有關。這包括如下方面：
1. 建立和維護形象
2. 支持其他溝通活動
3. 解決問題和麻煩
4. 加強定位
5. 影響特殊公眾
6. 協助新服務的啟動

(二) 公共關係的工具

服務機構的「形象」是由集體經驗、觀點、態度和所持有的關於形象的信念組成的。公共關係理論要求服務機構使用許多溝通辦法以提高和維護自身的形象。總體來說，形象目標能確保一個機構看上去比它所服務的市場內部的其他競爭對手更好、更加熟悉。而實現公共關係形象的工具，具體包括以下幾方面：
1. 出版物，包括報刊、年度報告、小冊子、海報、文章和雇員報告
2. 活動，包括記者招待會、研討會、發言、會議
3. 以贏得投資者和分析人員支持為目標的投資關係
4. 創造媒體覆蓋面的故事
5. 展覽會，包括展覽和演示
6. 倡辦慈善事業和社區項目

(三) 公共關係的重點決策

公共關係的三個重點決策是：

1. 建立各種目標
2. 選擇公共的信息與工具
3. 評估效果

這三個重點決策對所有的服務業企業都是必要的。許多服務業都很重視公關工作，尤其是對於行銷預算比較小的小型服務企業。其功能在於它是獲得展露機會的花費較少方法，而且公關更是建立市場知名度的有力工具。

第三節　服務溝通與促銷策略

一、綜合運用行銷組合要素進行溝通

如今，有許多的企業正在運用行銷組合要素進行溝通，通過企業形象和溝通的信息保持一致，整合行銷溝通在市場中建立強勢的企業品牌認同。下面就行銷組合各要素進行相應介紹。

（1）價格，有助於服務的質量地位的確立。譬如，較高的價格對外傳遞質量較高的信息，而較低的價格表示缺乏嚴格的質量標準。假若你在航班的頭等艙內購買了一個座位，你會期望服務水準應高於購買二等艙內的座位。

（2）地點，或者稱作可接觸服務的位置，也許能傳遞一些有關服務特點的信息。顧客對位於上層城區的干洗企業的期望，很可能明顯不同於其對位於欠富裕居民區的小服務企業的期望。知道了服務所處的位置，也許能令顧客對其服務設施的物理外形、其規模和其顧客類型有些想法，甚至也能想像一下在那兒工作的人員情況。

（3）產品特徵，能向顧客傳遞許多信息。譬如，組織可提供的基本服務種類的數量、是否有質量保證和組織對服務名稱的選擇等，都會影響顧客對一種服務的知覺。一些承諾在 15 分鐘內供應午餐的餐廳，給顧客的明確期望是服務的快速，給顧客的暗示性期望是舒適與安逸等。

（4）作為服務提供的一部分參與者（員工與顧客），可產生大量的與服務相關的信息。服務組織的顧客數量和顧客類型，可傳遞一些有關其受歡迎程度和目標市場情況的信息。與此類似，員工的著裝、外貌與舉止也許會傳遞一些有關服務的規範程度的信息，並可能會表明組織對其顧客的感覺。

（5）有形證據，可通過幾個途徑來向外傳遞組織期望的服務形象。裝飾物、設備和工具的選擇，能表明服務是傳統的，還是時尚的；是狂放的，還是文靜的；是自助服務，還是全方位服務。一個典型的愛爾蘭酒館所提供的服務，明顯不同於一個迪斯科舞廳所提供的服務。

（6）服務裝配過程，可傳遞一些有價值的信息。如對顧客的關照程度、服務的定制化程度等，甚至也可以表明一下顧客作為服務的共同生產者所應扮演的角色。通過觀察和參與服務裝配過程，顧客不僅可獲得一些有關上述問題的重要信息，而且可獲得一些有關服務產品特徵的其他信息。許多汽車維修商店，特別是那些提供加油或更

換潤滑油服務的商店，允許顧客觀看服務組織對他們的汽車所做的工作。許多高接觸服務行業（如醫療保健和髮型設計），允許顧客作為一個積極參與者來直接觀看服務過程。

總之，借助可控制的行銷組合各要素，服務組織有大量的機會來有形化其服務。想讓顧客更好地瞭解其服務，服務組織應密切留意其行銷決策的潛在溝通作用。

二、利用互聯網進行服務促銷

互聯網以其即時互動的鮮明特色成為增長最快的服務促銷工具之一，互聯網對於溝通促銷的作用，主要體現在網上廣告和網上公關宣傳對傳統促銷手段的革命性變革。對廣告而言，成本大幅度降低，指導思想徹底變革。而對於公關宣傳而言，由於企業在公關中角色的重要性、主動性得以強化，從而可以開闢公關宣傳的新紀元。下面只詳細介紹網上廣告。

（一）網上廣告的強大交互溝通

通過設計和推出網上廣告，借助鼠標的層層點擊，可將顧客吸引和引導至有關服務組織的網上信息源，由於在網上觀看更多地發揮了顧客的主動性，因此只要網上廣告針對顧客的興趣和需求，就會實現顧客與組織間的「一對一」溝通關係，組織可以被更廣泛瞭解，可以更及時傳遞最新消息，交互作用體現得淋灕盡致。同時，由於互聯網提供的信息容量也十分廣闊，幾乎不受時間限制，它可以讓受眾自由查詢，遇到基本符合自身需求的內容可以進一步詳細地瞭解，並向公司的有關部門提出要求，讓他們提供更多的受眾所需要的信息。網絡廣告是一種即時互動式的廣告，即「活」的廣告，查詢起來非常方便，由一般受眾感興趣的問題，一步一步地深入到具體的信息。

（二）網上廣告與其他促銷手段的配合

對於其他服務業來說，網絡廣告是一種正在演進過程中的促銷工具。而且傳統經濟的促銷策略組合單一、缺乏整合性、效果反饋難。傳統的促銷組合策略很難形成促銷組合 1+1＞2 的效果，所以網上廣告與其他手段的結合將提高促銷的效率。一些服務組織，如肯德基、麥當勞，為顧客提供網上能夠下載打印的優惠券。還有些服務組織用電子郵件來配合網上廣告功能，以形成強有力的促銷手段。如有些航空公司通過郵件來向已經註冊的旅客發送特價機票信息，如果價格能夠激起顧客的興趣，旅客就可以與航空公司聯繫併購得機票。隨著網絡經濟的發展，全社會通過廣泛地使用網絡技術，極大地提高了信息的傳播速度、效率和範圍，實現了信息資源的高度共享。這就要求網絡經濟下的促銷策略必須變革。

三、口碑傳播

口碑傳播在購買中具有重要作用。因為人們認為口碑傳播比其他信息來源更加具有信譽，服務最佳的推廣方式來自於那些提倡使用這家企業服務的顧客。口碑傳播為企業帶來新顧客，而企業可以就新顧客帶來的利益節省其促銷成本，來度量這種宣傳的財務價值。

(一) 口碑傳播對促銷的影響

口碑會在顧客的最終購買決策中發揮著重要的作用，甚至有時候比其他的一些促銷方法影響力更大。一方面口碑傳播的可信度更高，可以明顯地降低潛在購買者的感知風險。消費者行為學認為，顧客在購買任何產品時都會存在感知風險。而 Murray（1991）的研究發現，口碑是減少風險的最重要的信息來源，並且對消費者行為產生很重要的影響，因為口碑能擁有更多澄清和反饋的機會。Bristor（1990）進一步指出，相對於正式或有組織的信息來源而言，顧客在購買決策中往往更多地依賴非正式的或人際傳播的信息來源，而口碑傳播具有較高的影響力和說服力，原因是基於人際關係的承諾與信任機制在口碑信息傳播中的傳導與擴散。從另一方面來說，積極的口碑減少了利用廣告和推銷花費的龐大預算需求，而且積極的口碑會有利於得到大部分所需的新業務。

總之，好的口碑會使顧客以更積極的態度配合外部溝通努力，反之亦然。不僅如此，良好的口碑被認為是最有效的溝通載體。因而，如果企業創造了良好的口碑，即獲得從顧客來源（滿意的顧客）的信息，那麼再行銷溝通利用口碑的這種客觀屬性便是四兩撥千斤的極佳手段，感謝信就是這方面的例子。

(二) 口碑傳播的蝴蝶效應

口碑傳播的蝴蝶效應就是指口碑傳播的乘數效應，這種效應在不同行業和不同情況之間差別很大。作為一般常識，消極經歷通過口碑方式增殖比積極的經歷更快、頻率更高。乘數值可能會是 3 和 30 之間的任何數字。在服務領域中經常引用的乘數是 12。也就是說一位顧客經歷一次不好的經驗，通常情況下，他不僅會停止購買，還可能告訴其他 12 人，而對於那些他所告訴的人，他們一般也會取消購買打算或不願進行同類購買，因此，壞口碑嚴重阻斷了企業客源。相反，一位顧客通常也會將一次好的經歷告訴他人，但告訴的人可能會少一些。儘管沒有什麼實例可以論證這一數字，但是趨勢十分明顯。因此服務促銷人員必須記住：不要拿口碑當兒戲。

(三) 有效的口碑管理

雖然企業無法直接控制顧客口碑，但卻可以從以下四方面對其進行主動的管理，使顧客口碑真正成為企業發展的助推器。

1. 提供完美的「真實瞬間」

服務作為無形產品，顧客對服務質量的判斷來自於「真實的瞬間」，雖然顧客所獲得的全部價值並非完全在「真實瞬間」中產生，但從顧客的角度看，「真實瞬間」所發生的事情決定了一切。因此，企業首先要做的就是為顧客提供完美的「真實瞬間」，從而提升他們對服務質量的感知，這是顧客願意傳播正面口碑的最根本的前提，否則，要想獲得顧客的正面口碑就如同「水中月，鏡中花」，無從談起了。

2. 對顧客期望進行控制

顧客口碑的形成主要來源於他對服務質量的評價，而這個評價又來自於他對服務的感知與期望的比較。顧客感知高於其期望時，他傳播正面口碑的機會將大大增加，

而當顧客感知低於其期望時，他傳播負面口碑也是預料之中的事情了。因此，企業要做的是努力使顧客給出正面的評價。要做到這一點，除了努力提高服務質量使之與顧客期望相符之外，還可以通過控制顧客的期望來實現。顧客期望是動態變化的，它雖然是顧客主觀意識的產物，但它的形成受到包括企業明示、暗示的承諾等企業可以控制的外界因素影響，這使企業進行顧客期望管理成為可能。

3. 尋找「意見領袖」並進行核心控制

意見領袖是指在一個參考群體中，能夠借由他的知識、能力、人格與思想而對他所在的群體裡的人們產生影響的那些人，是一個集中的、起著槓桿作用的影響力之源。因此，對於服務企業來說，意見領袖的作用至關重要，他們可能是專家權威，也可能是親朋好友，顧客極易對他們產生信任感。他們所傳播的消息，比企業主動宣傳的效果好很多。因此，企業應在服務和管理顧客的過程中，建立、健全顧客資料數據庫，完善顧客基本信息，如年齡、學歷、職業、收入、購買習慣、購買記錄等，從中發現並挑選出重點顧客，有針對性的向其提供新產品的信息，並邀請他們率先進行服務體驗，讓他們切身感受服務的全過程，隨時聽取他們的意見，最大限度地改善、促進與他們的關係，使他們感到受尊重，贏得他們的信任，從而接受並樂意為企業進行正面的口碑傳播。

4. 建立有效的意見反饋機制，防止負面口碑傳播

企業除了加強與意見領袖的聯繫以外，還應建立及時有效的意見反饋機制，使顧客有任何意見都能夠暢通無阻地提出，並得到及時妥善的解決。顧客進行投訴，並不是故意找碴，也不是給企業添麻煩，而恰恰是企業最直接、最寶貴的資本，使企業能夠及時發現並修正服務的失誤，獲取創新的信息。更重要的是，顧客的投訴為企業能夠做出及時的補救以挽留顧客創造了機會，既滿足了顧客傾訴的慾望，又使企業能夠在負面口碑傳播開之前及時進行援救，得以從源頭上堵住負面口碑的傳播。

四、溝通循環圈

(一) 溝通循環圈的含義

當顧客與服務企業進行接觸時，他們之間會按照溝通循環圈發生交互作用。這個經總結的溝通循環圈包括四個部分：期望/購買，互動作用，經歷以及口碑/參考。如圖9-2，一位顧客或潛在顧客總是先有了某種期望然後再決定購買。這就是說，一種持久的顧客關係在延續，或者說新的業務正在被發展和創造。如果的確是這樣做了，他或她就進入了顧客關係生命週期的消費階段，在這一點上，顧客就參與到與機構的互動作用中，並感知所提供服務的技術質量和職能質量。

(二) 建立整體溝通管理

服務組織機構可能採用多種溝通戰略，然而成功實施行銷溝通的關鍵在於，組織和顧客之間的互動作用怎樣才能適合客戶的需求和願望，怎樣才能適合一流感知質量的生產，以及適合於建立可以起到支持作用的口碑。如果忽視了相互作用的溝通，那麼互動溝通的影響很可能不大好，也許還會產生負面影響，需要把更多金錢花在別的

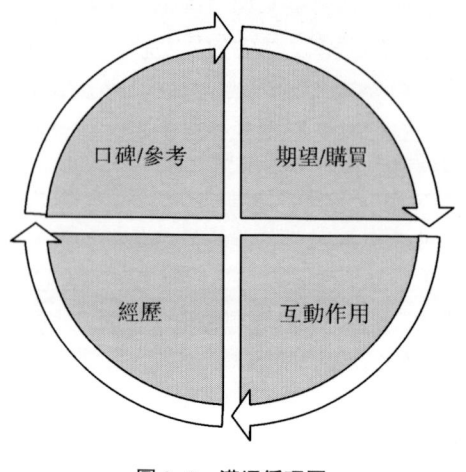

圖 9-2　溝通循環圖

類型的溝通上。

　　如果多種溝通開展的效果和口碑傳播不相協調和適應，那麼過分承諾以及隨之產生的質量差距的風險將會大大增加。這樣顧客將會面臨現實與期望不符的情況，它會反過來摧毀溝通圈，產生以下三種後果：①口碑和參考的效應變成消極的。②企業的行銷溝通效果及企業信譽受到損害。③整體和局部形象遭到破壞。

　　另外，如果溝通過程中的所有要素與買賣雙方相互作用中的顧客感知相協調，那麼相應的效應也當然與上述後果截然不同。良好的口碑將會建立，行銷溝通努力的信譽會增加，形象會得到改善。

　　總之，從管理的觀點來看，只有整體溝通管理的觀點才是有效的和合理的，即統一考慮各種類型的溝通效應，並在整體的溝通方案中付諸實施。

(三) 溝通循環與組織形象

　　一個組織的形象，包括國際的、國內的以及區域的，代表著現有顧客、潛在顧客、失去的顧客及其他與組織有關的群體的評價。對不同群體來說，形象會有所不同，甚至會因人而異。但是，總會有一些對該組織的共識，它對某些群體來說是清晰的，而對另外一些群體來說是模糊而鮮為人知的。

　　一個受歡迎的、眾所周知的形象，包括整體和（或）局面的，是任何企業的寶貴財富，因為從許多方面來說，形象對於顧客認識企業的溝通和經營具有重要的影響。形象的作用至少包括：①形象和外部行銷活動一起，如廣告、個人推銷、口碑溝通，影響著顧客的期望。這裡我們僅僅考慮顧客關係，但形象會以類似的方式作用於與其他公眾的關係。形象本身對期望就有影響。不僅如此，口碑一樣幫助人們篩選信息和進行行銷溝通，一個積極的形象會使企業較容易地進行有效的溝通，也使人們更容易接受有利的口碑。當然，一個中性的、鮮有人知的形象可能不會造成什麼危害，但它無法使口碑和溝通效應發揮有效的作用。②形象是個「過濾器」。它影響人們對企業經營的認識。通過這個過濾器，人們可以看清技術質量，特別是職能質量。如果形象良

好，它就成了一項保護傘。小問題、甚至偶爾出現的技術和職能質量性質的大毛病，對企業的影響就不會那麼大。但這只是暫時的。如果這類問題頻頻發生，這頂保護傘的功效就會逐漸消失。形象發生了變化，這個過濾器就會有負面影響。一個不利的形象會使顧客對糟糕的服務感到更加不滿意、更加生氣。一個中性的、不為人知的形象在這方面不會帶來傷害，但也不會提供「保護傘」的作用。

因此服務組織溝通的一個任務是在改進企業內部現實的基礎上，向社會傳播企業的良好形象。

本章小結

促銷溝通是服務行銷中的重要環節，服務組織借助它向公眾傳遞服務活動的具體信息，以達到告知、勸說和提醒的不同作用，從而激發顧客購買，實現服務銷售。服務促銷與溝通手段豐富多彩，不僅包括傳統的人員推廣、廣告、行銷推廣、公關宣傳，而且從整合行銷溝通角度看，服務組織的其他行銷要素也都能起到溝通促銷的作用。

關鍵概念

服務促銷；服務促銷組合；服務溝通與促銷策略

復習思考題

1. 促銷組合的主要內容有哪些？
2. 服務廣告的指導原則是什麼？
3. 如何理解口碑傳播和循環溝通圈？它們分別對服務企業有哪些影響？
4. 服務溝通中如何有效管理好顧客的期望？
5. 請列舉互聯網與其他促銷手段的結合方式。

第十章　服務人員和內部行銷

學習目標與要求

1. 掌握服務人員在行銷活動中的地位和作用
2. 瞭解服務人員的條件
3. 認識內部行銷的含義和進程
4. 熟悉內部人員的管理及培訓過程

［引例］玫琳凱的內部行銷

2005 年底，《財富》（中文版）「卓越雇主——中國最適宜工作的 10 家公司」第二次評選結果揭曉，玫琳凱（中國）再度上榜。而在美國，這個以粉紅色為 LOGO 主色調的化妝品直銷企業從 1984 年起已經 3 次被《財富》雜誌列為「全美 100 家最值得員工工作的公司」，也是唯一一家上榜的化妝品公司，它還是美國最適宜婦女工作的十家公司之一。另外，國際婦女論壇也表揚玫琳凱公司對女性地位的平等及提升有特殊的貢獻。玫琳凱能獲得這些殊榮，與它全心進行內部行銷、為公司員工（99%是女性）的成功提供良好工作氛圍的經營方式密不可分。

從創建伊始，玫琳凱就把自己的目標確定為為廣大女性提供收入、事業發展機會及個人抱負等方面的個人發展機會，幫助她們瞭解自身價值並實現夢想。「我的興趣在於將玫琳凱公司辦成一個其他地方所沒有的專門向婦女提供發展事業機會的公司。」其創始人玫琳凱‧艾施如是說。而在為員工圓夢的同時，玫琳凱也放飛了自己的「粉紅色夢想」。

理念：員工是第一行銷對象。當你走進玫琳凱公司在美國達拉斯的總部大廳時，迎面而來的不是油畫、雕塑或產品，而是一幅幅比真人還大的首席美容顧問寫真照。目睹這一別有創意的設置，人們就會更加真切地體會到玫琳凱「我們是一家以人為主的公司」的深刻內涵。員工是公司最重要的資產，要把他們作為第一行銷對象——只有員工滿意，才會有顧客的滿意；而顧客滿意了，企業才能獲得利潤並持續運行。正是基於這一認識，玫琳凱‧艾施說：「一旦有人才加入我們公司，我們就會千方百計地使其安心在公司工作。如果他們不能在某一部門發揮出自己的才幹，我們會盡量為他們調換合適的崗位。」她相信，每個人都有自己的專長，無論員工在哪個部門，都必須花時間使他們感到自己的重要性。玫琳凱大中國區總裁麥予甫也說過，員工是公司使

命的一部分，員工的全面發展就是公司的目標之一；只有員工全面發展，公司才能全面發展。因此玫琳凱有專門為員工制訂的「關愛計劃」和完善的職業培訓和發展計劃，幫助員工的職業發展。麥予甫認為，當公司把員工當成目標來經營時，員工的忠誠度會非常高，他們會創造非凡的財富。在玫琳凱的企業哲學中，處處流露出這種以人為本的思想。玫琳凱以「豐富女性人生」為己任，致力於創建一個「全球女性共享的事業」，並開宗明義地公開承諾——「賺錢並不是我們的唯一目的，我們的終極目標是：給廣大女性一個比化妝更美麗的改變、一個比成功更精彩的創造、一個比自信更豐富的提升。」在這一理念指引下，玫琳凱公司主動出擊，以不斷的鼓勵及物質報酬來提升員工的自尊和自信，指導著數以萬計的女性改善形象、發展個性、實現自我。與許多企業要求員工把事業擺在第一位不同，玫琳凱公司反其道而行之，大力倡導「信念第一，家庭第二，事業第三」生活優先次序。因為只有這樣，員工才能真心實意地在團隊中工作、貢獻，才能自覺自願地把個人成功與公司發展有機結合起來，哪怕對於那些超出本職的工作也樂於承擔。也只有這樣，才能在員工取得持續成功的同時，實現直銷企業的可持續發展。

在服務行銷的 7P 組合中，「人」的要素是比較特殊的一項。對於服務企業來說，人的要素包括兩個方面的內容，即服務員工和顧客。本章著重討論的是服務企業員工的問題，即服務企業內部行銷與企業文化建設。服務行銷的成功與人員的選拔、培訓、激勵和管理的聯繫越來越密切，人員在服務行銷中的作用顯得越來越重要。

第一節　服務人員的地位和作用

一、服務人員的地位

在提供服務的過程中，人（服務企業的員工）是一個不可或缺的因素。儘管有些服務產品是有機器設備來提供的，如自助售貨服務、自動提款服務等，但零售行業和銀行的員工在這些服務的提供過程中仍然發揮著非常重要的作用。對於那些要依靠員工直接提供的服務，如典型的餐飲、醫療等高服務接觸型的來說，員工服務就顯得尤為重要。一方面，高素質、符合有關要求的員工的參與是提供服務的一個必不可少的條件；另一方面，員工服務的態度和水準也是決定顧客對服務滿意程度的關鍵因素之一。

由於服務的不可分離性特徵，服務企業的人員管理就顯得尤為重要。一個高素質的員工能夠彌補由於物質條件的不足可能使消費者產生的缺憾感，而素質較差的員工則不僅不能充分發揮企業擁有的物質設施上的優勢，還可能成為顧客拒絕再消費企業服務的緣由。服務業的行銷實際上由三個部分組成（見圖 10-1）。

其中，外部行銷包括企業服務提供的服務準備、服務定價、促銷、分銷等內容；內部行銷則指企業培訓員工及為促使員工更好地向顧客提供服務所進行的其他各項工作；互動行銷則主要強調員工向顧客提供服務的技能。圖 10-1 中的模型清楚的顯示了

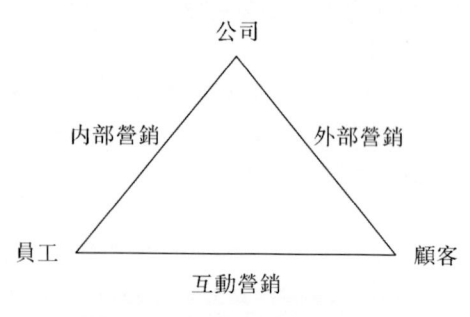

```
                        公司

          內部營銷              外部營銷


     員工                              顧客
                  互動營銷
```

圖 10-1　服務業三種類型的行銷

員工因素在服務行銷中的重要地位。

　　服務性企業要對員工從事內部行銷，對顧客從事外部行銷，而員工之間則交互行銷，共同為顧客提供服務。因此，服務型企業的行銷不僅施之於顧客，而且還要針對內部員工，這不同於有形產品的行銷。

二、服務人員與顧客

　　由於服務的不可分離性（也稱同時性或參與性），服務行銷策略組合中的 7P 之一「人員」（people）是一個比較特殊的要素，服務企業的員工在服務行銷中的作用顯得越來越重要。在提供服務產品的過程中，服務人員是一個不可或缺的因素。服務人員與顧客是服務行銷組合中「人」的要素的兩個方面。服務活動依靠服務人員與顧客的交往實現。

　　1. 服務人員

　　服務人員在所有服務企業中都相當重要，尤其是在沒有實物產品作為證物，顧客僅能從員工的舉動和態度中獲得公司印象的情況下，服務人員的重要性可想而知。服務行業的具體服務人員包括：出租車駕駛人員、圖書管理員、銀行櫃臺服務人員、餐館廚師等。這些人可能有實現生產或操作的任務，但在服務企業中他們也可能是顧客直接接觸的角色，他們的態度對服務質量的影響程度和顧客業務代表的態度的影響程度是一樣的。因此，這些服務人員有效地完成其工作任務很重要，服務企業有效性和效率的衡量包括顧客對員工的熟悉和適應性考量。服務業公司應該促使每一位員工成為服務產品的推銷員。如果服務人員態度冷漠或粗魯，那麼他們就破壞了為吸引顧客而做的所有行銷活動。

　　2. 顧客對服務公司的行銷活動產生影響的另一因素是顧客之間的關係

　　信息時代，一位顧客對某項服務質量的感知會不可避免地受到其他顧客意見的影響。顧客很容易從各種渠道接觸和瞭解到其他顧客對該服務公司、該項服務的評價，對服務的滿意感往往是由其他顧客的行為間接決定的。

　　3. 服務的技術性質量和功能性質量

　　顧客所接受的服務包括兩個要素：技術性質量和功能性質量。技術性質量是指顧客在與服務公司之間交易後所得到的實質內容，如大飯店的房間、餐廳的餐飲、搬家

公司的搬運服務等。技術性質量可以通過客觀方式加以評估，並成為任何顧客對某項服務評價的重要依據。功能性質量是指服務的技術性要素是如何轉移的。服務的功能性要素由過程和服務體系中的人構成。功能性質量雖然不易於進行客觀的評估，但同樣是顧客對服務評價的重點。

　　功能性服務質量包括以下要素：員工態度、員工行為、員工間的關係、與顧客有接觸經驗員工的重要性、服務人員的外觀、服務對於員工的可及性、服務人員對於服務的態度。在處理這方面的問題時，應該注意以下幾點：

　　（1）認真挑選並訓練服務人員。招募、遴選、訓練和開發人力的任何計劃都應該適應所提供服務的實際需要，使服務人員對自身工作有清晰的瞭解。經營者應該將工作予以詳細規範化，並明確界定接觸顧客工作的種種要求。擔任公司與顧客之間橋樑任務的服務員工，必須比其他的員工更有靈活性和適應性。與顧客接觸中，當在顧客與公司關係上出現不確定或糾紛時，可能需要有特殊服務才能的人員做工作。

　　（2）內部行銷。為維持服務業公司的標準，必須達到一定的服務質量與服務表現水準，這意味著服務業的對內行銷與對外行銷同樣重要。內部行銷的目的，是要重新向對外部顧客提供服務的公司人員強調行銷的重要性。如果服務業公司能為雇主提供更佳、更令人滿意的工作，那麼一定能增進其能力並且使公司獲得更大的成功。

　　（3）確保服務行為的一致性。服務業提供的服務質量，往往因提供服務的人員不同而有所不同。如一家銀行的各個分行在同一業務的提供時，每個分行的具體員工提供這些相應服務的效果則存在很大差距。因此，實現人員努力上的一致性是眾多服務業公司的一大重要目標。服務企業同時也應該設置一套標準化的服務規範和程序，以確保實現服務時的一致性。

　　（4）確保一致化的外觀。顧客選擇服務的供應者，一定是其營業場所和銷售人員能明確顯現可以滿足顧客的需求。服務行銷人員創造形象和顯現其服務質量，應當從服務人員的外觀著手。服務人員的外觀，可以由服務業公司的管理層予以控制，如進行著裝的統一化。通過建立統一化的制度標準，加上服務業整體形象的一致化的強化作用。

　　（5）降低個人化接觸的重要性。在服務過程中，其他可利用的服務生產形態（如人工智能化）也應該給予考慮。卓越的服務離不開提供人員的技能和態度的改善、新技術新元素的利用。

　　（6）加強對服務人員的考核控制。由於員工與顧客都會影響和反應服務業公司的形象，因此，服務業公司管理階層的責任是：確保真實的形象和要求的形象相吻合。一項服務與另一項服務，在彼此沒有可供辨識的自有特色情況下，形象的建立就只能依靠服務人員的態度和行為。大多數服務業公司都能瞭解顧客服務以及服務顧客時員工角色的重要性，其做法是：建立服務員工行為的規範和標準，設置確保員工遵守這些標準的評估系統。

第二節　服務人員的條件

一、服務提供者的基本素質

對於服務企業來說，服務一線員工、其他員工、經理和主管管理層乃至最高管理層都是服務的提供者，他們將面對外部的顧客和內部的顧客（內部員工）。

（一）服務人員應具備的特殊素質

在選擇員工特別是一線員工時，除了擁有健康的身體、一定的文化知識外，不能像招聘普通員工那樣只看重經驗和技能，還應該考慮態度、資質、價值觀與企業文化的契合度、性格等能為服務人員帶來成功的因素。

（1）交際能力。能夠和顧客形成很好的溝通。
（2）儀態儀表。端莊大方的形象能給顧客帶來好感和可靠感。
（3）合作能力。有合作精神，還要善於合作。
（4）銷售能力。服務人員在與顧客相互接觸、相互交往的過程中，可以為企業提供極好的銷售機會。同時，帶給顧客的優質體驗能增加顧客對服務產品及品牌的認可度，增加顧客的忠誠度。
（5）觀察能力和自我調節能力。依照實際情況調整自己的服務方式和銷售方式。

（二）管理人員應具備的素質

要使員工做好服務工作，管理人員應以身作則，應具備一些優秀的品質。

（1）服務觀念。領導者深信優質服務是企業成功的關鍵。
（2）高標準。領導者追求卓越的服務，而不只是滿足於良好的服務。
（3）現場領導。領導者應在服務現場，貼近服務，而不只是在辦公室指導服務工作。
（4）職業道德。高層管理人員必須以身作則，為員工樹立優質服務的榜樣。

二、內部員工的招聘

在招聘員工之前，還有一些必要的工作。首先，應當對服務項目有關業務進行職能描述，即用一種規範的語言，對構成服務項目各個職能做出規定。在此基礎上，對完成上述職能所需的崗位進行設置，明確各個崗位所需人員在年齡、知識結構、能力範圍、過往經驗乃至性格方面各個維度的要求。根據業務狀況，確定各個崗位的數量需求。

完成以上步驟後，即可進入招聘程序。

（一）員工招聘的一般程序

1. 根據人力資源計劃，開展人員的需求和供給預測
2. 依據職務說明，確認所需求崗位的任職資格即招聘選拔的具體內容和標準，再

據此確定招聘甄選的操作技術

　　3. 擬訂具體招聘計劃
　　4. 開展招聘的宣傳廣告及其他準備工作
　　5. 審查求職申請表，進行初次篩選
　　6. 筆試或面試
　　7. 錄用人員體檢及背景調查
　　8. 試用
　　9. 錄用決策、簽訂勞動合同

(二) 招聘工作中常見的問題

　　在企業招聘中，很容易犯下列錯誤：

　　第一，招聘只看形象。過分看中形象所招聘來的員工，這些員工必然缺乏工作安全感，因此很難對企業產生歸屬感，更難對企業忠誠，穩定性差。

　　第二，搞人才高消費。一些企業盲目跟風，不看需求，一味要求高學歷、高技術職稱，容易造成人崗的匹配度低，工作熱情不高。

　　第三，依據應聘者的書面材料做出決定。調查表明許多簡歷中有不真實信息，僅僅依據材料來獲取的信息量太少。

　　第四，招聘者憑直覺招聘。面試也不是一種百分之百可靠的方法，招聘人員通過面試只能瞭解應聘者的外表及在面試中的表現。

(三) 招聘人員的標準選擇

　　一線員工的任職資格及招聘選拔的具體內容和標準不同於一般的招聘，需要更加科學、客觀的方法。如，通過問卷測試、專業筆試等方法來進行篩選。

　　由研究人員決定一個合格的一線員工所應有的素質。這項工作是通過與管理人員的交談以及對原有的顧客滿意度研究之後，列出企業需要的有利於顧客服務的特質。

　　從中選擇對企業成功有重大影響的行為，針對這些行為制定標準化的測試內容。

　　在企業內部挑選幾個工作出色、熟悉工作內容和要求的員工進行測試，並對測試結果進行分析，選出相關度高的條款綜合形成最終的測試內容。

第三節　內部行銷

一、內部行銷的概述

　　哈斯克特說：「有效的服務需要可以理解意圖的人。」

　　內部行銷觀念，即員工是企業最初的內部市場。內部行銷被形象地譽為「傘」狀概念，其間涵蓋了許多企業的內部行為和內部活動。內部行銷的焦點在於建立員工的服務向導，並為培養員工對顧客和行銷工作的興趣提供新的方法。內部行銷源於「員工是組織的內部市場」這一理論基礎。

內部行銷作為一種管理策略，其核心是培養具有顧客意識的員工。企業、服務以及特定的對外行銷活動在推向市場之前必須先在員工中間開展行銷。每個企業或組織都擁有一個由員工構成的內部市場，它首先應該受到重視，除非它能得到恰當的處理，否則該企業的外部市場運作將會受到制約。

內部行銷的宗旨是把員工當作顧客看待，它是創造「工作產品」並使其符合個人需求的策略。內部行銷的最終策略是把員工培養成「真正的顧客」。

內部行銷作為一種全面的管理過程，在兩個方面整合了服務企業的各項職能。首先，它確保企業各階層的員工，包括管理者，在有利於提高為顧客服務的自覺性的環境裡，理解和體驗業務及有關的各種行為和活動。其次，它確保所有員工隨時準備好以服務導向方式參與到管理過程來。內部行銷的假設是，在企業與外部市場成功地達成預定目標之前，企業與它內部的員工群體的內部交易必須有效地進行。

內部行銷包含兩種類型的管理過程：態度管理和溝通管理。

態度管理：內部行銷態度管理主要體現在對員工態度的有效管理和對員工的顧客意識和服務的自覺性上的激勵，就一個希望在服務戰略指導下贏得競爭優勢的組織而言，態度管理是內部行銷的關鍵組成部分。

溝通管理：溝通管理的內容是指經理、一線員工和後勤人員需要有充分的信息來完成與他們職位相符的工作，為內部和外部的顧客提供服務。他們需要的信息包括：崗位規章制度、產品和服務的性質、向顧客做出的承諾等。他們同樣需要交流各自的需求和要求信息、對於如何提高工作業績的看法，以及如何界定顧客需求的方法等。

內部行銷通過態度管理和溝通管理希望實現其內生的一套整體目標，總而言之，態度管理的影響和溝通管理的支持是內部行銷過程的成功所必需的。這套目標是雙重的。首先，內部行銷要確保員工受到激勵，從而積極追求顧客導向和服務意識，並在互動行銷活動中以兼職行銷者的身分成功地完成他們的工作。其次，內部行銷要吸引和留住素質良好的員工。在這個雙重目標中，首要的目標是通過實施內部行銷活動實現對員工的有效管理，提高組織內部的管理效用（基於一種假設：任何管理理論的效用都是有限的，需要其他方法來補充），激勵他們從事「兼職行銷行為」。最終目標是企業比競爭對手更好的滿足顧客需求。內部行銷工作做得越好，就說明企業對員工越有吸引力。當然，整體目標是可以依據企業的資源狀況和市場態勢發展作為特定目標的。

二、內部行銷的必然性

現代服務企業中，實施內部行銷已經成為一種必然。原則上，當企業面臨如下三種不同的現實管理需求時，內部行銷是必須而且是非常有效的：

1. 企業要創造服務文化和在員工中建立服務向導

當服務向導和對顧客的興趣成為組織中最重要的規範時，服務文化就在組織中開始生根發芽了。而內部行銷的目標指向便是營造服務向導。值得注意的是，在管理的真空環境下內部行銷不可能促成服務文化的形成。內部行銷的具體目標表現為：

（1）讓員工、管理人員、行銷人員和服務人員能夠理解和接受企業的使命、戰略、

戰術以及服務產品、服務過程和行銷活動。

（2）在服務管理者中發展服務導向的管理風格和領導風格。

（3）向員工傳授服務導向的溝通與互動的技巧。

2. 希望在員工中維持服務導向和保持服務文化

服務文化一旦形成，就應該積極的保持下去。否則，員工的態度和企業的規範就會恢復到原先的狀態，那時技術效率就成了指導原則。而企業在前一階段為實施內部行銷所付出的管理費用和管理精力也將付諸東流。具體而言，有助於保持文化和服務導向的內部行銷目標包括：

（1）確保管理方法能夠產生激勵作用，提高員工的服務理念和服務導向。

（2）確保員工可以不斷地得到信息和反饋。

（3）在向外部市場推出新服務和新的行銷活動前，先向員工進行行銷。

3. 企業向員工介紹新的服務產品和市場行銷活動

我們應該察覺到，這一層次的內部行銷與前兩個層次沒有內在聯繫並且相互支持。新產品、新服務和新的行銷活動本身就是一項內部行銷任務。不但如此，他們還有助於建立和保持服務文化。這個層次上內部行銷的具體目標體現為：

（1）讓員工認識和接受向市場推出的新服務。

（2）讓員工認識和接受為新服務導入的傳統行銷活動和行為，這些行為和活動大多是大眾行銷活動。讓員工重溫以及更熟悉的行銷活動，是不斷強化顧客意識的過程，因為無論多麼傳統的行銷行為都是顧客導向的。

（3）讓員工認識和接受為行銷新服務而採取的新方法，讓他們熟悉這些新方法，並理解其中的顧客導向內涵，會使員工對企業與顧客的關係有更深刻的認識，並對互動行銷的業績產生積極的推動作用。

在以上所述整體和具體目標的指引下，服務企業應積極通過內部行銷活動和行為強化企業的人員意識和共同信念。幾乎任何對員工的服務意識和顧客意識有影響的活動都可以包含在內部行銷活動的範疇。當然，它們必須符合下述觀念：內部行銷既是一種如何管理人的哲學，又是一種系統發展服務文化的方法。

三、內部行銷策略

員工忠誠對企業的作用是顯著的，他們的工作效率高，一般不會造成企業人才的流失和增加企業在招聘、培訓方面的成本。企業要培養員工忠誠，就應該提高企業的內在服務質量，做好內部行銷管理，主要從以下幾個方面著手：①為員工提供發展和展示其才能的機會；②為員工創造良好的工作條件，以便他們高效地完成工作；③賦予員工適當的權利；④倡導內部協作、積極分享、共同進步的企業文化，倡導團隊精神和協作態度。

根據上述要求，內部行銷的實施策略應呈現「自頂向下」的結構。

（一）管理人員的角色

就企業內部行銷而言，管理者所扮演的應該是一個「提供者」的角色。如果企業

內部的行為規範和價值觀與員工們在與工科交往中的外部行為和價值觀不一致，其結果往往是服務質量的下降。而在內部行銷中，管理人員起著主導作用。管理人員應當做到：①與下屬員工的溝通，瞭解他們的工作狀況，需要和建議；②盡可能在資金和時間許可範圍內為員工提供更多的培訓；③通過修改計劃、重新構建工作關係、修改系統和引入新技術方式為員工減輕負擔；④給下屬員工以真誠的指導，而不是施壓；⑤不浪費員工的時間。

(二) 處理與員工的關係

顧客服務與產品生產的重要區別就在於服務通常是需要顧客的參與，因此服務人員的表現直接影響到顧客的服務質量感知。為此，對一線服務員工的管理工作就顯得尤為微妙。管理人員若加強平時對員工的管理，就能夠及時發現員工的成績並給予肯定和鼓勵。因此管理人員在處理員工關係時，應當做到：

第一，關心員工，幫助員工。這並不意味著管理人員應該無條件地去關注下屬的所有問題，而應該關心影響員工工作的問題，使員工對管理人員產生信任感。

第二，讓員工瞭解企業內部發生的事情。如銷售、利潤、新產品、服務和競爭以及發展情況，使員工更多地參與並懂得如何更好地參與到企業的事務中來，還有利於員工靈活處理突發事件。

第三，尊重員工。管理人員在言行上，應時刻注意對員工的尊重。如禮貌用語、盡量記住下屬名字、不當眾指責等。

第四，給予員工決定的權利並支持員工做決定。管理人員給予員工充分的支持和信任，會令員工做得更好，適當放權會使員工更加主動、積極地為顧客提供服務。

(三) 溝通管理的注意事項

內部行銷強調雙向溝通行為。作為管理者，在這個過程之中必須注重工作的藝術性。主要從如下幾個方面來把控：首先，表揚時機的選擇，如在員工取得進步、表現出色、採取靈活措施幫助顧客的時候等；其次，當員工出現差錯時，該如何處理？如，適當考慮員工的感受、冷靜分析每一種可能的情況等；最後，在員工出現錯誤時，應該避免某些行為，採取適當理性的解決措施。

第四節　服務人員的內部管理

一、服務人員在服務行銷中的作用

服務是通過服務人員與顧客的交往來實現的。在服務行銷中，企業對員工的管理，尤其是對一線服務人員的管理相當重要，因為在服務的過程中，企業無法直接控制員工的行為，服務組織通常是「勞動密集」的組織，「企業-員工-顧客」之間的鏈式關係說明了員工在服務行銷中的地位和作用。在服務組織內部的人力資源管理比一般的人力資源管理有更為重要的作用，它主要體現在如下關係上：①員工的滿意程度與企

業內部質量相關；②員工的忠誠度與員工的滿意度相關；③員工的生產效率與員工的忠誠度相關；④服務價值與員工的生產效率相關。

以上一系列的推斷說明內部質量是基礎，可以通過評價員工對自己的工作、同事和公司的感覺而得到。其中最主要的是來自員工對自己工作的評價，而員工對企業內部其他人的看法和企業內部人員相互服務的方式也會對內部質量產生影響。換言之，企業內部對人力資源的管理影響著員工的滿意程度，從而最終影響企業服務價值的實現。所以管理人員應該盡量扮演好自己「提供者」的角色，如：定期詢問下屬如何幫助他們，以使他們做得更好；盡可能在預算許可範圍內提供給員工更多的培訓；經常考慮如何使下屬減輕工作負擔；與員工定期會面評價工作情況並得到來自員工的建議；不要浪費員工的時間。

二、「顧客-員工關係反應」分析

「企業-員工-顧客」給我們的另一個啟示是「顧客-員工關係反應」，即對於組織來說，顧客關係反應了員工關係，即組織如何去對待員工，員工就怎樣去對待顧客。如管理人員幫助員工解決問題，員工就會積極為顧客解決問題，從而形成幫助顧客的良好服務態度。圖 10-2 說明的是，由管理人員傳遞給員工的信息會轉化為什麼樣的信息由員工傳遞給顧客：

組織→員工	員工→顧客
1.關心員工遇到的問題並幫助解決 2.使員工了解組織內部發生的事 3.樹立組織的整體觀念，增強員工的責任感 4.以尊重的態度對待員工 5.給予員工決定的權力並支持員工作決定	1.幫助顧客的良好服務態度 2.因熟悉業務能夠為顧客提供良好服務 3.熱愛本職工作並有能力為顧客服務 4.尊重顧客 5.努力使顧客相信企業所作的承諾能實現

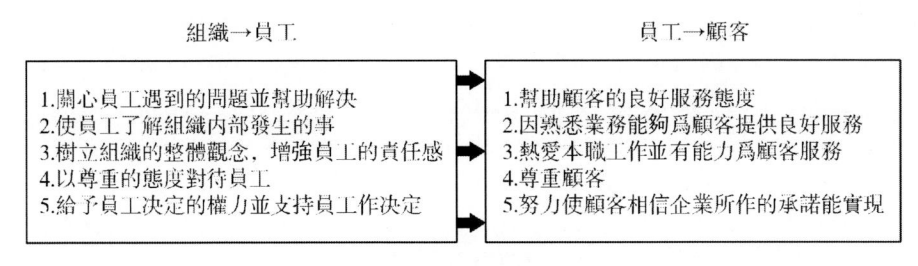

圖 10-2　訊息傳遞圖

眾多研究顯示，如果管理人員與員工之間沒有良好的關係，員工與顧客之間的關係幾乎不可能保持融洽。如果組織內的行為和價值觀與員工在與顧客交往的過程中的外部行為規範和價值觀不一致，往往導致服務質量降低，並對員工激勵和顧客滿意度產生負面影響。

1. 關心員工遇到的問題並幫助解決

這並不意味著管理人員無條件地去關注其下屬的問題，管理人員應關心影響員工工作的問題，既包括公事也包括私事。管理人員應該從以下幾個方面加以考慮：不要使員工時時感受到與管理人員之間的距離，要使他們形成可以暢所欲言的環境。管理者應盡量避免顯示自己的權威性，同時應適當採取一些效果明顯的措施，如：多參與員工的團建活動；定期舉行並參加與基層員工的會議，從普通員工中聽取意見和建議；企業為員工提供一些福利性的幫助，表示對員工需求的關注和關心；同時制訂一些支持員工的計劃，讓員工從企業的發展中獲利，參與企業的成長，實現個人價值與企業價值的統一。

2. 使員工瞭解組織內部發生的事情，參與企業的成長

如果每個員工都瞭解組織內部發生的事，會使企業在對顧客服務的過程中大有益處。員工在面對無法處理的緊急或非常規狀況時，能很快找到解決措施、積極靈活的應對，順利完成服務。通用電氣公司（GE）的做法是定期把所有員工召集在一起，然後分成眾多小組來討論公司事務。這種做法使員工對企業的事情有了更多的瞭解和參與感。員工需要瞭解企業的事務一般包括企業的銷售、利潤、新產品、新技術突破以及即將完成的目標、競爭對手的狀況、其他部門的活動、最新發展狀況等。

3. 樹立組織的整體觀念，增強員工的責任感

培養員工共同的責任感應該開始於新員工的加入時，需要對新員工進行適當的教育訓練。即提供服務人員執行工作時所需的知識、技術、能力與態度等方面的教育，以提升員工的工作績效。另外，還需要進行有關組織目標與策略、專業技能、人際關係與溝通、商品與服務相關知識的訓練。瞭解企業的組織文化。學會對顧客和對其他員工的責任感。要使這項工作持續進行還需要關注顧客對負責任的員工的反饋信息，經常回顧工作中員工表現出責任感的行為以及對那些很好地為顧客服務的員工進行褒獎。

4. 尊重員工，賦予權能

當員工感覺不到被上司或同事尊重時，他在對顧客提供服務的過程中往往顯得過於急躁。管理人員在與員工的交往之中應注意自己的言行，處處體現對員工的尊重。服務人員需要被激勵和善待，才有可能持續對工作保持熱情，進而對顧客提供優良的服務。同時，在企業的管理過程中，應注意開放式、鼓勵式的企業氛圍，給予員工適當的話語權和支持員工做決定，給員工成長的空間和機會。賦予服務人員在服務時所需的權力，以便能及時回應顧客需求，並從掌握與運用自主權當中自我學習與成長。當然，所謂的支持是在一定的範圍內的，比如在為下級員工所犯的錯誤承擔相應的領導責任時，也應對下級員工進行一定的懲罰。

三、管理人員對員工的管理

對於員工來說，為了更好地服務顧客，他們往往需要知道自己做得怎樣，他們需要來自管理人員的反饋信息，無論這種信息是正面的還是負面的。通過正式和非正式的互動行為，向下屬反饋信息，進行雙向溝通。因此，管理人員應及時評價員工的工作並幫助他們發現和改正錯誤。

對員工在工作中取得的成績，管理人員應及時給予表揚和肯定，無論是對員工還是對顧客都將產生巨大的效果。但作為管理人員也不能濫用表揚，應該把對員工的表揚用在較為關鍵的方面，如：

（1）當員工的行為超過企業所需要的行為標準時。
（2）當員工的行為始終符合標準時。
（3）當員工取得進步時，無論進步的大小。
（4）當員工面對挑剔的顧客保持冷靜時。
（5）當員工採取靈活措施幫助顧客，妥善、靈活的應對非常規狀況時。

管理人員在表揚員工時應記住這樣一條行為的觀點：「當人的某個行為做出後立即被獎勵，他將再樂於做出這一行為。」這一觀點給我們的啟示在於：當管理人員稱讚員工時，員工會把這種稱讚與自己所做的聯繫起來，他們很可能將這一值得表揚的行為延續在未來的工作中。

第五節　服務人員的培訓

　　服務組織應比其他組織更注重員工的培訓。如何使新員工成為符合企業要求的服務提供者，如何使老員工不斷提高服務技藝，如何使管理者提高管理能力，這就需要企業進行內部培訓。一些企業為培訓員工開設了專門的學校，比如，假日酒店大學，麥當勞的「漢堡包大學」，等等。學校的一切活動都圍繞著培訓企業所需人才的目標，只要是企業的需要，哪怕是細微的方面也會配以精心的教學計劃。企業內部全面的培訓在管理層和操作層兩個層面展開，即「由上而下的培訓」。

一、管理層的培訓

　　1. 最高管理層的培訓

　　這種培訓應以宏觀的管理為特色內容，側重於如何制定、實施以客戶為導向的管理戰略。高層管理人員應學會如何加強管理並以身作則。

　　2. 經理和主管層的培訓

　　一般的管理人員需要在下放權力、團隊建設、做手下員工的顧問等方面學習如何扮演好自己的角色。管理人員還應掌握必要的技巧使整個組織的計劃相互協調以形成團結的整體。這一管理層的行為不僅影響顧客，也影響員工，他們必須要有表率作用意識，要關心顧客還要關心員工。

二、操作層人員的培訓

　　操作技能。服務是一門藝術，員工要掌握操作技能並不斷提高技能，能在工作中以符合標準的行為高效地完成本職工作，並與其他員工相互配合，更好地工作。

　　交往技巧。服務是面對面的生產與消費的過程，服務員工與顧客的交往十分重要，善於交往可以給顧客親切感，通過交往瞭解顧客需求以及有效管理顧客期望。

　　企業價值觀。接受企業文化和企業價值觀，樹立合作意識，培養團隊精神，對一些與企業發展有關的事物給予更多的關注。

　　1. 與顧客接觸的一線員工的培訓

　　培訓中使他們學會幫助顧客，為顧客做出安排，把顧客需要放在第一位的觀念和技能。還要培訓員工處理突發事件的技巧，由於員工在與顧客交往中遇到的某些問題難以事先預料，因此很難在培訓中對這些問題加以模擬解決，開展這種難度較大的培訓時需要採取多種方法，如進行角色扮演、創造性技巧與衝突的模擬。許多航空公司對乘務員進行事件分析培訓，以幫助乘務員在意想不到的情形下處理好顧客提出的苛

刻要求和緊急事件。

2. 企業裡的其他員工培訓

有些員工不直接面對顧客，但他們也是服務系統的組成部分。培訓計劃應使這些員工知道優質服務給企業、給他們自己的事業所帶來的好處，並使他們意識到自己在服務提供過程中的重要性，同時幫助他們理解「內部顧客」的含義，最重要的是使這些員工學會如何在工作中支持、幫助一線員工。比如，關於酒店的會計系統，現金管理技術，等等。採取的方式可以多種多樣，以提高效率和質量為要點。例如，麥當勞採用「工業化」和服務標準化的措施，以低成本產出符合標準的服務質量。

本章小結

在提供服務產品的過程中，服務人員是不可或缺的因素，服務企業在對顧客做好外部行銷的同時，也應對服務人員進行內部行銷。本章首先從服務人員的地位和作用出發，闡明了服務人員對於服務企業發展的重要作用。其次，基於促進企業良性發展的視角，介紹了服務人員的選拔條件及選拔流程；同時，較全面地論述了內部行銷的概念和相關知識，介紹了內部行銷的重要性以及內部行銷管理的策略，揭示了內部行銷對服務企業的意義。再次，基於「企業－員工－顧客」之間的鏈式關係，闡明了服務人員內部管理的重要作用和方法。最後，從管理層和操作層兩個層面展開對服務人員培訓的介紹。

關鍵概念

服務人員；內部行銷；內部管理；內部培訓

復習思考題

1. 論述服務人員和顧客對服務企業的重要作用。
2. 服務企業的服務人員應當具備怎樣的基本素質？
3. 服務企業中管理者應怎樣處理好與員工的關係？
4. 何為內部行銷？內部行銷對服務企業有什麼意義？
5. 論述基於「企業－員工－顧客」之間的鏈式關係，應如何開展服務人員的內部管理。

第十一章　服務過程策略

學習目標與要求

1. 瞭解服務過程的定義和分類
2. 掌握服務過程管理的影響因素和策略
3. 掌握服務流程設計的原理與方法

[引例] 新大谷飯店的啟示

　　新大谷飯店是日本飯店業的後起之秀，它是1964年9月為解決在東京召開的國際奧林匹克運動會上客人的食宿問題而建成的。目前，新大谷飯店的總建築面積為191,049平方米，共有客房2,057間。從1970年起，新大谷飯店開始組建飯店集團，現在，在日本國內另有9個新大谷飯店，美國和保加利亞還有3個。同時，新大谷飯店已是日本最大的飯店之一，也是日本經營管理較好的飯店之一。在日本國內，新大谷飯店已能同有悠久歷史的帝國飯店和大倉飯店相媲美，被日本稱為日本飯店業的「三雄」之一。在某些重要項目方面，新大谷飯店的效益已超過了大倉飯店和帝國飯店：純利占營業收入的比例，新大谷飯店為8.3%，大倉飯店為5.5%，帝國飯店為1.3%；人均營業額，新大谷飯店比大倉飯店和帝國飯店分別高29%和64%；人均純利則分別高96%和9倍。

　　新大谷飯店之所以能在競爭中取勝，同它能提供高質量的服務密切相關。新大谷飯店的高質量服務不僅表現在先進的服務設施和齊備的服務項目上，更重要的是表現在飯店工作人員的服務質量上。新大谷飯店的服務宗旨是：客人是第一位的。他們的服務工作使客人感到方便、周到、舒適。飯店的一切服務工作都從客人出發，以客人為轉移。他們強調服務工作的每一個環節，哪怕是看起來很瑣碎的事情，都必須是高質量的，他們認為，服務員沒有辦法把不合口味的飯菜變得香甜可口，卻有可能把香甜可口的飯菜變得無滋無味。不管廚師的飯菜做得多麼好，餐具多麼高級，如果服務不好，顧客是不會滿意的。

　　客人一到新大谷飯店，立刻就會感到不同尋常的優質服務。在門前，他會受到門衛人員的熱烈歡迎。客人如果是坐車來的，門衛要將車輛引到客人容易下車的地方，待車停穩後，躬身向客人致意：「歡迎您來到新大谷飯店！」，打開車門時，要用手遮住車門邊上沿，以免客人下車時碰頭；對老人和兒童要攙扶下車，並提醒客人帶好貴重

易碎物品。客人離開飯店時，門衛要將車輛引到便於客人上車和裝行李的地方，與服務員協作，將行李裝上車，並請客人核對件數。待客人坐好後，再輕輕關上車門，並躬身向客人致謝。送客時，門衛要站在車輛的斜前方，離一兩步遠，使客人能清楚地看到。上電梯時，裡面有人，服務員就請客人先上，如果沒人，服務員先上去按住門，選好樓層，再請客人上去。服務員在電梯內站在操縱盤前，幫助同乘電梯的其他客人選層，到達樓層時，讓客人先下。為保證客人安全，在電梯內不談論客人姓名房號，與客人交談適度，不主動搭訕。

客人住進新大谷飯店，將會更進一步體味到飯店一流的服務。①房間乾淨淨。房間的清掃都有固定的順序。清掃完畢，一定是家具光亮、清潔、無水點、手印；床鋪整齊、合乎規格，各種物品擺放合乎標準，就連窗簾也會拉得適度。②飯店絕對安全。為了保證客人的安全，客房間鑰匙的保管很細緻、很嚴格。每三層樓配備萬能鑰匙一把，每個房間配備鑰匙三把，其中一把為備用鑰匙，為清掃房間使用，另兩把由財務處掌握。曾經有一次萬能鑰匙丟失，為了安全，飯店竟然把三層樓的鎖全部換掉。③服務員禮貌待客。服務員的值班姿勢都有講究：雙腳稍微叉開，雙手輕握身前，保持自然的姿勢，不能依靠牆壁，懶懶散散，也不必僵直不動。服務員在同客人講話時，不準背著手，更不準用手叉著腰。服務員在工作時，不準三五成群在一起聊天，不準辦私事、打私人電話，如有急事需要打電話，要向組長請示。當服務員有事來到客人房間時，先按兩遍門鈴，客人在裡面答應後，才能開門進去，同時說，「打擾您了！」不管你走到哪裡，服務員都會向你點頭示意問好。④問詢工作周到、迅速。問詢處分為電話問詢和櫃臺問詢兩部分，主要為客人傳送留言、信件、找人、轉遞包裹、貴重物，等等。外面來人（或電話）約會住飯店的客人，值班人員要填寫電話記錄單一式三聯，一聯放在房間號碼格裡，同時按一下電鈕，客人房間裡電話機指示燈就會閃亮，客人回來後看到信號撥一下指定號碼，問詢處就可以把約會或留言傳告。如果客人沒有注意信號，值班人員也會每隔一小時將第二聯集中起來由總服務人員往客房分送一次。第三聯則作為存根，以便萬一將來發生糾紛時核對。

新大谷飯店正是憑憑藉優質服務，在競爭激烈的飯店業中贏得了一席之地。

第一節　服務過程的定義、要素和分類

一、服務過程的定義

服務過程是指與服務生產、交易和消費有關的程序、操作方針、組織機制、人員處置的使用規則、對顧客參與的規定、對顧客的指導、活動的流程等，簡言之，就是服務生產、交易和消費有關的程序、任務、日程、結構、活動和日常工作。因此，對服務過程的研究可以找出容易發生問題的關鍵環節，檢查過程中的每一個細節是否令消費者滿意。

例如，在去某飯店就餐的服務全過程中，我們可以發現第一次接觸是發生在飯店

大門外的停車場，第二次接觸是發生在飯店大堂中迎賓小姐引路，第三次接觸是在餐桌上開始點菜，第四次接觸是發生在享受美食的全過程中，第五次接觸是發生在付帳的時候，第六次是在出門時的歡送，第七次是發生在乘車離開時候。這還包括後臺的記帳、烹飪、事先採購等等，所以一次完整的服務過程包含前後臺的服務，是一個前後銜接的完整流程。

二、服務過程的要素

服務過程是事先規劃、人員協調、資源投入與控制，將產品傳遞給客戶的全過程，其中發生了成本，產生了效益，得到系統的產出。包括如下要素：

（一）流程規劃

流程規劃是對服務行為的規範化和統一化，使服務水準、數量和質量，以及所實現的功能能夠達到市場的要求，使顧客能夠滿意。

（二）設備佈局

對服務過程中所使用的所有設備的擺放、材料的準備、客戶所處的地理位置、器具的維修保養等，這樣在進入正式的服務時，對客戶的服務會非常便利，器具的遞送都很方便。

（三）時間安排

從籌備服務開始到服務結束為止，進行詳細的時間規劃，保證服務能在規定的時間內完成，使效率達到最高，資源使用頻率最高。在餐飲服務中，正式營業前多長時間準備材料，多長時間準備餐具，每個菜品多長時間送達，營業時間結束後多長時間洗刷餐具以備下次使用，都是事先計劃的產物。

（四）作業計劃

對服務過程中每項服務設計其規格和必須達到的要求，使其標準化，在以後的服務中都應達到這一水準，這樣才能使服務符合客戶要求，保證質量，保持穩定成本。

（五）庫存控制

服務產品雖然以服務為主導，但離不開實物發揮作用，市場需求瞬息萬變，可能在短時間內產生大量需求，也可能在長時間內某種物品的需求量較低，這就要求安排好合理的庫存和及時的快遞服務。在產生大量需求的時候，能夠迅速補充庫存，在需求不旺時降低庫存，減少資金的占用，提高資金的使用效率。

（六）作業控制

在具體服務過程中，客戶要求多變，不一定能按事先的安排去做，計劃會被臨時打亂，這時，更強調對作業的控制，掌握信息流的變動情況與各項作業之間的銜接，在規定的時間檢查與現制定的作業是否到位，出現問題及時協調解決，防患於未然。

（七）質量檢測

對重點部門和重點環節的質量進行抽查，對服務質量及時檢測，以確保服務達到

了預期的效果。

（八）預測

在服務工作中進行長時間的累積之後，對未來可能發生的變化、客戶的偏好轉移、替代商品的出現等等做出預測，以改進當前的服務質量。

以上的要素是任何企業在提供服務過程中所必須解決的問題，這些要點之間又都存在千絲萬縷的聯繫，因此必須事先做好統籌規劃，服務過程中又要及時跟蹤，以保證服務的順利進行。

三、服務過程的分類

（一）依據服務流程差異程度、服務流動作用客體、客戶參與服務程度進行分類

1. 按服務流程差異程度分類

某些服務流程是統一和規範的，不允許有絲毫的改動，其流程差異度極小，我們稱之為標準服務，如銀行的儲蓄業務服務、房地產開發商的購房合同簽訂。這些業務基本按照步驟重複進行，因此可以採用標準化的業務流程，特別是可通過現代計算機技術的通信設備，採用自動化技術，降低人力成本的消耗，加快業務處理的速度。而某些服務需要考察客戶的偏好，沒有固定的業務流程可走，需要加強同客戶的溝通和交流，幫助其做出決策，如組裝電腦中零件的搭配、餐廳中客戶的點菜服務，需要有高度的靈活性和識別能力，需一定的業務技巧，能夠察言觀色，才能令客戶滿意。同時在這類服務過程中，一線服務人員對客戶有極大的影響作用，應提前做好培訓和授權。

2. 按服務流動作用客體分類

在服務過程中會有具體的作用客體，這個客體不一定是人本身，更多的是人的附屬品。因此可以將作用客體分為實物、經濟利益、人和信息，進而依據客體的不同來劃分服務過程。

作用於實物的服務過程，如行李的托運、酒店的衣服干洗服務等；作用於人的經濟利益的服務，如銀行的儲戶帳戶、第三方託管業務等；作用於人本身的服務，如醫療衛生服務、旅遊服務、教育服務，可以使人消除疲勞、提高工作效率；作用於信息的服務，如檔案託管機構、私人信息的保存服務等。

3. 按客戶參與程度分類

客戶參與服務流程的程度可以分為三類：直接參與、間接參與、無參與。

在餐飲服務體系中，客戶直接參與到菜品的選擇中，在與服務人員的交流中瞭解每道菜的特點，從而做出決定，這就要求企業能夠充分考慮餐廳地理位置選擇、服務人員的配備、工作任務的安排、需求的快速處理，從而在與客戶面對面的交流中掌握先機，提供優質服務。

需要注意的是，以上三種分類方法並不是完全獨立的，而是相互交叉的，現實中某一服務過程可能同時具備其中的幾種。

(二) 按過程形態不同分類

1. 線性作業

所謂線性作業是指各項作業或活動按一定順序進行，服務是依循這個順序而產出的，它適用於較標準化性質且有大量的持續性需求的服務業。自助式餐廳就是這種作業順序的標準形態，在自助式餐廳顧客依順序做階段式地移動，當然，顧客也能維持不動並接受一系列服務。線性作業的各種不同構成要素之間的相互關係，往往使整體作業會受到連接不足的限制，甚至因此造成停頓現象。

2. 間歇性作業

間歇性作業是指各服務項目獨立計算，屬於非經常性重複的服務，最有助於項目管理技術的轉移及關鍵途徑分析方法的應用。例如，一部大型影片的製作，一個廣告宣傳活動的設計都屬於間歇性作業。這類項目的規模及其間斷性與前種方式大不相同，對管理階層而言，作業管理是複雜而艱鉅的。

3. 訂單生產

訂單生產過程是運用不同活動組合及順序提供各種不同的服務。這類服務接受事先預定或者特別設計，以迎合顧客的不同需求，餐館及專業服務業都屬於訂單生產過程。雖然這種形態具有彈性優勢，但仍然存在時間不易安排，難以估算系統產能，難以用資本密集取代勞動密集等困難。

(三) 按接觸程度不同分類

按照服務過程中和顧客接觸的程度不同，可將服務過程分為高接觸服務和低接觸服務。美國亞利桑那大學教授蔡斯提出，在低接觸服務中，因為顧客不直接出現在生產過程中而不會產生直接影響，其生產經營觀念和自動化設施均可應用工廠運作模式。而在高度接觸服務中，顧客往往成為服務過程中的一種投入，甚至會擾亂過程，生產日程較不容易編製，同時，高接觸度服務業的工作人員，對顧客的服務印象有極大影響。

將服務系統中的高接觸度構成要素和低接觸度構成要素予以分開管理會比較有利，同時，可以此激勵員工在各種不同功能中盡量專門化，因為各種功能需要的技能並不相同。

無論是依據過程方式還是接觸度高低來分類，都可顯示服務過程中的作業順序，並予以明確化，也可以將服務系統依其接觸度加以分門別類。

(四) 按複雜程度和差異程度不同分類

1. 複雜程度和差異程度都比較低的服務過程

如超市的服務過程，既不複雜也沒多少差異。

2. 複雜程度比較高，差異程度比較低的服務過程

如餐廳的服務過程，比較複雜，但比較標準化，一般不會出現太大的差異。

3. 複雜程度比較低，差異程度比較高的服務過程

如理髮店的「服務過程」，不是很複雜，但差異程度卻比較高。不同的理髮師之

間，不同顧客要求之間，甚至是同一要求不同理髮師之間，都存在較大的差異。

4. 複雜程度和差異程度都比較高的服務過程

如外科手術的過程，既比較複雜，又隨著病人或醫生的不同而出現較大差異。

四、服務過程的重要性

服務過程是服務行銷的重要環節，直接帶給企業經濟效益，其重要性表現在：

(一) 從最終客戶視角觀察

客戶是服務的最終使用者，服務產品的好壞、服務水準的高低由他們決定。正是由於服務生產和消費的合二為一，客戶直接參與服務的全過程，與服務人員直接接觸，他們擁有最直觀的感受。某些企業認為合理高效的程序，從客戶視角觀察卻是低效而不合邏輯的，如許多手續的辦理，通常是跑這個部門蓋這個章，到那個部門去簽字，客戶來回奔波耽誤時間精力，而辦事人員卻非常空閒，所以客戶提出了能不能集中辦理，從而誕生了「一站式」的服務模式，極大提高了效率。

在服務過程中徵求客戶意見，大力提高自動化水準，使客戶少費力，減少人為的影響，如代扣水電費等，提高了客戶的滿意度。在某些自助式服務中，服務過程可由顧客自己動手來完成，讓客戶發揮其協作能力，同時節約企業人手，增強娛樂性，達到雙贏的目的。

(二) 凸顯有形表達

服務是發自內心的關懷，是周到的準備，它難以嚴格定義，只能通過具體的事物去感受。服務流程僅僅通過口頭表達會產生歧義，不能充分描述複雜的服務系統，易忽略最關心的細節，在企業內部相互協調以及服務人員和客戶溝通過程中也易產生問題，因此有必要利用科學的流程設計和管理使這種無形服務變成有形的表達。

第二節　服務過程管理

一、服務過程管理的依據

服務過程的有效整合管理，依賴於對服務過程內部規律性的深刻認識，這需要進一步剖析服務過程的特徵。

(一) 過程中的矛盾複雜性

從哲學的觀點來看，服務過程就是一系列複雜的矛盾的運動。如顧客所期待的服務與實際經歷的服務之間的矛盾；一線服務員工和參與顧客、管理人員之間的矛盾等。這其中以不同主體的行為為中心（組織、服務員工、顧客），他們參與服務過程是矛盾運動的主要方面，這就提出了過程中「真實瞬間」的關鍵事件管理。

(二) 過程中的時空關聯性

從經濟學的觀點來看，服務過程就是服務產品的構造和價值實現過程，是服務產

品運動所占據的具有一定維度和範圍的經濟空間。服務過程所占據的時間和空間的長短和寬窄一般不是等同或同向的，如牙科診所可能為同一患者多次服務，空間範圍不大，但經歷的時間跨度卻很大，而郵電服務則可能要經過很長的空間路線。所以服務過程又是通過人的行為，在一定維度和範圍的經濟空間實現服務價值的過程，這就引出了過程中的時空管理。

(三) 過程中的顧客參與性

從管理學的觀點來看，服務過程就是以人為中心，以實現服務組織、員工、顧客滿意為目標，以協調為本質的過程。服務一般不涉及所有權的轉移，但卻有多元主體要實現其利益目標。在實現多元主體利益目標的服務過程中，由於內部及外部顧客的介入，人（組織、服務員工、顧客）的行為表現充滿變數，導致提高生產率和控制服務體系的困難，這就提出了過程中的顧客參與管理。

(四) 過程中的交互性

從關係行銷學的觀點來看，服務過程就是服務組織、服務員工、顧客三方從服務接觸到建立、發展並保持長期互惠關係的過程。其中，最重要的是顧客與服務者的關係，服務現場員工和顧客的良性互動對於提高過程質量、提高顧客滿意度起關鍵作用。這就體現了以行為接觸為起點的服務過程中互動行銷管理的重要性。

二、影響服務過程的因素

在對服務過程系統結構模型進行分析的基礎上，還要進一步仔細分析影響服務過程的因素，以便制定正確的服務過程策略。

(一)「接觸面」的過程影響因素

首先，服務系統的互動部分反應了顧客與服務組織的接觸，而顧客所能體驗到的「服務過程」特性也產生於這個重要的「接觸面」。對它產生影響的有以下幾個因素：

(1) 服務過程中的顧客。服務的生產過程與消費過程的同步性決定了顧客或多或少都要參與到服務過程中來，因此，顧客的服務體驗具有即時性、瞬間性、實地性。所以倘若在服務過程中，有哪個環節出了小小的差錯，其結果都會使顧客對服務不滿意，並無法挽回。

(2) 與顧客接觸的員工。接觸顧客的員工即服務的一線人員地位很重要，他們需要在關鍵時刻通過觀察、問答及對顧客行為做出反應來識別顧客的願望和需求。他們還要進一步地追蹤服務質量，在發現問題時及時採取對策。

(3) 服務系統和運行資源。包括排隊系統、客戶服務呼叫中心、資金匯總系統、自動櫃員機系統或在線服務系統等。許多種系統和程序都影響服務和執行任務的方式，並且對服務質量有雙重影響。首先，顧客必須和這些系統互動，所以它們直接影響顧客對服務質量的感知。例如，當顧客面臨要求填寫的文件太繁瑣複雜時，就會感覺服務質量較差。其次，系統和程序對員工作業也有影響，如果某種系統太舊或太複雜，在其中操作的員工可能會感到困惑或煩惱，從而產生負面激勵，導致服務質量下降。

(4) 有形資源和設備。它們構成了服務過程中的服務環境組合，包括行情顯示器（臺式+掛式）、方便交易的物品、室內布置與裝修、音樂等。一切對服務接觸有積極感知幫助的氛圍和有形因素，共同構成了服務過程的可視部分。顧客、員工、運行系統及資源在此環境中相互作用。這些有形資源和設備對服務質量起著不容忽視的作用，因為顧客可以在此環境中感覺到自己參與服務過程時的難易程度，以及得出服務環境是否友好的結論。例如，銀行營業廳裡擺放有自助咖啡機、糖果、大沙發以及報紙雜誌等，提供給等候服務的顧客，這些有形資源無形中提升了顧客對服務質量的感知。

(二) 支持系統的過程影響因素

這部分雖然不被顧客所見，但直接影響互動部分的效率和效果，不能因為顧客看不見而有所忽視，而應該將其納入服務過程行銷的整體設計之中。

(1) 系統支持。這種支持是強調在可視線背後的支持系統，與前面互動部分中的系統和運行資源有所不同。例如，銀行如果購置了一套速度很慢的計算機系統，就無法滿足及時進行快速決策及日常的現金調撥的要求，數據庫也無法為接觸顧客的營業員方便快捷地提供服務信息，這就是可視線後的支持系統影響了服務過程質量；但如果是出於櫃臺風險控制而增加顧客從銀行提取現金的手續，則是可視線以內的管理系統影響了服務過程。

(2) 管理支持。這種支持決定著企業的文化，即決定服務組織的共享價值、思考方式和工作群體、團隊和部門的工作情況。如果經理和主管沒有為團隊樹立一個好典範，也沒有能力鼓勵團隊關注顧客和培養服務意識，整個服務組織為顧客提供優質服務的興趣就會減弱，進而損害服務過程。

(3) 物質支持。與顧客接觸的員工要正常完成工作，常常要依賴無法被顧客直接看到的各職能部門及其所提供的物質支持。這些提供支持的職能部門的員工必須將與顧客接觸的一線員工視為自己的內部顧客，使內部服務質量與提供給最終顧客的服務質量一樣出色，否則會使一線員工的工作積極性受到挫傷。這一服務過程階段出了差錯，也將影響顧客感知的服務過程質量。

三、服務過程的管理

(一) 服務過程與顧客

1. 對顧客參與服務過程的管理

顧客往往可以由與服務人員關係的質量來判斷服務質量，並從中獲得滿足。顯然，服務人員的態度、訓練的質量與其對服務的知識水準，對於顧客的需求滿足與否影響甚大。但是，服務人員畢竟只是服務系統的構成要素之一，他們雖然可以盡其所能協助顧客，但卻無法完全補償整體性服務系統的不完善和低效率。

就服務過程管理而言，服務人員和服務系統之間存在相互作用。如果將服務人員的自由決策權去除的話，可能會使服務系統的運作更經濟，並形成較為統一的一致性質量。但是，這樣卻會犧牲服務人員的工作滿足感。因為工作一旦例行化、制度化，將不利於服務人員發揮其能力，並減弱他們的工作動機，而且，可能妨礙到他們最終

向顧客提供的服務質量。

在高接觸度服務業，顧客也參與服務遞送過程，因此服務過程系統的設計，也必須考慮到顧客的反應和動機。顧客對服務業公司的要求，會影響到服務表現者的行為。要調整對服務系統的管理，可能要先調整顧客的行為，或者將顧客行為從服務系統中完全除去。傳統的經濟理論確定了提高生產率的三種方式：改善人力質量、投資於更有效率的資本設備、將原來由人力操作的工作予以自動化。

但是，提高服務業的生產率，還應該再加上第四種提高生產率的方式，即改變消費者與服務生產者的互動方式。在改變服務系統時，必須採用行銷的觀點。因為，只要過程管理在傳統接受的服務產業部門引起各種變遷，就會直接影響到顧客，但顧客是否接受這些變遷則不可知。此外，顧客的抗拒心理往往也是採取合理方法進行改善的一個阻礙。將服務系統，尤其是高接觸度服務業區分為技術核心（Technical Core）與個人化接觸（Personal Contact Service）兩個部門，或許可以緩和上述的顧客抗拒問題。使用這種方式，大量的工作可以在技術核心內實現（如電腦化銀行交易）。但是，顧客仍然和技術核心的作業有若干程度接觸，因此，對顧客反應保持高度敏感仍然很必要。

2. 幫助顧客接受服務過程管理的改革和變遷

對顧客服務包括 7 個步驟，以促成過程管理變遷的實施成功。

（1）取得顧客信任。顧客接受變遷的意願，是服務業公司被顧客認為值不值得信賴的一個因素。

（2）瞭解顧客習性。這一點有助於使任何變遷的合理性更成功地展現出來。

（3）測試新的服務程序和設備。通過實地試用獲取對顧客瞭解與其反應的評估。

（4）瞭解消費者行為的決定因素。瞭解消費者為何會採取某種行為。

（5）教導消費者如何運用服務的各種創新。顧客可能會對變遷有所抗拒，尤其是對服務的器械化，因此，需要對他們進行訓練和輔導。

（6）利益促進及試用激勵。接受度通常是顧客對各種利益觀念的一種函數，如果接受度不明顯，則設法促進很重要。

（7）監測並評估成效。持續不斷地進行監測、評估和修正。

以上建議是針對獲取顧客的接受度而提出的，不過，這些建議也同樣可以對服務人員對變遷的接受度發揮作用。

(二) 服務系統的組織內衝突

服務業的有些經營包括有許多小單位即多地點作業形態的管理。這些小單位往往分散於不同的地理位置。中央作業可能僅限於策略性決定事項，如選擇新服務處所、規劃未來服務產業、建立人事與訓練政策以及控制採購與財務控制。但分支單位經理必須管理該處所的整個服務系統，他們的職責包括行銷、作業和人事。即使該處所的作業更具有整體管理（General Management）的角色，而在該處所具有高度獨立性的作業系統中，各項功能之間的影響與相互依存性往往造成衝突問題。例如，某一作業處所管理者，想要均衡作業和行銷上的需求，或者想要均衡作業上和人事上的需求時，

每當一種創新服務被引進時，行銷上和作業上總會出現功能間衝突（Inter Functional Conflict）。

1. 造成服務系統的組織內衝突的原因

（1）變遷的各種動機不同。在不同的功能部門，對於系統變遷各有不同的動機。如作業方面，可能根植於技術上的開發進展，而行銷方面，則可能根植於提高市場佔有率的可能性。

（2）成本收益取向不同。作業經理人往往關心提高效率和降低成本，行銷經理則追求營業額與收入增加的機會。

（3）時間取向不同。行銷人員往往採取短期導向，關注短期性的情況，而作業人員則著眼於新技術及新作業程序引進的長期導向。

（4）在既有作業中加入新服務產品的認同不同。自行銷觀點引進的新服務產品並不一定是相容的，而且不一定與既有的作業系統相適合。

2. 克服功能間的衝突可採取的方式

（1）功能間轉移（Inter Function Transfers）。用工作輪調方式讓員工能在不同功能組織間保持流動。

（2）任務小組。可成立任務小組，以整合各種不同功能性觀點，並解決功能間衝突。

（3）新任務新員工。為現有員工重新定向，並從其他單位甚至是企業外引進新人。

（4）在工作現場培養行銷導向。在工作現場負責的經理人可經由以下方式激勵其員工增強消費者導向：①分散營業收入責任，建立成本基準評估制；②對內行銷，欲使各種服務產品的創新贏得合作、支持與接受，除了需要對外行銷，也需要進行對內行銷；③以程序手冊來控制，如將消費者導向的服務程序以及控制方式，均編製成程序手冊，以供遵照使用。

組織內衝突通常源於服務作業的性質及其結構，比如說，許多地點作業的服務業都採用直線與小組的組織方式。即每一作業地點都有一個經理人負責，每一經理人的激勵方式，當然都會考慮到每一作業地點決定權的大小以及總公司的控制程度與影響力。有些服務業需要給分店營運經理以較高程度的授權，以及其自身的自發性和機動性。另外，有些從事較為標準化類型的服務業，則可能需要嚴格奉行總公司制定的程序和標準，並不需要分店經理人擁有太多的自主權。

(三) 服務質量控制

質量控制是服務過程管理和控制的又一個重點。許多適合於製造業的質量控制原則，也適用於服務業，這些原則包括下述三項：

（1）質量控制關係到服務作業中的每一個人，也包括看得見或看不見的各種任務。

（2）各種質量控制制度應能發掘質量失靈及獎勵成功，並協助改善工作。

（3）以機器替代人力，尤其是取代那些例行性的服務工作，應有助於質量控制。

一家美國航空公司通過研究以下事項來執行服務過程質量標準：

（1）每位顧客在取得飛機票時必須花費多少時間。

（2）將行李從飛機上卸下來需要多少時間。
（3）有電話進來未接聽之前只應允許它響多久。
經常被人稱許的麥當勞公司，對質量標準的注意事項有：
（1）漢堡包在多少時間內要翻面多少次（經常翻面）。
（2）未賣出的漢堡包只能保存多久（逾時即棄）。
（3）未賣出的炸薯條只能保存多久（逾時即棄）。
（4）收銀員應當以目光接觸每一位顧客，並微笑。

以上這些不尋常的例子表明，在服務遞送過程中建立質量控制標準應當是能夠做到的。不過，在制定標準和執行上可能比製造業困難。另一方面，服務作業上許多可以改善生產率的原則，也都可以引用來改善質量。如器械的採用、時間與動作研究、標準化、分工專門化、裝配線作業原則的利用、加強訓練以及注重工作安排和注意工作組織等原則和措施，均可用來改善質量，尤其以科技的利用最有成效。

（四）排隊管理

排隊管理是服務企業在服務過程的管理中的重要一環，也是服務企業調節服務供求矛盾的重要方法，在此僅做簡要論述。

所謂排隊，就是等待消費服務的顧客在進入點前排隊。當需求超過服務企業的運作能力時就會出現排隊。當難以預料顧客要求服務的時間時，當無法預料服務的持續時間時，排隊現象就容易出現。

等待成了我們生活的組成部分。在銀行，在火車站的售票口，在超級市場的收款臺，都有排隊現象。「我們買什麼東西時，等待就是價格的一部分。」在西方文化中，人們都對時間賦予更高的價值。工作時間大大縮短了，但是交通的堵塞照樣壓縮了自由活動的時間。等待意味著時間的浪費。現在顧客不樂意長時間排隊，顧客不僅要求優質服務，而且要求速度快捷。

排隊現象的出現有其客觀原因，在企業設計服務過程、調節服務的供需關係時就考慮到了一定量的排隊現象的必要。企業為了降低成本，提高企業服務的生產能力的利用率，必須考慮讓顧客進行一定時間的等待。同時，受客觀條件的影響，如設備等，顧客的等待也是必然出現的。

但長時間的等待就像劣質產品一樣會損害企業的形象，會損害企業與顧客之間的關係。所以對服務企業來說，必須瞭解需求的高峰出現的時機以及它有可能帶來的顧客等待，必須選擇適當的運作能力以避免長時間的等待。當顧客必須等待時，要傾盡全力縮短顧客能意識到的等待時間。

顧客等待的耐性主要是由兩方面決定的：一方面是主觀上感受到的時間，另一方面是顧客期望的時間。主觀上感受到的時間與實際等待的時間是有很大差別的，在不同條件下等待，同樣一分鐘可以使人感覺到很短或者是漫長無比。而顧客的期望時間取決於多方面，顧客的時間價值觀念或者服務的價值等。如在星期六下午或聖誕節前夕到大商場，顧客就已經在心理上準備了要在收款臺前等待。實際上，在服務中，顧客等待時的心情是非常重要的，這會影響到顧客主觀上感受到的時間，從而縮短期望

時間與感受到的時間的差距。在服務過程的排隊管理中，管理者需要花費很大一部分精力考慮如何適當處理排隊現象，並使等待看起來短一些。

第三節　服務流程設計

一個廣受好評的服務遞送系統應該將服務作業、設備佈局、隱性服務有機結合起來，從而滿足客戶感知各個方面的需求，這就是服務流程設計。

一、服務流程設計的優點

（一）顯示服務系統的全景

在該服務系統中包含哪些作業以及各個作業之間的關係如何，可通過服務流程設計全部顯示出來。

（二）追蹤信息流動

在各個具體環節中需要上一階段提供什麼樣的成果，傳遞什麼信息，通過服務流程設計，可提前做好安排。

（三）及早發現缺陷

服務過程中肯定會存在大量的缺陷以及某些瓶頸，限制了服務水準，還有各個作業能提供的最大服務數量，都可以在設計中及時發現。

（四）瞭解客戶行為

提前預測客戶會有哪些行為，會參與到哪些服務流程中，據此可以提前做好準備，而不會被動應付。

二、服務流程設計的問題

在正式進入到設計階段之前，我們可以思考幾個關鍵性的問題：
（1）服務過程中應該有哪些關鍵作業？
（2）這些關鍵作業之間是否有重疊和抵觸部分？能否採取相應措施解決？
（3）每一個環節中提供的服務量是多少？能否應付高峰期的客戶需求？
（4）客戶是否適合參與服務流程中？何時退出服務流程？
（5）有哪些可以降低客戶接觸程度的服務環節？
（6）能否採用自動化和標準化技術提高服務效率？
（7）有哪些環節可以剝離出來，不受客戶影響？

三、服務流程設計的圖形設計法

可以採用流程圖的形式表達服務環節的產生和傳遞的全過程，圖形設計法是一種較好地表達服務流程設計思想的工具，為企業管理層所廣泛使用。

(一) 藍圖法

20世紀80年代開始有學者研究服務流程設計的一般方法，其中較為著名的是藍圖法。

藍圖法解決了傳統方法中服務無法經由嚴格測試和精細設計所帶來的問題，強調了客戶與服務中的互動特徵，使得服務流程的設計不同於工業領域內的建築或商品的設計。

在服務藍圖中，描述了每一服務環節以及各服務環節中的相互關係，其細緻程度符合客戶的目的和要求，並且指出服務環節中每一個步驟可能會引發矛盾糾紛的情況，會引起失誤的錯誤步驟，因而可以提前做出預防。

製作服務藍圖是一個複雜過程，管理者首先要明確哪些是核心競爭力的服務，哪些是附屬的服務；其次觀察企業的每一個特定客戶在服務過程中與服務人員發生的所有互動；最後把所有的互動步驟都排列起來，像生產流水線那樣排列緊湊，搞清楚各環節前後關係，分析每一個環節中客戶真正需求的是什麼，什麼行為會導致失敗。

因此，服務藍圖詳細描述服務過程，是能夠向客戶、服務人員、管理者清晰表達無形服務的有力工具。具體地，藍圖由服務流程、作業步驟、客戶等待區、潛在失誤區、關鍵作業環節這些可見要素所組成，區分前後臺，較好地表現了服務全程。

1. 主要元素

服務藍圖主要由四部分元素和三條分界線構成（見圖11-1）：

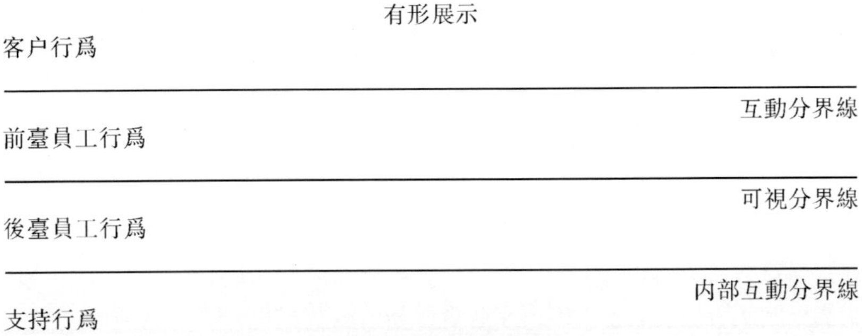

```
                    有形展示
客戶行為
─────────────────────────────────────── 互動分界線
前臺員工行為
─────────────────────────────────────── 可視分界線
後臺員工行為
─────────────────────────────────────── 內部互動分界線
支持行為
```

圖11-1　服務藍圖框架

（1）客戶行為。客戶行為包括在整個服務過程中各種可能的行為、步驟，可供的選擇與服務人員的互動。例如在餐飲服務中，客戶尋找座位、點菜、與服務人員交流、品菜、付帳、索要發票、離開。

（2）前臺員工行為。客戶所能看見的和接觸到的服務人員行為是前臺服務人員行為，如指引座位、遞送菜單、上菜、幫助付帳、歡送等。

（3）後臺員工行為。客戶看不到的服務人員行為是後臺服務人員行為，他們支持著前臺服務人員工作，如配料、炒菜、計算價格等。

（4）支持行為。支持行為包括系統內部服務以及安全保障等行為。如企業所使用的辦公自動化系統、業務規範系統、資料管理系統等。四部分的行為區域被三條分界

線隔開。

（5）互動分界線。表示客戶與企業服務之間的互動，線上為客戶，線下為企業服務，說明客戶與企業服務間發生了明顯接觸。

（6）可視分界線。將客戶能看到的服務和不能看到的服務行為分隔開來，線上為能看到的服務行為，線下為看不到的服務行為，同時它也是前臺服務人員和後臺服務人員的分割線。清楚地表達了客戶能看到多少服務。

（7）內部互動分界線。將服務人員和支持他們的員工及服務分隔開來，線上為內部服務人員，線下為支持行為，表明了服務系統內部的接觸。

服務藍圖的最上方將每一個接觸點的有形展示陳列出來，如銀行的業務辦理是以取號坐下等喊號的方式進行，以緩解客戶的等待情緒。整個服務藍圖以客戶為導向，將客戶作為服務流程的一部分，縱向為服務結構，橫向為服務流程，表達清晰有力。

2. 流程符號

為使閱讀圖像的管理者或管理人員能夠看懂服務流程，增加流程圖中關於服務細節的信息表達，可以使用不同的符號即不同形狀的圖框來清晰表達不同的行為和步驟，具體使用到的圖框符號及其含義如下：

（1）矩形框：服務流程中的一個步驟，在矩形框中註明關於步驟的簡要描述。

（2）菱形框：又稱為選擇框，表示流程走向了一個分支點或決策單元，框中註明所遇到的問題，對問題的不同回答決定了流程走向不同的方向。

（3）圓角矩形框：通常作為服務流程的開始或結束，在框中註明開始或者結束。

（4）流程線：用箭頭表示，表明服務流程的走向。

（5）文件框：表示產生了服務流程有關的書面報告信息，應在文件框內註明文件的標題或描述，如合同報告、對帳單等。

（6）圓柱體：表示與過程有關的資料和報告信息將會儲存在這裡，以備今後查閱。符號內需註明資料的標題或描述。

（7）圓形框：表示服務流程的循環，在該圓形框內需註明字母或數字。連續流程圖的連接器符號內使用相同字母或數字，表明服務流程如何銜接。

我們以到飯店就餐服務為例，來看看服務藍圖及流程符號（見圖11-2）：

3. 設計步驟

（1）明確服務過程。首先設計者要去瞭解藍圖所服務的對象流程的過程，先從概念上瞭解這個服務的簡單過程，再在這個基礎之上描述局部的詳細過程，弄清楚審批流程及相應權責、數據資料傳送流程，還有手續的流程等。

（2）分析客戶需求。市場中的客戶由於背景不同，受教育水準不同，因而他們的需求也不同，應該利用差異化策略為每一類客戶定制符合他們要求的流程圖。

（3）描述服務流程。強調從客戶角度去描述服務流程，這樣才能在圖中最準確地反應出客戶的需求，這個客戶是個相對的概念，對於前臺員工，消費者是客戶；對於後臺員工，前臺是客戶；對於支持服務，後臺員工是客戶。要對客戶在整個過程中任何一個環節和細節仔細觀察和描述，反應出流程的全貌。

（4）描述前後臺服務人員行為。在藍圖中加上互動線和可視線，然後從客戶和服

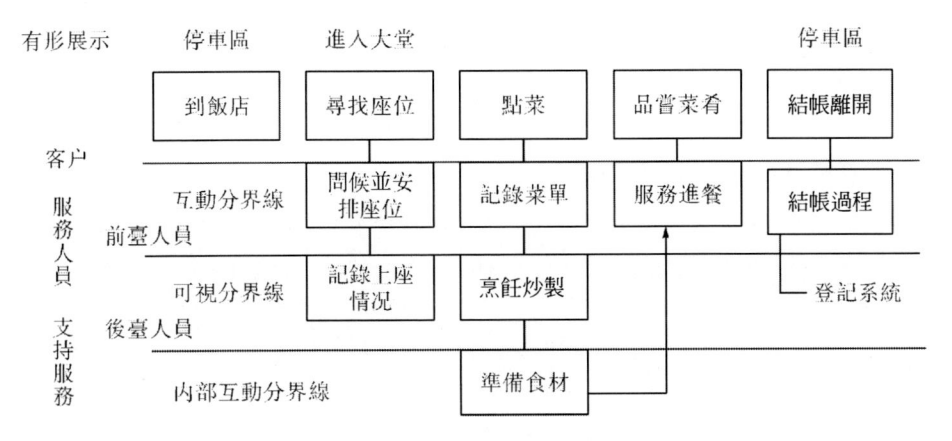

圖 11-2 簡單飯店服務藍圖

務人員的視角，區分前臺服務和後臺服務。如果某些服務需要結合技術和人力，也要作為可視內容添加。

（5）連接支持功能。在圖中添加內部互動線，先連接外部客戶與服務人員之間的連接線，再仔細區分服務人員與內部支持各功能之間的關係，再加上連接線。

（6）加上有形展示。在藍圖上方添加客戶所能看到的東西的說明，標明客戶的每一個步驟。

（二）服務圖法

與藍圖法不同，服務圖法主要從客戶的視角來展現企業服務流程與活動，使得各種服務組合能夠達到客戶想要的目的，同時利於觀察服務流程的分解與整合，使得服務過程能達到預期目標。

服務圖本身的概念簡單清晰，但可以根據實際情況變得簡單或者複雜，對於某位到飯店訂餐的客戶，我們可以這樣描繪流程：首先將飯店提供的服務分為客戶可以看見的和看不見的服務，對於看見的服務按照時間來分，有進入飯店大堂的接待，提供餐飲菜單、確認菜品、時間、人數、登記信息；而看不見的服務有核對客戶曾經的就餐信息、討論優惠政策、通知材料準備。通常會在圖中加上一條可視線來進行區分。在可視的服務流程中，客戶參與程度高，因此對於未來的服務決策，雙方都要承擔相應責任。

設計服務圖的最後一個步驟是識別可能引起失敗的環節，這些環節通常是：

（1）在服務開始時是否正確引導了客戶預期，是否存在錯誤提高他的預期？

（2）對於需要客戶確定的服務流程，是否對其解釋清楚，是否產生歧義？

（3）是否過於強調服務人員對客戶環節的理解，有無傾聽客戶意見？

（4）服務過程中有無重複環節和無意義環節？服務提送中有無脫節的情況發生？

因此在對客戶的服務流程設計時要盡量避免發生此類情況，在約定好服務時間時，要清楚告知客戶如果單方違約造成的後果，並且用文字形式寫明以免產生糾紛；在客戶出示打折卡或貴賓卡時，要快速調閱出客戶資料，以便做出周到細緻的服務；在客

戶提出疑問時，對其進行詳細說明。

以上是簡單的服務流程圖設計，如果是複雜的服務圖設計，則要考慮每一個作業的標準與規範、所耗費時間、占用的人力資源等。

四、服務流程設計的客戶合作法

圖形設計法基本是設計者的工作，由他進行觀察和調研後來描繪。而現實中我們知道，企業所提供的服務要具有生產和消費合一的特性，在某些場合下，客戶不願意作為被動的接受者，他們希望成為主動的參與者去付出精力和體力，這樣才更能體會消費的樂趣。針對這一情形，適時推出合作式的新型服務方式，將極大節約成本，以個性化的服務來吸引消費者。如提供自己研磨咖啡的休閒吧、自助服務餐廳等。因此，在一些企業的服務過程中可以將與客戶的合作與互動作為一部分流程加入。

（一）客戶合作法的優點

企業在採納客戶合作設計時，應事先考慮到提供的服務要具有一定的吸引力，能夠吸引客戶參與其中；這種服務不是嚴格的標準化流程，不會占用太多時間和費用，不強調技術上的難度，易學易會，使客戶願意承擔一部分工作；照顧到客戶的個人喜好，滿足其需要成就感的心理，從而擴大了企業的服務資源。

1. 提高服務效率

將某些服務交由客戶去完成，大大解放了服務人員的生產力，加快了服務進程，節省了很多服務人員在單個客戶上花費的時間，提高了設備和人員等利用效率。服務人員可以在服務時間內服務更多的客戶，因此無形中相對降低了成本。客戶對設備的使用也可以及時發現問題和反饋，通過改進以提高服務性能。

2. 滿足個性化需求

客戶不喜歡千篇一律的服務，需要彰顯其個性特色，通過合作，客戶可以高效表達個體需求，不僅感覺自己受到尊重，同時通過自身努力完成工作會帶來成就感，從而形成對服務過程的良好印象。

3. 調解需求矛盾

服務企業經常面臨的問題是平時人手過剩，在服務高峰期人手不夠，而服務能力是無法事先儲存在高峰期拿出來使用的，因此考慮在高峰期讓客戶參與服務過程，能大大縮短服務時間，減少排隊等候造成的不良影響，緩解需求矛盾。

（二）客戶合作法的設計原則

1. 設計服務過程的柔性

對現有的服務流程進行改造，為客戶留出足夠大的私人空間，放棄某些服務流程的規範化和標準化，使其可以任意修改和搭配，盡量發揮客戶的主觀能動性。同時對不適合的設備進行升級或改進，改變其服務界面，使其更加友好，利於操作，提供給客戶較多的工作技能和知識，必要時進行輔助，幫助客戶快速掌握技巧，避免因客戶參與造成效率的喪失。

2. 分析客戶的需求

著重分析客戶的喜好和心理特點，在哪些方面需要自己動手，其興趣點在什麼地方。對整個過程進行分析，觀察哪些流程適合客戶參與，與他們的興趣點是否匹配，預測客戶在服務過程中的所有行為。

(三) 客戶合作法的潛在問題

1. 服務人員的任務

客戶合作法中，服務人員的服務內容雖有所減少，但卻承擔了吸引、介紹、鼓勵客戶參與服務的任務，服務人員需瞭解客戶的特點和喜好，與客戶高度接觸，幫助客戶去參與服務。因此增強其服務意識，提高其技術水準，重視他的地位與作用。

2. 輔助客戶學習

客戶的興趣點在於其在服務過程中所獲得的成就感，但一開始客戶對服務流程是陌生的，客戶不知道如何在服務流程中發揮自身作用。因此，一個優秀的服務體系在設計時要考慮為客戶的學習創造良好氛圍和環境，設計一些激勵措施鼓勵其進行嘗試。

3. 管理難度加大

雖然單個服務人員的服務內容有所減少，但是由於加大了客戶的活動內容，因而總體上加大了服務過程的管理難度，因此有必要規範客戶行為，加大監控力度，實施追蹤，及時調整。

五、服務流程設計的生產線法

一些大型企業所提供的服務過程可以分解為操作簡單的單個服務，如快餐業對某個食品的加工過程可以在加入固定原料的基礎上加熱固定時間，制定嚴格的規範做成標準化的食品；商務酒店推出電子房卡、標準客房、呼叫服務；銀行推出的標準化業務處理流程等。這樣使得差異性小的客戶服務能夠短時間、大規模地推向市場，從而快速解決客戶需求，獲得高額的回報。服務性行業可以借鑑生產線的設計思想來安排服務流程。

(一) 生產線法設計原則

1. 系統化原則

對個體化、不確定性高的客戶需求進行分析，找出其中的共同點，以系統化的眼光設計服務過程，關注服務階段的組織和協調，進行詳細的規劃，對於原料供應、設備佈局、產品加工、服務遞送等都要站在全局角度考慮，如對客戶進行接待時詢問哪些問題，從這些回答中形成注意事項，進而改進產品加工的方式，這些都是環環相扣的。在這種精確管理之下，才能保證系統高效運轉，提高設備的使用效率。

2. 標準化原則

對服務流程中每一個服務制定嚴格的標準，如食品的加熱不得超過多長時間，從客戶點菜到上菜不得等待多長時間，每個菜品的分量多少，原材料如何搭配，都不得隨意進行，要嚴格依照規範來。這樣才能減少人為差錯，提供高效嚴謹的服務。

3. 充分利用現代化技術

一是充分利用現代化管理技術和管理思想，如精確規劃和控制，全面管理質量，提供標準化流程和操作規範，這些先進的管理意識能防患於未然，及早發現錯誤，提高管理水準。

二是廣泛使用高技術含量的硬件設備，如自動售貨機、電子計算機、網上銀行、自動售票系統，能替代人工勞動，提高服務效率。

(二) 生產線的優點

1. 擴大服務規模

傳統的服務在應對客戶的過程中浪費了大量人力物力資源，無法適應大規模的客戶需求，利用生產線做成統一的標準產品，降低了每個產品的成本，實現了規模效益，從而能向大量客戶提供服務。

2. 提高服務效率

利用大量技術設備減少人力勞動，給客戶使用提供了方便，同時縮短了每位客戶的服務時間，服務流程的規範化減少了發生矛盾的可能性，使得服務人員能夠集中解決重要環節的問題，提供更人性化的服務，從而提高服務效率。

3. 改善管理和服務水準

以前的管理過多地陷入服務細節，不能照顧到全部，通過生產線法用標準化手段組織服務流程後，就可以大大降低管理的難度，只要查看每一步驟的完成情況就可以進行即時控制；客戶所得到的服務在時間和接觸途徑上都進行了改善，實際也是降低了客戶為獲得服務所花費的成本，鼓勵他們更多的獲取服務。

(三) 生產法的缺點

生產線法在實際使用過程中還存在諸多問題，一是電子設備的使用問題，一方面學習使用現代產品需要花費時間和成本，另一方面存在可靠性和安全性的問題，一旦發生故障會帶來難以預料的損失；二是客戶的個性化需求同標準化流程之間的矛盾，要想挽留客戶則必須提供更多的個性化服務，而提供更多的個性化服務則增加了服務流程規範化的難度，因此有必要在其中採取折中的方案。

本章小結

服務過程是指與服務生產、交易和消費有關的程序、操作方針、組織機制、人員處置的使用規則、對顧客參與的規定、對顧客的指導、活動的流程等，簡言之，就是服務生產、交易和消費有關的程序、任務、日程、結構、活動和日常工作。本章具體介紹了服務過程的定義、服務過程要素、服務過程分類以及服務過程的重要性，並對服務過程管理的影響因素和策略進行了分析。最後，對服務流程設計進行了介紹。服務流程設計是將服務作業、設備佈局、隱性服務有機結合起來，從而滿足客戶感知各個方面的需求。服務流程設計方法有圖形設計法、客戶合作法、生產線法。

關鍵概念

服務過程；服務作業；服務過程管理；服務藍圖；服務流程設計；圖形設計法；客戶合作法；生產線法

復習思考題

1. 客戶的參與會給服務過程的互動帶來哪些影響？
2. 簡要描述流程設計藍圖法的設計步驟。

第十二章　服務的有形展示

學習目標與要求

1. 瞭解服務有形展示的含義和類型
2. 掌握服務有形展示的原則和方法
3. 理解服務環境設計的策略

［引例］肯德基的有形展示

　　肯德基採用的是精品化、標準化、人性化的品牌經營策略，店面的規模一般都不大，但很緊湊。肯德基的每一個細節都精雕細刻，每一個流程都已標準化。肯德基曾在全球推廣「冠軍計劃」，具體內容是打造美觀整潔的餐廳、提供真誠友善的接待、確保準確無誤的供應、維持優良的設備、堅持高質穩定的產品、注意快速迅捷的服務。肯德基採用品牌連鎖經營的模式。品牌就是獨特性，就是質量保證，就是社會信譽，就是高附加價值，就是精品。

　　（一）物質環境展示

　　①KFC 的環境衛生狀況。環境衛生是餐廳經營的最基本條件。顧客選擇餐廳前首先要看的就是餐廳是否清潔衛生。從外部看，KFC 要求招牌整齊清潔、宣傳文字字跡清楚、盆景修剪整齊；從內部看，要求顧客座席、餐廳擺設和陳列臺、備餐間以及洗手間等整齊清潔。肯德基的員工每隔一段時間便會收拾洗手間並補齊必備品（如紙巾、洗手液等），並噴灑香水。②KFC 的氣氛。餐廳的氣氛是影響餐廳服務質量的重要因素，因而，無論餐廳外部還是內部的設計與裝飾都要烘托出某種氣氛，以便突出餐廳的宗旨和強有力地吸引現有的和潛在的顧客。餐廳的設計、裝飾、佈局、照明、色調、音響等都會影響餐廳的氣氛。比如音響，KFC 中通常都要播放音量適中、旋律優美、使人身心放鬆的音樂，這能使顧客心情愉快，增加食欲。

　　（二）KFC 的建築設計

　　肯德基將入口設置為半封閉式，店門大，玻璃明亮，顧客從大街上可以比較清楚地看到店內的情景，既能吸引顧客又利於保持店內的適當隱密性。肯德基把它的牆面刷成色彩淡雅、層次豐富、透視感強的偏冷色調的布景牆，從而增添了空間的景深感，使整個空間在感覺上更為開闊。

（三）信息溝通展示

肯德基經營的不僅僅是餐飲，更重要的是經營一種飲食文化。兒童願意去，不僅僅是因為喜歡吃肯德基的食品，還因為喜歡肯德基經常更換的小玩具，喜歡肯德基為兒童特設的樂園，喜歡肯德基的環境和氣氛，喜歡在肯德基過生日，喜歡在服務員的帶領下和很多兒童一起練韻律操。這樣一來，KFC 把目標顧客的娛樂和飲食聯繫起來了。經典廣告語「finger-lickin' good」（好吃到讓你舔手指），誕生於 20 世紀 50 年代。在當時的肯德基宣傳片中，一個名叫戴維哈曼（Dave Harman）的男子正在吃雞肉。一名觀眾撥打了電話，質疑哈曼一邊吃雞肉一邊吮手指，舉止過於粗俗。這時接聽電話的經理回答說：「finger-lickin' good」。這句廣告詞立即紅遍美國的大街小巷。

（四）價格展示

KFC 價格公道，但不是價格便宜。肯德基不便宜，剛進中國時更不便宜，被當作高消費場所。隨著國家經濟發展，人民收入提高了，而肯德基的漲價幅度並沒有同步，所以現在也跨入了大眾消費的行列。說它價格公道，首先是它的透明，食物都明碼標價，顧客要是不接受，隨時可以走。其次是它的統一，不論何時何地其價格都是一致的。肯德基不但價格一致，其產品也是一致的。如果不是第一次品嘗，那麼消費者在下單的同時，就已經知道會得到什麼樣的產品了，各店都相同。最後，肯德基在每月月末及下月月初都會提供優惠券以及學生優惠卡等供消費者選擇。

第一節　有形展示的含義、類型與作用

一、有形展示的含義

有形展示是服務市場行銷組合策略的七大策略之一，有形展示與有形線索有直接的聯繫。所謂「有形線索」，是指在服務市場行銷管理的範疇內，一切可以傳達服務特色及優點、暗示企業提供服務的能力、可讓顧客產生期待或記憶的有形組成部分。例如，企業的建築裝修環境、員工的精神面貌、企業品牌載體、信息的溝通方式及效果等能夠引起消費者注意的事物。所謂「有形展示」，是指在服務市場行銷管理的範疇內，一切可傳達服務特色及優點的有形組成部分。在產品行銷中，有形展示基本上就是產品本身；而在服務行銷中，有形展示的範圍就較廣泛。

服務業的特點在於它的無形性和不可觸摸，而消費者在進行購買之前需要對所購買的產品和服務進行瞭解，比如是否物美價廉，或者能否滿足顧客的預期利益。服務產品的無形性決定了服務行銷大大地不同於市場行銷。為了使顧客理解服務的預期效果、感受服務的存在、認識服務的價值，服務的提供者往往通過向消費者展示服務的工具和設備、服務員工、其他顧客的評價、信息資料、圖片、價目表等有形的線索，傳遞必要的產品信息，從而促使消費者購買服務。因此，對不可預見的服務產品的有形展示就顯得至關重要。

服務行銷所研究的有形展示包括環境設施、人員、品牌載體和廣告溝通等，有形

展示能幫助服務企業管理者瞭解消費者需求並有針對性地提出解決方案。

從環境心理學可知，消費者通過感官所看到、聽到、觸摸到、聞到、品嘗到的印象會影響其對服務的感知和認可，進一步影響其做出購買該產品或服務的決策。因此，恰當的有形展示能夠滿足消費者瞭解服務的需求，從而引發他們的購買慾望。如提到麥當勞，消費者頭腦中馬上會出現大 M 的造型和笑臉可掬的麥當勞叔叔的形象，其寬敞潔淨的廳堂、熱情的服務人員、繁忙的節奏，都會給顧客帶來整潔、活力的印象，從而加深顧客對於該品牌的認可度。

二、有形展示的意義

服務有形展示的首要作用是支持公司的市場行銷戰略。在制定市場行銷戰略時，應特別考慮對有形因素的運用，以及希望顧客和員工產生什麼樣的感覺，做出什麼樣的反應。有形展示作為服務企業實現其產品有形化、具體化的一種手段，在服務行銷過程中佔有重要地位。有形展示能被昇華為服務市場行銷組合的要素之一，它所起到的作用具體來說主要包括以下幾個方面：

1. 通過感官刺激，讓顧客感受到服務給自己帶來的利益

消費者購買行為理論強調，產品的外觀是否能滿足顧客的感官需要將直接影響到顧客是否真正採取行動購買該產品。同樣，顧客在購買無形的服務時，也希望能從感官刺激中尋求到某種東西。服務展示的一個潛在作用是給市場行銷策略帶來優勢，要努力在顧客的消費經歷中注入新穎的、令人激動的、娛樂性的因素，從而改善顧客的厭倦情緒，例如，顧客期望五星級酒店的外形設計能獨具特色，期望高格調的餐廳能真正提供祥和愉悅的氣氛。因此，企業採用有形展示的實質是通過有形物體對顧客感官方面的刺激，讓顧客感受到無形的服務所能給自己帶來的利益，進而影響其對無形產品的需求。

對於以感覺為基礎的服務行銷戰略來說，建築可以有力地支持它，這是一個值得挖掘的資源。但是，建築物只是「包裝」的最外一圈，是最初的線索。「內層包裝」——環境、顧客系統、員工和工作態度是首要的，它們要麼與最初信息（即建築物所傳達的信息）相吻合，要麼讓人覺得最初的信息僅是假象。

2. 引導顧客對服務產品產生合理的期望

顧客對服務是否滿意，取決於服務產品所帶來的利益是否符合顧客對其的期望。但是，服務的不可感知性使顧客在使用有關服務之前，很難對該服務做出正確的理解或描述，他們對該服務的功能及利益的期望也是很模糊的，甚至是過高的。不合乎實際的期望又往往使他們錯誤地評價服務，及做出不利的評語。而運用有形展示則可讓顧客在使用服務前能夠具體地把握服務的特徵和功能，較容易地對服務產品產生合理的期望，以避免因顧客期望過高而難以滿足所造成的負面影響。

3. 影響顧客對服務產品的第一印象

對於新顧客而言，在購買和享用某項服務之前，他們往往會據第一印象對服務產品做出判斷。既然服務是抽象的、不可感知的，有形展示作為部分服務內涵的載體無疑是顧客獲得第一印象的基礎，有形展示的好壞直接影響到顧客對企業服務的第一印

象。例如，參加宣傳中的豪華旅行團出去旅遊的旅客，當抵達他國時，若接旅客去酒店的專車竟是殘年舊物，旅客便馬上產生「貨不對路」的感覺，甚至有一種可能受騙、忐忑不安的感覺。反之，若接送的專車及導遊的服務能讓人喜出望外，則顧客會覺得在未來隨團的日子裡將過得舒適愉快，進而也增強了對旅遊公司服務質量的信心。

再比如有些房地產公司，把房地產交易和他們能向顧客展示的各種有形因素聯繫在一起，形成公司的「最佳銷售者系統」資料並提供給顧客，以便他們據此做出判斷。這些資料包括內容如下：

最佳銷售者展示指導法則——它回答了購買者選擇房地產公司時，經常會提出的問題。最佳銷售者行動計劃——針對特定物產制訂的市場行銷計劃。最佳行銷服務保證——對已經做出的服務保證所許諾的行動方案。最佳住宅增值指導——提供住宅增值的建議和方法。

選擇性地利用這些材料有助於銷售代理人培養顧客對公司的先入為主的第一印象，諸如能力、承諾及個人服務等，通過有形因素強化語言承諾。

4. 促使顧客對服務質量產生「優質」的感覺

服務質量的高低並非由單一因素所決定。根據對多重服務的研究，大部分顧客根據十種服務特質判斷服務質量的高低，「可感知」是其中的一個重要特質，而有形展示則正是可感知的服務組成部分。與服務過程有關的每一個有形展示，例如，服務設施、服務設備、服務人員的儀態儀表，都會影響顧客感覺中的服務質量。有形展示及對有形因素的管理也會影響顧客對服務質量的感覺。優良的有形展示及管理能使顧客對服務質量產生「優質」的感覺。因此，服務企業應強調使用適用於目標市場和整體行銷策略的服務展示。通過有形因素提高質量意味著對微小的細節加以注意，可見性細節能向顧客傳遞公司的服務能力以及對顧客的關心。為顧客創造良好的環境，提高顧客感覺中的服務質量。

5. 幫助顧客識別和改變對服務企業及其產品的形象

有形展示是服務產品的組成部分，也是最能有形地、具體地傳達企業形象的工具。企業形象或服務產品形象的優劣直接影響著消費者對服務產品及公司的選擇，影響著企業的市場形象。形象的改變不僅是在原來形象的基礎上加入一些新東西，還要打破現有的觀念，所以它具有挑戰性。要讓顧客識別和改變服務企業的市場形象，更需提供各種有形展示，使消費者相信本企業的各種變化。

6. 協助培訓服務員工

從內部行銷的理論來分析，服務員工也是企業的顧客。由於服務產品是「無形無質」的，從而使顧客難以瞭解服務產品的特徵與優點；那麼，服務員工作為企業的內部顧客也會遇到同樣的難題。如果服務員工不能完全瞭解企業所提供的服務，企業的行銷管理人員就不能保證他們所提供的服務符合企業所規定的標準。所以，行銷管理人員利用有形展示突出服務產品的特徵及優點時，也可利用相同的方法作為培訓服務員工的手段，使員工掌握服務知識和技能，指導員工的服務行為，為顧客提供優質的服務。

三、有形展示的類型

對有形展示可以從不同的角度做出不同的分類。不同類型的有形展示對顧客的心理及其判斷服務產品質量的過程有不同程度的影響。

(一) 根據有形展示能否被顧客擁有可將其分成邊緣展示和核心展示兩類

邊緣展示是指顧客在購買過程中能夠實際擁有的展示。這類展示很少或根本沒有什麼價值，比如：電影院的入場券，它只是一種使觀眾接受服務的憑證；在賓館的客房裡通常有很多包括旅遊指南、住宿須知、服務指南以及筆、紙之類的邊緣展示。這些代表服務的物品的設計，都是以顧客心中的需要為出發點，它們無疑是企業核心服務強有力的補充。

核心展示與邊緣展示不同，在購買和享用服務的過程中不能為顧客所擁有，但核心展示卻比邊緣展示更重要。因為在大多數情況下，只有這些核心展示符合顧客需求時，顧客才會做出購買決定。例如，賓館的級別、銀行的形象、出租汽車的牌子等，都是顧客在購買這些服務時首先要考慮的核心展示。因此，我們可以說，邊緣展示與核心展示加上其他現成服務形象的要素（如提供服務的人），都會影響顧客對服務的看法與觀點。當一位顧客判斷某種服務的優劣時，尤其在使用或購買它之前，其主要的依據就是服務的一些實際性線索、實際性的呈現所表達出的東西。

(二) 根據有形展示的構成要素分為實體環境展示、信息溝通展示和價格展示

1. 實體環境展示

實體環境展示包括建築、裝潢、設備、場所設計、背景條件。其中，場所設計主要根據目標顧客的良好心理感受（美化因素）以及給顧客帶來便利性（功能因素）的服務流程的需要設計的空間佈局、設備擺放等；背景條件也稱周圍環境，如綠化、氣溫、氣味、音樂、氣氛等。

服務企業的實體環境是由背景因素、設計因素和社交因素決定的。

背景因素。這是指消費者不大會立即意識到的環境因素，例如氣溫、溫度、通風、氣味、聲音、整潔等因素。如果服務環境中缺乏消費者需要的某種背景因素，或某種背景因素使消費者覺得不舒服，他們就會意識到服務環境中的問題。消費者通常假定服務場所的背景環境應該完美無缺。因此，一般說來，良好的背景環境並不能促使消費者購買；然而，較差的背景環境卻會使消費者退卻。例如，餐廳理應保持清潔衛生，如果環境污濁，會使顧客大為反感，轉而光顧另一家餐廳。

設計因素。這是指刺激消費者視覺的環境因素。與背景因素相比，設計因素對消費者感覺的影響更明顯。設計精美的服務環境更能促使消費者購買。設計因素又可分為藝術設計（例如建築物式樣、風格、顏色、規模、材料、格局等）因素和功能設計（佈局、舒適程度等）因素兩類。服務設施內外設計狀況都可能會對消費者的感覺產生重大影響。星巴克咖啡的外部店面設計會根據周圍環境而有所不同，有歐式風格、現代風格、古典中式風格等。

社交因素。這是指服務環境中的顧客和服務人員。服務環境中的顧客和服務人員

的人數、外表和行為都會影響消費者的購買決策。服務人員代表服務企業。服務人員的儀態儀表是服務企業極為重要的實體環境。服務人員衣著整潔、訓練有素、令人愉快，消費者才會相信他們能夠提供優質服務。例如，不同國家航空服務人員的形象。空姐可以成為一個國家、一個城市的代言，在她們身上可以找到那個國家的特徵和風情。

　　基於實體環境的服務行銷有形展示是企業實施有形展示的重要手段之一。隨著消費觀念的轉變，顧客對服務企業的背景因素、設計因素及社交因素越來越關注。顧客在服務環境中對企業所展示的氣溫是否舒適、通風是否流暢、聲音是否優雅、布置是否整潔等都會影響到顧客感覺的舒適度，進而影響消費。精美的設計環境因素，如建築物的風格、式樣、顏色、佈局等，更能吸引顧客的眼球。此外，實體環境下服務人員的數量、儀容儀表、談吐舉止等是服務企業極其重要的實體環境組成部分，其會直接影響到顧客最終的購買決策。訓練有素、舉止得體的服務人員會給顧客帶來愉悅的購物心情，使顧客堅信企業提供的服務是優質的。比如，初次光顧某家餐飲企業的顧客，在其進入餐廳大門前，餐館的外表裝潢、門口樹立的金字招牌等已經召喚出了顧客在此消費的念頭，良好的第一印象使顧客徑直走進大廳；此時餐館高檔的內部裝修、優雅的消費環境以及彬彬有禮的服務人員更加堅定了顧客在此消費的決心。這就是基於實體環境下服務行銷有形展示的魅力。

　　2. 信息溝通展示

　　信息溝通是另一種服務展示形式，這些溝通信息來自企業本身以及其他引人注意的地方。從贊揚性的評論到廣告，從顧客口頭傳播到企業標示，這些不同形式的信息溝通都傳遞了有關服務的線索，使服務和信息更具有有形性。有效的信息溝通有助於強化企業的市場行銷戰略。

　　服務有形化。讓服務更加實實在在而不那麼抽象的方法之一，就是在信息交流過程中強調和服務相聯繫的有形物，這樣就可把與服務相聯繫的有形物推到信息溝通策略的前沿。麥當勞公司針對兒童的「快樂餐」計劃十分成功，正是運用了創造有形物這一技巧。麥當勞把漢堡包和法國炸製品放進一種特別設計的盒子裡，裡面有游戲、迷宮等圖案，也有麥當勞的圖像，這樣麥當勞就把目標顧客的娛樂和飲食聯繫到了一起。這個例子證明使用有形因素能使服務更容易被感受，因而更真實。

　　信息有形化。信息有形化的一種方法就是鼓勵對企業有利的口頭傳播。如果顧客經常選錯服務提供者，那麼他特別容易接受其他顧客提供的可靠的口頭信息，並據此做出購買決定。信息有形化的另一種方法是在廣告中創造性地應用容易被感知的展示。

　　信息溝通作為服務行銷展示的另一種方式，其信息來源主要來自服務企業自身及與企業有關的能引起顧客注意並能給顧客留下印象的地方。從企業的廣告宣傳到媒體的正面報導，從企業的標示到顧客間的贊揚傳播，種種不同形式的信息溝通都在傳播企業相關的服務線索，使企業的服務更具有形性，企業只有通過有效的信息溝通才能準確地推動其市場行銷戰略工作的順利開展。服務行銷的有形展示著重強調企業在進行信息溝通時將服務與相關聯的有形物聯繫起來，以實現服務的有形化。

3. 價格展示

價格可以為消費者提供產品質量和服務質量的信息，增強或降低消費者對產品或服務質量的信任感，提高或降低消費者對產品或服務質量的期望。消費者往往會根據服務的價格，判斷服務檔次和服務質量。因此，對服務企業來說，制定合理的價格尤其重要。價格過低，會使消費者懷疑服務企業的專業知識和技能，降低消費者感覺中的服務價值。當一個企業服務或產品的聲譽較差時，往往會以低價作為這些缺陷的補償，但顧客仍可能產生所付價格高於所獲價值的感覺。價格過高，也會使消費者懷疑服務的價值，認為企業有意敲詐顧客。因此，服務企業的定價非常重要。正確的定價不僅能獲得穩定的收益，而且還能傳遞適當的信息，並直接影響企業在消費者心目中的形象。

產品或服務質量的優劣有時可以通過企業預報價格的高低來體現，服務價格是企業向顧客傳遞服務質量信息的重要手段。通常情況下，服務產品的高價格定位給顧客傳遞的是高質量服務的信號，會增強顧客對企業服務質量的信任感；反之，低價格定位會降低顧客對企業服務質量的信任感。所以，企業在制定服務價格時，應考慮周全，高價格低質量的服務會引起顧客的抱怨，低價格的服務定位也可能會降低顧客對企業的好感。因此，企業應切實制定合理的價格，這將有利於服務企業的長遠發展。例如星級酒店，四星級酒店和五星級酒店因其提供的服務標準不同，向顧客的服務報價也是不一樣的。正因為五星級酒店比四星級酒店在硬件設施的提供、安全的保障措施、服務人員的素質及周圍環境的佈局等都更有優勢，所以其高價格的服務定位還是贏得了不少顧客的光顧，因為高價格的背後蘊涵着高質量的服務。

(三) 根據有形展示的不同渠道分為內部有形展示和外部有形展示

內部有形展示是指在服務企業內部展現的、向顧客提供服務線索、傳遞服務質量的實體，主要有物的因素、人的因素以及氣氛因素。其中，物的因素佔較大比重，包括環境因素、設備、價格等。人的因素主要是員工的外部、語言、行為方式和精神面貌等。外部有形展示是服務企業通過一定的媒體渠道或企業長期努力所形成的聲望等向目標顧客傳遞服務質量及特性。內部和外部有形展示是一個完整的整體，共同作用才能使有形展示充分發揮作用。

第二節　有形展示的設計與管理

服務企業戰略性的統籌組成服務的各個有形元素，通過行銷創新發掘無形服務可以依託的有形載體，統一各種內在外在的有形線索，使之步調一致地突出服務特色、企業形象，可以使抽象的服務在顧客面前變得活靈活現，使顧客在接受服務前欣然感受到服務帶來的利益和「務」超所值的購買衝動。這便是服務有形展示設計和管理的目標所在。無疑，成功地設計有形展示，有計劃有步驟地對服務有形展示施加管理，使之更好地為行銷戰略的實施服務，是企業行銷管理人員的重要任務之一。服務企業

之所以要對服務的有形展示進行設計和管理，最終還是源於服務的無形性以及不可感知性。「不可感知」進一步地又體現在兩個方面：第一是服務本身的無形使得顧客對服務的感知只能通過與之相關的有形可感的事物加以推斷，於是不同的消費者可能從不同的事物上獲得不同的感受，而即使從相同的事物上也可能獲得不同的感受；第二是抽象服務信息的難以界定，使得一些基本的服務信息很難被人從心理上進行把握，同樣，從不同甚至相同的有形事物展示中，不同的顧客可能獲得完全不同的服務信息。因此，從服務行銷戰略出發，規劃有利於服務行銷的顧客感受和服務信息，將它們附著在最有力的有形載體上，並排除各種干擾性的有形展示，這便是有形展示設計和管理的核心職能。

一、有形展示運用中容易產生的誤區

越來越多的企業重視服務行銷及在服務行銷中的有形展示，對其下了不少的功夫和大量的投入，但收效卻不那麼明顯，其主要的原因是這些企業在認識上存在誤區。

（1）只注重建築物藝術風格和建築物內部裝飾布置。不少企業特別是服務企業非常重視建築物藝術風格和建築物內部裝飾布置，給予消費者某種特殊的美感，吸引消費者來本企業消費。但是，建築物外表和內部裝飾只能向消費者傳遞初步信息，企業更應重視服務環境、服務體系、員工的儀表和服務態度。

（2）注重生產經營導向，以服務場所、服務設施、服務人員的儀表儀態及其與顧客的直接接觸程度等來提高服務的有形程度。這樣雖具有一定成效，但只表現在提高現有顧客的滿意度，很難吸引潛在顧客轉換品牌，而且對建立顧客之間比較一致的期望、決策分析和評估模型幫助不大。

（3）內、外部行銷不一致。若對外行銷人員僅從眼前推銷業績出發，以超越企業實際服務能力的過高承諾迎合顧客，將誤導顧客產生過高的服務期望水準，最終引發顧客的抱怨與不滿。企業通過內部行銷的設計去滿足員工的真正需求，再通過員工發自內心的真誠服務去最終感染顧客，才會使顧客獲得服務的滿意感。

（4）服務就只靠嚴格管理、規範操作來獲得顧客的普遍滿意。基於客人有不同的服務需求，以及在不同時間地點同一客人的服務需求側重點不同等兩方面原因，服務與顧客需求之間的關係並不是靜止的。因此，現代服務僅僅依靠嚴格管理、規範操作並不能獲得顧客的普遍滿意；唯有規範與非規範結合的服務差異化，才能打動顧客的心。

二、有形展示技巧

在研究有形展示技巧的過程中，服務環境的設計往往是企業努力的重點，也是企業文化的直接體現。

（1）巧妙運用語言文字、影音圖像、實景和操作示範等方式展示服務內容和品質。服務的環境與氣氛通常在顧客的最低期望之內並被顧客默認為構成服務產品內涵的必要組成部分，其存在不會使顧客感到特殊的興奮與驚喜，但若缺少則會挫傷顧客對服務的興趣和消費信心。企業應利用組成服務的有形元素，使無形無質的服務變為相對

的有形和具體化，讓顧客在購買服務前，能獲得較為客觀、具體的印象，判別服務的特徵及享受服務後所獲得的利益，有效地降低知覺風險，建立明確的期望、決策分析和評估模式，對產品和服務品質做出評估。

（2）將服務內容以較明確的數據呈現出來，提高服務的有形程度。如服務的價格和數量、服務歷史、員工人數、已服務過的顧客人數、服務所需的時間、可量化的顧客滿意度等可量化數據，這些不僅可降低顧客對服務內容的知覺風險，且有利於顧客根據服務價值和有形設備數量或其他相關數值對產品服務品質做出評價。

（3）做好服務設計，用有形實物將企業形象具體化，使服務內涵盡可能地附在實物上。服務設計通常是用於改善服務的包裝，使產品的功能更突出，增加服務的附加值，以建立可感知的賞心悅目的服務形象。在設計服務環境時，空間的大小、各種設施和用品的顏色和形狀等因素非常重要。每個人都有不同的愛好和需求，他們對同一環境條件的認識和反應也各不相同。企業要根據目標顧客的實際需要來設計服務環境。

（4）盡量在單位時間內增加向顧客傳遞的信息量。服務比產品需要更多的信息量。在購買過程中，顧客對服務的知覺風險較高，對於信息收集、組織和評估的時間較長，較為謹慎，故企業需要持續傳遞信息以保持信息的效果。有時顧客不太願意轉換服務品牌，並不等於顧客的品牌忠誠度高，而可能是知覺風險高帶來的慣性效果。因此想要吸引顧客轉換服務品牌，需要相當程度的信息引起顧客的注意，加強本企業品牌對顧客的衝擊力，幫助顧客形成轉換品牌的信心。

（5）改進服務社交要素。服務場所內一切參與及影響服務產品生產的人，包括服務人員、顧客和其他人士，他們的言行舉止都可能影響到顧客的消費期望和對服務質量的判斷。顧客可通過這些社交因素直接判斷員工的反應性，處理顧客特殊要求的誠意以及該企業的服務是否值得依賴。改進服務社交要素所需的費用較低，它只需提供基本的實物，如工作制服和相應的服務培訓，便可取得明顯的收效。

（6）從心理上進行把握，使服務易於融入企業文化。服務產品的本質通過有形展示表現出來，有形展示越容易理解，服務就越容易被顧客所接受。因此，企業使用有形物體時必須從顧客心理出發，確保這些有形實物是顧客認為很重要的，並且也是他們在此服務中所尋求的；同時有形實物所暗示的承諾，在服務被使用的時候一定要兌現，即各種服務產品的質量必須與承諾中所表明的東西相符。

三、有形展示設計和管理的原則

在行銷實踐中，服務有形展示設計和管理應遵循如下三條原則：

原則一：服務展示設計的有形載體應該是顧客感官的主要觸發點，最好是顧客在服務中所致力於尋找和發現的事物。如果管理人員將希望傳達的感受和信息凝聚在顧客毫不重視的事物上，則往往事倍功半。比如，雪白的床單、明亮的窗戶是病人感受住院治療服務質量的主要著眼點，而地板的質地、窗簾的圖案等就算設計考究、匠心獨運，病人也很少關注這些。

原則二：必須確保有形展示所暗示的服務承諾，在正式的服務過程中一定能夠兌現，即服務的實際質量必須高於有形展示給顧客的東西。當然，有些服務廣告是明顯

通過誇張手法來進行創意的，這是顯而易見的。比如，廣告語「今年二十，明年十八」強調了美容服務的效果，但沒有人會把這當成一種切實的服務承諾。但對過去服務成果（如攝影作品）、服務質量認證、消費者服務感受反饋等的有形展示，則務必遵守「展示平均質量，保留最高質量」的原則，否則高期望下的低滿意會使有形展示產生適得其反的行銷效果。

原則三：要把有形展示的管理重點放在發展和維護企業同顧客的長期關係上。具體而言，服務有形展示並不只是將使顧客對服務產生明確的認同、對服務相關信息實現系統的瞭解作為策略目標，而是要通過有形展示在顧客與服務企業內部的一條有形線索之間建立持久的聯繫。比如，顧客對某服務人員專業技術的欣賞，對服務氣氛恬靜舒適的認同，對服務設備精密準確的首肯，等等。這條有形線索的存在將是培養品牌忠誠、發展長期顧客關係的基礎，而實現越來越多的顧客與企業服務的有形載體的聯繫，便是有形展示策略乃至服務行銷的最高境界。

在以上原則的指導下，服務的有形展示策略同樣需要注重一些實踐中的技巧和方法，以提高行銷效率，降低行銷成本。

四、有形展示的內容

一般而言，服務企業的有形展示設計和管理應從以下幾個方向重點突破，再兼顧其他有形展示的範疇。

1. 實體環境展示

在現代服務體系中，可供有形展示的實體環境因素很廣泛。從建築裝潢到氛圍場景，有創意的環境設計與管理能使顧客安心地選擇服務，輕鬆地享受服務，滿意地評價服務。從各個環境因素分別討論有形展示會過於複雜，也限制了創新的空間；而把實體環境作為一個整體來設計有形展示又過於籠統，很難做到和諧統一和重點突出。所以，我們傾向於將實體環境因素分為三個層次來設計有形展示。

（1）背景因素。背景因素是最開放的環境因素，是廣泛存在於服務體系各個領域、範圍、空間的環境因素，具體涉及氣溫、濕度、通風性、氣味、聲音、色調、清潔度、有序性等環境要素。這些要素一般不會直接刺激消費者的意識和感官，但當服務環境中缺乏了消費者需要的某種環境要素（比如醫院中缺乏清潔的環境、雜物亂堆）或既存的環境要素使消費者覺得不舒服（比如噪音太大、氣溫太高），消費者就會意識到環境要素中存在的問題，並會由此開始聯想到服務的質量因素。換句話說，背景因素在消費者潛意識當中應當是「完美」的。良好的背景線索一般不會成為激勵購買的決定因素，但惡劣的背景因素可能成為阻礙購買的外在原因。所以，對於背景因素的展示更重要的是設定，即將背景設定為行業或同類服務企業的平均水準或優於平均水準。其次才是設計，即根據行業特徵、消費行為特徵以及行銷策略等，在背景設定的基礎上構建特色的服務背景。比如，商場的背景因素應設定為寬敞明亮、溫度宜人、輕鬆恬適，有歡快的背景音樂，有整潔的櫃臺和有序的商品。此外，冷色調的引入會增添商場的高貴嚴謹，暖色調的引入會突出商場的人性化和熱情服務，而鮮明的對比色背景更是能使人心情暢快，平添購買衝動。

（2）設計因素。實體環境的設計是直接刺激消費者感官的環境因素，更多地體現了設計者和行銷者的整合思路，對消費者感受的影響也更明顯、更有力，可以直接成為引發購買行為的動力。

環境設計因素又可依據設計標的的不同分為建築設計、氛圍設計和陳列設計。當然，對服務實體環境的設計並不是割裂地進行的，而是在整體行銷戰略指引下進行統一設計、全面實施。

建築設計是對服務場所的式樣、風格、裝潢、材料、格局等硬件要素進行的展示設計。設計的中心在於突出服務特色，強調企業個性。坐落在美國匹兹堡的美國鋼鐵公司銷售大樓通體由鋼鐵製成，並以鋁材裝飾，充分體現了公司產品的特點，給顧客以過目不忘的印象，同時又展示了公司雄厚的實力和先進的技術，令客戶信賴。

氛圍設計是通過對服務場所內部的創造性裝飾，營造一種新鮮、獨特的服務氛圍，以迎合企業經營策略，展示服務特色。比利時的布魯塞爾市中心有一家赫赫有名的「棺材酒吧」，店內擺放著一條條棺材形的吧臺，臺面上是大小各異的骷髏酒杯，杯裡盛著由老板獨家調製的精美雞尾酒「午夜之眼」「吸血鬼之吻」等。整個酒店充滿了恐怖和死亡的氛圍，但穿梭於生死之間的顧客卻絡繹不絕。當然這種光怪陸離的氛圍設計並不值得推廣，但它至少能給我們一些必要的啟示。近年來活躍於快餐業的「北海魚村」，通過簡樸的外形、地道的口味，配合鬥笠、蓑衣，為繁華的都市吹來縷縷清新的海風。

陳列設計是指對陳列在服務場所內的服務設施、裝飾物件、行走路線等進行的戰略性設計。它通過嚴謹的佈局和獨特的擺設突出企業的服務宗旨和特色，並可以展示服務產品的質量和企業管理水準。天津亨得利鐘表店在佈局陳列中全力突出一個「準」字，沿顧客行走線路的櫃臺、櫥窗中陳列了樣式各異的數千種鐘表，並全部處於計時狀態。無論走到哪裡，表針整齊劃一的指向都會讓你產生讓自己腕上的表融入其中的衝動。尤其到了整點，佈局在各處的有聲鐘表同時發出悅耳的音響，組成和諧的和聲。這種陳列設計毫無疑問將使企業服務的特色和產品的質量深深地到達顧客心中。

（3）社交因素。服務實體環境的社交因素指的是服務過程中顧客和服務人員組成的環境因素。在服務進程中顧客的人數和有序性，服務人員的數量、形象、服務技術以及服務人員與顧客的交互行為都會成為影響旁觀潛在顧客消費決策的重要因素。這其中顧客人數是很難通過設計來決定的社交環境因素，顧客的有序性更多地決定於企業的管理水準和規章制度建設；服務人員與顧客的交互行為則是以服務人員為中心來控制和設計的。所以服務環境的社交因素設計，主要是對服務人員以何種形象、形式和時空安排展現在顧客面前加以設計和規劃。

對服務員工的展示設計，要從四個層次上層層展開。首先是員工的視覺形象展示設計。整潔配套的制服、落落大方的儀表、訓練有素的舉止都會說服消費者相信他們能提供優質的服務。其次是員工的服務熱情展示設計。通過服務員工熱情的微笑、耐心的講解和熱心的幫助，顧客能從中體會到服務人員和服務企業為顧客傾註的愛心。而這種感情的付出將以顧客的忠誠為回報。再次是服務規範的展示設計。體現在員工服務中、體現在服務口號中以及體現在服務承諾中的服務規範能在瞬間的交互作用過

程中表現出服務企業對服務的精心設計，對顧客的全面服務以及對承諾的盡心盡責。最後是對服務過程和服務技術的展示設計。麥當勞的透明式廚房向顧客展示著漢堡包的完整加工過程，顧客實實在在地體會到了服務的存在。全聚德的現場劈鴨片更是用鋒利雪亮的刀具、眼花繚亂的刀法贏得了顧客的贊嘆與信賴。另外，培養和利用服務明星、服務專家進行促銷宣傳，也是服務企業社交因素展示的常用策略。

2. 品牌徽記展示

品牌徽記是一個廣義的概念，包括狹義的品牌、企業吉祥物、徽標、服務質保憑證等。品牌徽記不同於服務名稱，服務名稱只能使人們將不同服務區別開來；品牌則附有服務的個性和消費者的認同感，並象徵著服務生產者的信譽，傳達著相關的價格、檔次、質量等銷售信息。品牌徽記展示可利用視覺優勢原理擴大服務的曝光度和影響力，更生動地體現企業文化和精神，實現從企業理念識別到視覺識別的 CI 設計目標。

品牌徽記的展示設計要在美觀、鮮明、簡單、易記憶的基礎上，生動地傳達更多有利於服務推廣和企業形象樹立的信息。比如艾德熊快餐店那只可愛的毛毛熊，無時無刻不在傳達企業熱情好客的服務宗旨和帶給客人歡笑和滿意的服務目標。

3. 服務信息展示

服務信息是直接作用於顧客感受的信息源。從贊揚性的評論到戰略性的廣告，從服務中展現的服務信息到用多種有形載體傳遞的服務信息，各種不同的溝通方式都在構建著服務的有形線索，使服務和信息更具影響力和衝擊力。有效的服務信息展示設計將大大提高服務溝通能力和行銷效率。一般來說，服務企業多通過有形展示設計來傳達以下四大類重要的與服務有關的信息。

（1）服務特色有形展示。讓企業的服務特色能實實在在地為顧客所感受到的最佳方案，便是在服務溝通中引入並強調與服務本質特色相聯繫的有形物，並大聲告訴顧客：「這就是服務。」運用這一思路設計服務特色的有形展示，便可以把企業在服務特色方面的優勢淋漓尽致地推到服務行銷的前沿。

當麥當勞推出代表企業新的服務特色的「兒童快樂童餐」時，公司精心設計了「讓孩子開心快樂」這一服務特色的有形展示方案。當服務員向遞上裝有漢堡包、法國炸製品和飲料的特別設計的盒子時，孩子立刻會被盒面上有趣的游戲、複雜的迷宮、精美的連環畫吸引，再加上盒中附贈的小玩具和服務員不失時機的一句「這就是您的快樂套餐」，孩子的開心和快餐銷售便完美地聯繫起來，顧客真實地體會到了服務的特色。

（2）服務理念有形展示。企業的服務理念是服務員工自律的重要依據，是服務文化和服務精神的出發點。對服務理念的成功展示，不僅有助於顧客瞭解企業、瞭解服務，更能時刻提醒服務人員全面貫徹服務規範，全心全意為顧客服務。而員工的努力才是顧客之所以信賴企業、忠誠於企業服務的重要原因。服務理念的展示可以借助很多有形的載體。

（3）服務質量有形展示。服務質量是顧客評價服務的核心依據。全面深刻地展示服務質量不只是個策略問題，更是個戰略問題。圍繞著服務質量，企業傾註了巨大的管理精力——從服務設計到服務經營、從真實瞬間到預定與反饋。在將後臺的努力轉

化為前臺的效益時，服務質量的有形展示顯得更為重要。服務質量有形展示的設計同樣有眾多的著眼點。

（4）服務利益有形展示。展示服務利益遠比宣傳服務形式、內容和特徵更加事半功倍。顧客接受服務是為了獲得此服務帶給自己的超越彼服務的利益，尤其是在服務核心利益相近時，有目的地展示與服務核心利益相關的附加利益方面的優勢尤為重要。

五、實施服務行銷有形展示的注意事項

1. 善於運用實體產品和設施來進行有形展示

服務行銷有形展示的方法和途徑很多，企業服務質量不僅可以通過服務環境來展示，而且可以延伸至所有可以幫助提升企業或服務產品形象的一切實體產品或設施上。

這些實體產品和設施是顧客瞭解企業、感受企業服務質量的有力保證。企業要善於管理和運用這些實體產品和設施，只有這樣，企業才能更好地幫助顧客感受服務產品的特性及享受服務所獲得的利益，從而有利於企業更好地推進行銷策略的執行；反之，對這些實體產品和設施管理和運用不佳，將會導致顧客對企業服務產品質量的負面認知，影響顧客的判斷和期望值，進而降低企業的良好形象。

2. 有形展示須與服務質量相匹配

顧客從企業實施的服務行銷有形展示中感受服務產品的質量；企業通過有形展示的實施，將企業良好的產品形象和企業形象呈現在顧客面前，以增強顧客對企業的好感，進一步引發顧客的消費意識。企業在實施有形展示時，要讓顧客感受到這些有形展示對其而言是有幫助的，並且有形展示所暗含的服務質量及企業對顧客的承諾，在顧客享受服務的過程中要能夠兌現，誇大宣傳、過多承諾的有形展示將會引發顧客的不滿。因此，企業實施的服務行銷有形展示必須與服務質量相匹配。

3. 有形展示應該以人為本

企業實施服務行銷有形展示，必須樹立以人為本的行銷理念。企業所有的行銷計劃和策略的執行都是由企業員工完成的，服務行銷有形展示中少不了企業員工的參與，服務人員的形象代表了企業形象。因此，企業要想設法地為企業自身的員工提供良好的工作環境，定期為員工進行業務上的培訓，通過內部激勵機制去滿足員工的需要。只有這樣，員工的積極性和創造性才能得到充分發揮，這樣才能進一步使企業員工真誠地為顧客服務，使顧客獲得滿足，以提升企業的整體形象。

第三節　服務環境的設計

所謂服務環境，是指企業向顧客提供服務的場所，它不僅包括影響服務過程的各種設施，而且還包括許多無形的要素。因此，凡是和影響服務水準及溝通的任何設施都包括在內。例如，就旅館業而言，環境意味著建築物、土地和裝備，包括所有的內部裝潢、家具和供應品。因此，一些較不起眼的東西，如茶盤、一張記事紙或一只冰桶等，在傳統的設計觀念中，或許會被忽略掉，但對於服務行銷來說，這些也必須像

其他明顯物品一樣包括在內。

一、服務環境的特點

對大多數服務企業而言，環境的設計和創造並不是一項容易的工作。雖然對於在顧客住所或家庭中提供服務的服務企業，這個問題並不很重要，但它們也應該注意到器械裝備的設計、制服、車輛、工具以及可能會在顧客心目中形成對服務公司印象的類似事項。從服務環境設計的角度看，環境具有如下特點：

（1）一個人不能成為環境的主體，只可能是環境的一個參與者；

（2）環境往往是多重模式的，也就是說，環境對於各種感覺形成的影響並不是只有一種方式；

（3）邊緣信息和核心信息總是同時展現的，都同樣是環境的一部分，即使沒有被特別突出的部分，人們還是能夠感覺到；

（4）環境的延伸所透露出來的信息總是比實際過程中的信息更多，其中若干信息可能相互衝突；

（5）各種環境均包含了目的和行動以及種種不同角色；

（6）各種環境包含許多含義和許多動機性信息；

（7）各種環境隱含著種種美學的、社會性和系統性的特徵。

因此，服務業環境設計的任務關係著各個局部和整體所表達出來的整體印象，影響著顧客對服務的滿意度。

二、理想服務環境的創造

設計理想的服務環境並不是一件容易的事情，除了需要花費大量的資金外，一些不可控制的因素也會影響到環境設計。一方面，我們對現有的關於環境因素及其影響的知識的理解程度還很不夠。如空間的大小、各種設施和用品的顏色與形狀等因素的重要性如何？地毯、窗簾、燈光、溫度等因素之間存在怎樣的相互關係？諸如此類的問題具有較強的主觀性，很難找到一個標準的答案。另一方面，每個人都有不同的愛好和需求，他們對同一環境條件的認識和反應也各不相同。因此，設計滿足各種各樣類型人的服務環境，如旅館、大飯店、車站或機場等存在一定的難度。以一家餐廳為例，其環境的設計應該考慮如下幾個方面：

（1）適當的地理位置容易吸引更多的顧客。不過，適當的地點主要是指使餐廳接近於目標顧客集中的地區，並非單純地指餐廳應處於客流量較多的繁華商業區或交通便利的地方。這說明，瞭解各種地段的特點，瞭解顧客的消費需求是有效地推廣服務產品的前提。

（2）餐廳的環境衛生狀況。環境衛生是餐廳經營的基本條件。顧客選擇餐廳前首先要看的是餐廳是否清潔衛生。從外部看，它要求招牌整齊清潔，宣傳文字字跡清晰，盆景修剪整齊；從內部看，要求顧客座席、餐廳擺設和陳列臺、廚房、備餐間以及洗手間等整齊清潔。

（3）餐廳的氣氛。餐廳的氣氛是影響餐廳服務質量的重要因素，因而，無論餐廳

外部還是內部的設計與裝飾都要烘托出某種氣氛，以便突出餐廳的宗旨，強有力地吸引現有的和潛在的顧客。餐廳的設計、裝飾、佈局、照明、色調、音響等都會影響餐廳的氣氛。例如音響，餐廳中通常都要播放音樂，音量適中的音樂能使顧客心曠神怡，增加食欲；反之，音量過大則可能影響顧客的交談，使人感到厭煩。不同的餐廳也要選擇不同的音樂風格。在快餐店適合播放節奏感較強的流行音樂，而格調高雅的餐廳更適合旋律優美、速度緩慢的古典音樂等。

環境設計如此重要，但不能錯誤地認為只有環境設計尤其是室內設計才是可利用的、配合全套行銷組合的有形展示策略。很多中小企業雖然認識到有形展示的戰略性作用，卻礙於缺乏資金改善環境設計，而視有形展示為一種奢侈的投資。事實上，正如前面所指出的，有形展示除了環境與氣氛因素以及設計因素之外，還有社交因素。社交因素包括服務員工的外表、行為、態度、談吐及處理顧客要求的反應等，它們對企業服務質量乃至整個行銷過程的影響不容忽視。社交因素對顧客評估服務質量的影響，較其他兩類因素更顯著。因為根據對社交因素的觀察，顧客可以直接判斷服務員工能否誠心誠意地處理顧客的特殊要求，能否給顧客以對企業服務質量的信心以及服務員工是否值得信賴等。

本章小結

由於服務是無形的，顧客很難判斷其質量和效果，服務的現實感是通過消費者的五官能夠感受的東西來塑造的，顧客更多地根據服務設施和環境等有形物品來進行判斷，如服務場所溫馨、舒適，服務人員專業、禮貌等。要想讓消費者對一種基本無形的產品產生一種有形的評價，就應該對服務的有形部分進行充分的重視，通過對有形物品的充分利用和服務人員的表現來調動觀眾的情緒，營造出獨特的服務氛圍。因此，有形展示成了服務行銷的一個重要工具。本章具體介紹了服務有形展示的含義、類型和作用，分析了有形展示的設計和管理以及服務環境的打造。

關鍵概念

有形展示；服務環境；邊緣展示；核心展示；實體環境展示；信息溝通展示；價格展示；內部有形展示；外部有形展示

復習思考題

1. 簡述服務有形展示的定義。
2. 服務有形展示的類型如何劃分？
3. 如何進行服務有形展示的設計和管理？
4. 結合餐飲服務業談如何進行服務環境的優化和設計。

第十三章　服務失誤與補救

學習目標與要求

1. 瞭解服務失誤的含義
2. 掌握服務補救的定義和原則
3. 明確服務補救的策略和方法

［引例］美國聯邦快遞公司重視服務補救管理

　　美國聯邦快遞公司利用 Powership 自動系統跟蹤有關貨件的行程，以瞭解服務類別、送貨時間及地點。這樣服務人員可以及時瞭解到是否發生服務失誤，並在第一時間採取補救措施。同時，服務人員記錄和分析顧客的投訴以評估服務補救的效果，並以此瞭解服務失誤發生的原因並做出相應的改進措施；之後把這些信息收集整理，建立數據庫，用於改進內部工作程序，以減少下次服務失誤的發生。當顧客打電話給聯邦快遞的時候，只要報出發件人的姓名和公司的名稱，該顧客的一些基本資料和以往的交易記錄就會顯示出來，極大提高了服務補救質量。

　　在這一服務補救過程中，美國聯邦快遞公司制定了非常嚴格的服務標準。公司承諾第二天上午10：00前送達物件，這樣顧客會很清楚地瞭解其應獲得的服務水準。同時公司也非常重視員工的培訓與授權，經常組織學習等。公司有相當好的培訓制度，每時每刻聯邦快遞都有3%～5%的員工在接受培訓，在員工培訓方面的花費每年約為1.55億美元。特別是對於一線服務員工，服務和服務補救技巧是必不可少的培訓內容。同時，公司大膽授權一線服務員工解決顧客的問題。公司注重從補救經歷中學習，通過追蹤服務補救的努力和過程，服務人員能夠獲知一些在服務交付系統中需要改進的問題。

　　對於服務企業來說，服務失誤是不可避免的，如何看待、處理服務失誤，是對服務提供者是否真正具有顧客導向意識的考驗。在服務失誤發生之後，顧客會產生不同的反應，並根據企業針對服務失誤採取的措施，感知服務質量並做出決策。服務補救是企業服務質量管理的重要內容之一，與服務過程質量緊密相關，會影響顧客對功能質量的感知。有效的服務補救可以提高顧客滿意度和顧客忠誠度，是實施保留顧客策略的有力手段。

第一節　服務失誤

一、服務失誤發生的必然性

對於企業來說，服務過程完美無缺是最理想的狀態，但是，這一點卻常常無法做到。

首先，服務不是一種實體，而是一系列的行為或者過程，服務的生產和消費是同時產生的，在出售和消費之前無法進行事前的質量控制，無法保證提供給顧客的都是合格的或者是能滿足顧客期望的產品。同時，在服務過程中，顧客和服務提供者要進行一系列的接觸，在接觸過程中出現服務失誤在所難免。

其次，服務的評價比較主觀，顧客一般用經驗、信任和安全等方面的語言描述服務，方法上十分抽象。因此，即使是相同標準的服務，不同的顧客也有不同的服務質量感知。有些顧客可能會感到滿意，也有些顧客可能因為各種客觀或者主觀的原因而感到不滿意。這種評價的主觀性也是服務失誤必然存在的原因之一。

再次，服務的差異性特徵也是服務過程不可能完美的原因之一。顧客在一定程度上參與了服務的生產，因為在不同場合的社會關係不同或者其他原因，企業提供給一個顧客的服務不可能與提供給其他顧客的服務完全相同。比如，兩位顧客相繼接受ATM服務時，兩個人對屏幕顯示的指示的理解會存在差異。因此，服務差異性的特點決定了服務品質難以穩定，這在一定程度上成為導致服務失誤的隱患。

最後，還有一些客觀和主觀的原因，比如天氣系統出現故障，員工態度粗暴或者對顧客漠不關心，一些顧客的行為會給另外一些顧客造成麻煩，顧客可能不清楚如何參與到服務過程中或者在服務過程中改變所需要的服務內容，所有這些都會使服務過程不能按照企業設想的方向進行。顧客無法得到他們所期望的服務，從而造成各種各樣的失誤，比如，服務沒有如約履行，送貨延期或太慢，服務不正確或者執行質量低劣，等等。所有的這些失誤，都會使顧客在服務過程中感受到服務質量的低劣，引起顧客的消極情緒和反應，顧客可能離開並將其經歷在口頭上傳播，告知其他顧客，為企業帶來消極的影響。

當服務失誤發生時，企業唯一的解決方法就是忽略服務失誤出現的原因，承擔服務失誤的責任，並採取措施糾正錯誤，讓顧客滿意。否則，顧客就會感到不滿並流失。當第一次服務出現失誤後，服務提供者必須小心而認真地為顧客提供良好準確的第二次服務。行銷大師菲利普·科特勒的研究表明，如果顧客的投訴得到妥善的處理，有54%~70%的顧客會再次購買企業的產品，如果投訴處理得十分迅速，這一數字可達95%。由此看出令人滿意的補救措施可以使憤怒的、不滿的顧客轉化為忠誠的顧客。有時，這種補救甚至可能比第一次就把事情做好，更能增進顧客對企業的瞭解。可見，服務失誤是服務提供者提高顧客感知服務質量的機遇。企業處理服務失誤的方式成為弱化或者強化顧客關係的基礎。如果服務失誤處理得當，有助於顧客與企業建立良好

的信任關係，也會提高顧客對企業的信賴和顧客忠誠度。

二、服務失誤發生時的顧客反應及原因

1. 服務失誤發生時的顧客反應

當服務失誤發生時，顧客會產生各種各樣的反應。在服務出現失誤時，顧客在某種程度上會產生不滿意或否定的情緒。研究表明，隨著服務失誤的出現，顧客會產生一系列的負面情緒，包括生氣、失望、不滿、自憐和焦慮等。在這些情緒下的顧客可能會產生不同的行為，他們可能採取行動，也可能保持沉默，並最終根據企業對他們行為的反應做出不同的決策，選擇退出或者繼續停留在該供應商的服務過程中。

在服務提供者出現失誤之後，如果顧客只是採取最為消極的態度——保持沉默，那麼在某種程度上他們再次與該服務提供者發生接觸的概率相對於那些採取行動的顧客來說是比較小的。即使他們再次光顧，如果企業並沒有意識到上次的失誤並再次提供讓他們不滿意的服務時，這些顧客最終的選擇必然是離開。對於公司來說，消極面對不滿意的顧客，對公司今後的成功是一種威脅。

當服務出現失誤時，顧客可能採取行動。不同的顧客可能採取不同的行為方式，對企業也會造成不同的影響。

一位對服務質量不滿的顧客，可能會選擇當場對服務提供者進行投訴並等待公司的反應，這就提供給公司一個立即反應的機會。對公司來說，這往往是最好的情況，因為公司可以有第二次機會當場滿足顧客的需要，保留住公司在這位顧客身上的長期收益，並潛在地避免了負面的口頭宣傳。即使顧客沒有當場投訴，而是選擇以間接的方式，比如在這次服務之後通過電話或者信件向供應商投訴，甚至寫信或打電話到公司的辦公室，只要顧客在遭遇公司的服務失誤之後告知企業他的不滿和要求，企業就有進行補救的機會。

在不同的情景下，有些顧客不會選擇向服務提供者抱怨。即使由於各種原因使他們感受到了低劣的服務質量，但由於情緒的控制、場合的不合適或者性格原因，他們都不會讓企業瞭解到他們的負面情緒，而是寧願向他們的朋友、親戚以及同事發泄他們的不滿，傳播關於公司的負面信息。這樣的顧客行為不僅會加強顧客的負面情緒，還將這種負面影響傳播給他人。如果公司並沒有接到投訴並感受到這種負面宣傳，公司就沒有機會對這次的失誤進行補救，公司的顧客會慢慢流失並影響到公司潛在顧客的範圍和數量。

顧客可能採取的第三種行動是向第三方抱怨，比如商業改善協會、政府的消費者事務主管部門、許可證發放部門、行業協會或是私人律師等。

另外，當企業服務發生失誤時，顧客也有可能根本不採取任何的行動，只是保持沉默。可能他們是企業的忠誠顧客，能夠理解有些失誤根本是不可避免的並對失誤給予諒解，也有可能是他們對企業徹底失望並覺得沒有必要進行任何的投訴或者抱怨。

無論顧客採取上述的哪一種行動或者根本沒有採取任何行動，即保持沉默，他們都將會做出最後的決策，決定以後是否再次選擇該服務供應商或者轉向其他的供應商。

2. 四種反應類型的顧客

(1) 消極者。這類顧客極少會採取行動。與那些進行負面宣傳的人相比，他們不大可能向服務提供者表達他們的情緒，也不會向第三方進行抱怨。他們經常懷疑抱怨是否有效，認為抱怨的結果與花費的時間不成比例；有時可能是顧客個人的價值觀或者標準決定了他們不進行抱怨。與發怒者相比，消極者不會感到與市場疏遠。

(2) 發言者。這類顧客樂於向服務提供者抱怨，不大可能傳播負面信息、更換服務供應商或者向第三方抱怨。這類顧客對服務提供者而言應該是最有益的，他們不傳播負面信息從而不會造成潛在顧客的流失；他們主動提出抱怨，這樣就給了企業補救其服務失誤的機會。這類顧客覺得向第三方投訴或者向周圍的人抱怨並不產生積極的結果，他們更傾向於認為抱怨對社會有益，所以會直接說出自己的感覺並認為向服務提供者抱怨的結果將十分積極。與消極者相似，和發怒者、積極分子相比，他們也不會感到與市場疏遠。

(3) 發怒者。這類顧客與其他類型的顧客相比，更有可能極力向朋友、親戚及同事傳播負面信息並改變供應商。他們更傾向於向供應商抱怨而不大可能向第三方抱怨。他們會用更加憤怒的方式對待供應商，雖然他們確信向供應商抱怨會帶來社會利益，但是他們不可能給服務提供者第二次機會，相反他們會轉向供應商的競爭對手，並向身邊的人傳播企業的負面信息。相對於消極者和發言者，這類顧客不會給企業服務補救的機會並更容易給企業造成負面影響，並且他們會逐漸感到與市場越來越疏遠。

(4) 積極分子。這類顧客的特點是，在各方面更加具有抱怨的習性，他們向供應商抱怨，向周圍的人抱怨，並比其他類型的顧客更有可能向第三方抱怨。抱怨符合他們的個人標準，他們對所有類型抱怨的潛在正面結果都感到非常樂觀。就像發怒者那樣，他們會比其他類型的顧客更疏遠市場。

3. 顧客產生不同反應的原因

顧客之所以會對服務失誤產生不同反應，有各種各樣客觀或主觀的原因。有些企業與顧客接觸的方式是間接的，比如通過電話購買電影票，一旦出現問題，顧客並不能當場向企業反應，只能通過事後的行動進行抱怨、投訴或者只是保持沉默。此外，由於企業本身制度的不完善，顧客有時候甚至不知道應該如何抱怨，他們不瞭解或者可能根本就沒有意識到還有對他們的抱怨能有所反應的開放渠道。

作為個體，如果顧客認為投訴總會有積極的效果並對社會有益，而且其個人的標準支持其進行積極的行為，同時認為他們應該得到與他們付出相對應的公正對待和良好服務，而且應該有人對服務失誤負責並採取補救措施，那麼他們將比其他人更可能採取積極行動。但是，如果顧客感覺抱怨只是對時間和精力的浪費，認為他們的行動根本不會得到對服務失誤帶來的不愉快的補償，或者對別人不會產生任何積極的影響，這些顧客就可能以消極的態度對待服務失誤，保持沉默。

此外，服務失誤本身的性質和與顧客的關聯程度同樣影響人們對失誤的反應。如果服務失誤不是很重要，沒有給顧客帶來極大的困擾或致命的後果，那麼顧客就不大可能抱怨。比如顧客對那些昂貴、高風險和涉及自我的服務（如度假服務、航空旅行和醫藥服務）的投訴，多於對那些廉價的頻繁購買的服務的投訴。後者顯然不是很重

要並且不會給顧客帶來難以解決的困擾，顧客會感覺不值得花時間和精力去採取較為積極的行動。儘管如此，如果這種不重要的失誤一再發生的話，當顧客再次需要這種服務時，他們極有可能轉移到競爭者那裡。

三、顧客抱怨時的期望

顧客面對服務失誤，可能採取消極的情緒對待，保持沉默；也可能採取積極的行動，向服務提供者、周圍的人或者第三方抱怨。當顧客以一種積極的態度花費時間和精力進行抱怨時，一般都抱有很高的期望。他們期望能夠得到迅速的幫助，期望在服務失誤過程中的不便和不愉快能夠得到補償，期望第二次能夠得到公平的對待和良好的服務。在顧客對服務失誤進行投訴或者抱怨時，他們最希望得到的是正義和公平。服務補救專家史蒂夫·布朗和史蒂夫·泰克斯已經總結出三種顧客在投訴後所尋求的公平的類型：結果公平、過程公平和相互對待公平。

1. 結果公平

顧客希望公平或者得到的賠償與他們遭遇服務失誤後的不滿意是相匹配的。這種賠償可以是物質的，比如實際貨幣賠償、未來免費服務的承諾、折價修理或者更換等；也可以是精神賠償，比如一次正式的道歉或者熱情的接待等。顧客認為他們應該得到這種公平的結果，是因為服務供應商應該為自己的失誤付出同等代價來補償顧客已經遭受的損失。同時，顧客希望得到的公平是種橫向的公平，就是說，他們得到的賠償應該與其他顧客經歷同類型失誤時得到的一樣。此外，如果公司給顧客一些其他的賠償選擇，比如由於酒店的失誤，顧客沒有得到預訂的房間，這時顧客可以選擇退款或者更換到更好的房間。這種給予顧客選擇權的做法更容易讓顧客感受到結果的公平。另一方面，在前文中我們提及，如果顧客感受到過高的服務質量，反而容易造成口碑不佳的後果。同樣地，如果顧客得到的賠償大大超過了他們的期望，他們也會感到不舒服。

達美樂比薩公司早先的服務承諾是，如果送貨司機比承諾的晚到 30 分鐘，公司將不收取比薩的價款。許多顧客對這種補償感到不舒服，尤其是在送貨司機僅僅晚到幾分鐘的情況下。這種情況讓顧客感覺懲罰大於過失，而很難適應。一段時間後，達美樂公司將補償變得更加合理，送貨遲到的補償改為降價 3 美元。再後來，時間保證也降低了，因為員工為及時送貨而開快車，結果引發了很多問題。

2. 過程公平

顧客除了期望得到公平的結果之外，他們期望獲得投訴或者抱怨過程的政策、規定和時限公平。他們希望服務提供者提供很容易接受投訴的渠道，以便他們簡便地進入投訴過程，擁有公平的關於解決投訴的規定和可以快速處理問題的能力。對於那些能夠對服務失誤進行快速補救、適應能力強的企業，顧客會投入更大的熱情，參與企業服務質量的進一步改進。事實上，在許多情況下，顧客實際要求的要少於公司預先估計的。

公平過程的特點包括清晰、快速和無爭吵。正如顧客所期望的公平中所舉的例子那樣，顧客期望解決問題的人員能明確責任、勇於承擔責任並且能快速解決問題。不

公平的過程，比如只是給予電話號碼卻沒有很好的電話接待服務，相互推卸責任並且處理問題拖拉，使顧客感覺到緩慢、拖延以及不方便。某些企業要求顧客必須提供證明，也會讓顧客感覺到不公平：如果他們無法提供證明，他們就是錯的或者是在撒謊，這顯然是顧客無法接受的。

3. 相互對待公平

顧客除了要求公平賠償，投訴過程應清晰、快速之外，還需要得到公平、誠實的對待。他們希望得到有禮貌、細心周到而誠實的對待。解決問題的人員態度親切、考慮周到，可以使顧客減少很多負面的情緒並參與快速解決問題的過程。如果顧客感到公司及其員工對處理問題漠不關心並且沒有採取任何解決問題的措施，他們將會表現出更加強烈的負面情緒並且感到困惑，會把失誤完全歸咎於服務供應商。

第二節　服務補救

一、服務補救的定義

服務補救概念最早由 Hart 等人於 1990 年提出。不同的學者對服務補救的概念有不同的表述。Tax 和 Brown 將服務補救定義為：服務補救是一種管理過程，它首先要發現服務失誤，分析失誤原因，然後在定量分析的基礎上，對服務失誤進行評估並採取恰當的管理措施予以解決。而有的學者則認為，服務補救是服務性企業在對顧客提供服務出現失敗和錯誤的情況下，對顧客的不滿和抱怨當即做出的補救性反應。其目的是通過這種反應，重新建立顧客滿意和顧客忠誠。

由定義看出，服務補救是一種反應，是企業在出現服務失誤時，對顧客的不滿和抱怨所做的反應。

在提供服務的過程中，即使最優秀的企業也不可避免地會出現服務的失敗和錯誤。這是因為：

一方面，服務具有差異性，即服務產品的構成成分及其質量水準經常變化，很難界定。在大多數情況下，服務過程毫無擔保和保證可言，服務產品的質量通常沒有統一的標準可以衡量，服務質量具有不可確定性。

另一方面，服務具有不可分離性，即生產者生產服務的過程就是消費者消費服務的過程，消費者有且只有加入生產服務的過程中才能最終消費到服務。由此，企業服務的失敗和錯誤是很難對消費者隱藏和掩蓋的。此外，有的服務失敗和錯誤，是由企業自身問題造成的，如由於員工的工作疏忽將一間空房同時租給兩位顧客。而有的服務失敗和錯誤，則是由不可控因素或顧客自身原因造成的，如飛機因天氣惡劣而晚點或因寄信人將地址寫錯而導致的投遞錯誤，都是不可避免的。

消費者對企業提供的服務具有較高期望值，服務的失誤會使顧客產生不滿和抱怨；雖然他們可將不滿歸咎於不同對象，如企業或他們自己，但企業必須抱有「顧客始終正確」的觀念，對顧客的不滿和抱怨應當即做出反應——服務補救。「當即」是指服務

補救具有現場性和快速性。現場性是指企業必須在服務失誤出現的現場，就地進行服務補救。快速性是指企業要盡可能快地進行服務補救，避免由服務失誤造成的不良影響擴散和升級。

服務補救也可定義為企業在第一次服務失誤後，企業為留住顧客而立即做出的帶有補救性質的第二次服務。第二次服務可以與第一次服務同質，即第二次服務是第一次服務的重複；當然也可與第一次服務異質，即第二次服務是第一次服務的延伸或轉變。如零售企業無條件地為對產品質量表示不滿的顧客所做出的換貨服務（同質服務）或退貨服務（異質服務）。

二、服務補救與顧客抱怨管理的區別

第一，服務補救具有即時性特點。這是服務補救與顧客抱怨管理一個非常重要的區別。顧客抱怨管理一般必須要等到一個服務過程結束之後，而服務補救則必須是在服務失誤出現的現場進行。如果等到一個服務過程結束，那麼，服務補救的成本會急遽的上升，補救的效果也會大打折扣。

第二，服務補救具有主動性特點。顧客抱怨管理有一個非常明顯的特點，即只有當顧客進行抱怨時，企業才會採取相應的措施，安撫顧客，使顧客滿意地離去。但據華盛頓一家名為 TRAP 的調查機構所進行的一項調查顯示：有問題的顧客中，只有 4%向公司有關部門進行抱怨或投訴，而另外 96%的顧客不會抱怨，但他們會向 9~10 人傾訴自己的不滿（壞口碑）。顧客抱怨管理「不抱怨不處理」的原則，將嚴重影響顧客感知服務質量和顧客滿意，從而影響顧客忠誠，使企業在競爭中處於不利的境地。但服務補救則不同，它要求服務提供者主動地去發現服務失誤並及時地採取措施解決失誤，這種前瞻性的管理模式，無疑更有利於提高顧客滿意和忠誠的水準。

第三，服務補救是一項全過程的、全員性質的管理工作。顧客抱怨管理是由專門部門來進行的、階段性的管理工作。一般來說，服務補救具有鮮明的現場性，服務企業授權一線員工在服務失誤發生的現場及時採取補救措施，而不是等專門的人員來處理顧客的抱怨。

三、服務補救的影響

事實上，對於任何企業而言，沒有服務補救或沒有有效的服務補救策略會給企業帶來相當大的副作用。顧客可能到處抱怨，積極尋找機會批評使其不滿的公司，傳播關於企業的負面信息。企業的無動於衷或者是態度冷淡的服務補救，很容易給顧客的負面情緒火上澆油，這種糟糕的服務再加上低劣的補救，可能導致顧客極大的不滿。

服務補救是企業服務質量管理重要內容之一，與服務過程質量緊密相關，會影響顧客對功能質量的感知。有效的服務補救可以提高顧客滿意度及顧客忠誠度。相對於那些遭遇服務失誤但問題沒有被解決的顧客，那些經歷失誤但經過公司努力補救最終感到滿意的顧客擁有更高的忠誠度，這種忠誠度繼而可以轉換成為企業的利潤。

有效的服務補救策略可以給企業帶來積極的正面影響，儘管經歷了服務失誤，但是企業的服務補救無疑讓顧客感受到更全面的服務質量，顧客與企業之間的關係進一

步牢固，這種關係一旦持久保持，顧客將對企業產生忠誠，並不斷通過口頭宣傳為企業帶來良好的聲譽和口碑，吸引更多的顧客，繼而產生效益。

有些人提出，不滿意的顧客經歷了高水準的、出色的服務補救，最終會比那些第一次就獲得滿意的顧客具有更高的滿意度，並更可能再次光顧。因此得出他們的結論：公司應注意令顧客失望，這樣就可以利用補救服務獲取更高的顧客忠誠度。這種觀點被稱為補救悖論。例如，一位酒店顧客到前臺登記房間時發現沒有他想要的房間了。作為一種補救，酒店前臺人員立刻以原價格向顧客提供更好的房間，顧客被這種補救措施所打動，對這次經歷非常滿意，甚至獲得了比以前更深的印象，成為公司的忠誠顧客。

四、服務補救的原則

服務補救是建立在顧客導向基礎上的問題處理方式。企業必須建立一個有效的服務補救系統來發現並解決服務失誤。同時，企業必須意識到，失敗的服務補救甚至比不採取任何補救措施還要糟糕。因此，企業應該遵循有效的服務補救所必須遵循的基本原則。

發現服務失誤或者其他質量問題是企業的職責。如果企業沒有做到這一點，顧客可能不會再光顧企業或者進行公開的抱怨。

方便的意見處理程序和方式。意見的處理程序和方式應該盡可能便於顧客表達意見，顧客應該對進行抱怨的渠道非常熟悉，並可以很方便地向企業表達他們在服務過程中的不滿意，企業必須勇於承擔責任，消除推諉或扯皮現象。只有在十分必要的時候，服務提供者才可以使用書面的抱怨處理方式，比如，牽涉到法律問題或者涉及的金額十分巨大。企業採取措施對服務失誤進行補救並應時刻讓顧客瞭解進展情況，特別是當不能立刻解決問題的時候，更應該坦誠地告訴顧客。

在顧客提出抱怨之時，主動解決服務失誤問題，問題的解決必須迅速而且有效。出現失誤絕對不能拖延，要立即對顧客做出賠償。對一個能夠為企業帶來大量利潤的顧客做出全面的賠償，從經濟角度來講是合算的，它可以防止由此給企業帶來的利潤損失，也可以避免顧客對企業有較差的口碑。一個不滿意的顧客會向他人傾訴其糟糕的服務經歷。服務補救越緩慢，負面口碑傳播的範圍就越廣。

關注服務失誤對顧客的精神所造成的傷害。服務失誤造成的兩種影響——實際問題和精神問題，企業都應該加以解決，其中要特別關注顧客受到的精神傷害。顧客在遇到服務失誤時，通常會產生焦慮和挫敗感等一些負面情緒。企業應該在解決好服務失誤的同時，注意消除顧客的負面情緒。

道歉是必要的。除了口頭的道歉之外，還必須對顧客的損失做出合理的賠償。

建立有效的服務補救系統。在這個系統中，員工需要接受有關發現服務失誤以及安撫受挫顧客方面的培訓；同時，企業授權一線員工解決服務失誤。那些得到授權的與顧客接觸的員工和具有顧客意識的管理者的作用都舉足輕重。此外，企業必須創造性地運用服務補救系統，從組織、員工等各個方面查找出現服務失誤及其他錯誤的原因，並做出相應的修正，避免同類事情的再度發生。

建立顧客抱怨管理部。服務抱怨處理的管理人員不一定能有效地完成服務補救的工作，企業有必要任命一個專門負責服務補救的經理來支持服務補救系統的高效運行。

五、服務補救策略

許多公司已經意識到對不滿意顧客提供有效的服務補救的重要性，優秀的服務補救是各種各樣的策略一起發揮作用的綜合體。這是一個循環的過程，從盡量避免服務失誤開始，直到從失去的顧客身上學習，表示完成了服務策略的一次循環，之後又回到起點。企業應該盡量避免服務失誤，爭取第一次就把事情做對。

1. 盡量避免服務失誤，爭取第一次就做對

質量是每個行業都關注的問題，可靠性，或者說第一次把事情做對，是所有行業評價服務質量的最重要的量度。傳統的企業經營會運用各種特別的策略來提高企業的服務質量。通常採用的有全面質量管理（TQM）、零缺陷活動。特別是在製造業中，這種管理模式曾經取得了巨大的成功。然而，服務業有很多與製造業截然不同的特點，服務失誤具有不可避免性。儘管如此，企業仍然應該通過各種手段盡量減少服務失誤，爭取第一次就把事情做對。著名的服務運作專家迪克·切斯（Dick Chase）建議服務企業採取防故障程序的 TQM 概念來提高服務的可靠性。防故障程序是一種質量控制手段，運用於組裝生產線，通過現場自動報警和控制來確保不發生失誤。切斯建議把這種方法用於服務行業，對服務進行「錯誤防護」，也用來確保遵循必需的程序及按恰當的順序和適時的方式進行服務。

除此之外，企業甚至可在其內部形成一種零缺陷文化來保證第一次就把事情做對。儘管服務中難免會出現失誤，但是零缺陷文化可以讓每個人理解服務質量的重要性，每時每刻都關注著如何讓顧客滿意，並積極尋找改善服務的方法。在這種文化理念下，員工可以充分理解和領會「顧客的生命價值」的概念，於是他們受到激勵，積極為每位顧客提供優質服務。

2. 歡迎並鼓勵顧客抱怨

服務補救策略的另外一個關鍵組成部分就是歡迎並鼓勵顧客抱怨。在任何一個企業中，無論怎樣追求第一次把事情做對，仍然難免出現失誤。有時員工很難察覺到失誤已經發生，而顧客無疑會第一個發現服務失誤。所以，抱怨是應該被預期、被鼓勵和被追蹤的。企業應該把抱怨的顧客看成真正的朋友，把鼓勵、幫助和追蹤顧客作為高效服務補救過程的重要組成部分。

企業可以通過多種方法來鼓勵和追蹤顧客抱怨。企業必須擁有使顧客很容易進行抱怨的程序，任何顧客在其遇到服務失誤之後都不會願意再去面對一個複雜的、難以進行的投訴過程。企業可以通過各種技術，比如免費呼叫中心、800 免費電話、電子郵件甚至電腦軟件，來幫助顧客和追蹤抱怨。在某些情況下，使用新技術可以在問題和抱怨發生之前實現預測，甚至使服務員工在顧客發現問題之前就對問題進行診斷。比如在 IBM，其信息系統可以預顧客的設備問題並發送電子警報信號給其區域技術部門，包括問題的性質和哪些部件及零件需要修理——而顧客此時還不知道需要這種修理。

鼓勵和追蹤抱怨的其他方法還包括滿意調查、重大事件研究、丟失顧客研究以

及特別設計顧客研究項目。此外，還有一種不太正式的方式，即利用一線員工發現顧客不滿意和服務失誤的根源並鼓勵他們報告這些信息。

3. 快速行動

企業必須對顧客的期望有清楚的瞭解，顧客在進行抱怨的同時，也期望企業能夠快速行動來解決問題。而企業既然歡迎並鼓勵顧客抱怨，那麼它就必須準備快速採取行動解決問題。這就要求企業擁有適合快速行動的系統和程序，並授權員工補救服務失誤。

首先，企業應該在第一時間關心問題的解決。無論顧客是通過什麼途徑進行抱怨，他們都期望在進行抱怨時，傾聽其抱怨的人可以給他們一個明確的解決問題的答覆。在麗茲酒店，員工一聽到顧客的抱怨，不管他們處在什麼工作崗位，都得對產生抱怨的顧客服務到底，並且必須在他們返回工作崗位時，確認這項抱怨已經得到恰當的處理。此外，可以通過回覆電話給顧客的方式加快抱怨處理。這種方式更有利於與顧客溝通，節省企業做出反應的時間，同時電話費用可以通過減少書面工作費用和時間來抵消。

其次，企業應該對員工進行培訓並授權給員工，保證在服務出現失誤時問題當場就得到解決。企業對員工進行授權可以讓員工即時解決服務失誤出現的問題，這不僅可以提高顧客的滿意度，同時可以減少企業的服務補救費用。

4. 公平對待顧客

企業在快速解決服務失誤出現的問題時，還應瞭解顧客要求得到公平對待的期望。如前所述，顧客期望得到公平的結果，期望他們進行投訴或者抱怨時獲得政策、規定和時限的公平，期望相互間的對待公平並且誠實。這些公平同樣是顧客感知企業服務質量的重要因素。

5. 從補救經歷中學習

在顧客得到服務補救之後，企業還不算完成它的服務補救過程。問題解決不僅僅包括補救服務失誤及加強與顧客的聯繫，同時，它們也是企業進行下一次服務的重要的、有價值的信息來源。企業通過追蹤服務補救的努力和過程，可以發現服務交付系統中需要改進的系統問題，通過分析根本原因可以識別問題的來源，對過程進行改進，進一步提高企業服務的可靠性，提高顧客對服務質量的感知。麗茲酒店所有「快速行動表」記錄的信息都會被輸入顧客數據庫，用以分析是否存在模式或者系統性的服務問題需要改進。如果需要，企業將開發解決方案。另外，信息還會被輸入顧客的個人數據檔案中，以便當顧客再次入住任何一個地方的麗茲酒店時，員工能準確地掌握顧客的資料及在酒店的經歷，確保在這位特定的顧客身上不再發生類似的情況。

6. 從失去的顧客身上學習

從已經失去的顧客身上學習是有效的服務補救策略的另外一個重要組成部分。企業應該對失去的顧客進行深入的調查，確認其離去的真正原因，正確審視自己的服務失誤，避免同樣的失誤再次發生，以免損失更多的顧客。

企業可以通過正式的市場調查確認這些原因。最有效的做法是由訓練有素和真正瞭解業務的人員進行深度訪談，最合適的人選可能是企業高層人員。企業的研究不能

針對離去的每一個顧客，重點應該集中在那些已經離開的、重要的或者是有利可圖的顧客身上，特別是大宗顧客或者一旦離開會給企業帶來巨大影響的企業顧客。

對於不同行業的不同公司而言，儘管顧客離去的原因各不相同，但是通過研究還是可以總結出顧客離去的一些共同原因：定價、不方便、核心服務失誤、服務接觸失敗、對服務失誤的反應、競爭、道德問題以及不自覺轉換。

7. 完成循環回到起點，把事情做對

企業完成了補救策略的一次循環之後，又回到了起點，盡量避免服務失誤並第一次就把事情做對。通過集成所有的戰略，企業對服務補救的需要將越來越少。即使需要服務補救，企業也早有準備，這樣會給顧客留下深刻印象並可保住業務。

六、建立有效的服務補救系統

企業應該意識到，失敗的服務補救比不採取任何補救措施還要糟糕。企業可以根據以下原則建立有效的服務補救系統。

1. 明確服務失誤的成本

明確服務失誤付出的費用，有助於提高企業的質量意識。出現服務失誤後，即使對某些顧客進行過度補償，對企業來說也是有利可圖的。

2. 徵求顧客意見

絕大多數顧客不會把他們不滿意的情緒直接向企業傾訴，他們更容易投入企業競爭對手的懷抱，並傳播負面口碑。所以，當服務出現失誤後，一定要主動向顧客徵求意見，以獲得服務失誤和顧客不滿意的原因等信息。但是，員工總是在顧客發現服務失誤之後才會意識到服務失誤已經產生，因此企業應該歡迎並鼓勵顧客抱怨，企業通過記錄這種抱怨獲取關於服務失誤的第一手資料，並通過對這些資料的分析尋找解決問題的答案。

3. 發現服務補救需要

服務失誤和服務錯誤在任何時候、任何地方都有可能發生。但是，通過對服務過程、人力資源、服務系統和顧客需要的詳盡分析，我們可以尋找服務失誤的高發區，並採取措施加以預防，防患於未然，使服務補救取得更好的效果。

4. 迅速處理服務失誤

一個不滿意的顧客可能會向身邊許多人傾訴他們糟糕的服務體驗，補救越緩慢，關於企業的負面信息傳播得就越快。同時，迅速的服務補救對於挽回服務失誤所造成的負面的質量感知比緩慢的服務補救有效得多。

5. 員工培訓並授權

員工培訓可以讓員工及時解決服務失誤出現的問題，提高顧客感知的服務質量，減少企業的服務補救費用。同時，員工根據管理層的決策來決定對顧客如何進行補償以及補償多少，這顯然不利於服務補救效率的提高。因此，必須對員工進行授權。企業的服務補救系統中，員工培訓以及授權是很重要的一環。如果不這麼做，員工對服務補救的看法可能就是因人而異的，難以形成統一的認識。

6. 使顧客處於知情狀態

顧客希望看到企業承認服務失誤並採取措施解決這一問題，讓顧客瞭解企業正在努力進行補救以及服務補救的進展狀況。當問題得到解決後，將解決的結果告知顧客，並告訴顧客，企業這次從服務失誤中所得到的教訓以及今後將如何避免此類事情的發生，使顧客感到自己對事態的發展有一定的控制力，從而提高顧客的感知服務質量。

7. 從錯誤中吸取教訓

企業必須創造性地運用服務補救系統，從組織、員工等各個方面查找服務失誤、質量問題及產生其他錯誤的原因，並對服務流程做出相應的修正，避免同樣的失誤再次發生。

總之，一個有效的服務補救系統包括三個組成部分：隨時監控服務系統並及時發現服務失誤，及時有效地解決服務失誤，以及對服務補救做出經驗總結。

服務失誤之後，顧客會對企業的服務補救表現出一定的期望。澤姆克在1992年總結了顧客在服務出現失誤後的期望。針對顧客期望，企業需要進行服務補救的五個步驟，每個步驟都建立在上一個步驟的基礎之上。

（1）道歉，企業必須承認服務失誤。道歉是必要的，但在很多情況下僅僅道歉是遠遠不夠的，還必須對顧客的損失做出恰當的賠償。

（2）緊急修復，即採取快速行動，糾正錯誤。

（3）移情，就是對顧客表示真誠的理解和同情。員工要站在顧客的角度，理解由於未滿足顧客需求而對顧客造成的影響。顧客在遇到服務失誤後，通常會產生焦慮和挫折感，企業應當對顧客精神上的傷害予以特別的關注。需要指出的是，虛偽的移情會使顧客更加憤怒。

（4）象徵性贖罪，即以一種有形化的方式來對顧客進行補償，如航空公司向抱怨的顧客提供一張未來的機票。該步驟是向顧客表明，企業願意為其服務失誤承擔一定的損失。企業首先應該確定顧客的接受底線，提供價值合適的補償。如果贖罪的補償過小的話，它的象徵性價值就無從體現了。

（5）跟蹤，企業通過跟蹤測量顧客不滿的緩解程度，瞭解上述幾個步驟的有效程度。在有些情況下，顧客只是對企業服務的某些方面感到失望，企業只需要承擔對於結果較為嚴重的服務，即可實現有效的服務補救。

七、服務補救方式的選擇

服務補救被拖延的時間越長，越需高水準的修復。除了對錯誤及時修正之外，快速的反應和合理的賠償也被認為是服務補救最關鍵的因素之一。不同的服務補救時機和方式對顧客感知服務質量有不同的影響。

1. 管理角度的服務補救

這種方式的服務補救並不是在服務失誤發生後立即加以解決，而是等服務流程結束之後，由顧客服務部等專門處理顧客抱怨的部門來加以解決。服務補救被作為一個單獨的服務片段，列在了主服務片段之後。這種方式的服務補救與傳統的顧客抱怨處理是基本相同的，是對服務失誤的被動解決方式。更重要的是，服務失誤所造成的顧

客情緒問題被忽略了，這將直接影響顧客感知服務質量。同時，即使顧客最終得到了完全合理的賠償，對顧客感知質量的這種負面影響也無法輕易消除。

2. 防禦性的服務補救

在這種服務流程設計中，服務補救仍然是一個獨立的情景，但是這個片斷被納入了服務情景之中，即作為整個服務的一個組成部分。出現服務失誤後，不等整個服務流程結束，也不需要顧客到規定的部門去提出正式的意見，問題就可以得到解決。

這是一種主動的服務補救方式，它要求顧客自己來解決問題，儘管這個流程也被列入總的服務片段之中，但是正式的補救措施只能在以後實施。這種方式與前一種方式有相同的弊端——沒有充分地考慮顧客的情緒。但是在這個模式中，情緒問題對顧客感知服務質量的影響比前者要小得多，所以通過這種方式，或許可以挽回服務失誤對顧客感知服務質量的不良影響。

3. 進攻性的服務補救

這是一種超前的服務失誤的解決方式，即出現服務失誤後立即加以解決，而不是等到服務過程結束之後，即服務補救成為顧客服務主過程中一個不可分割的組成部分。按照這種補救方式，顧客的情緒問題可以得到較好的解決。顧客會為服務提供者的補救行為感到驚喜，顧客感知服務質量很可能比沒有遭遇到服務失誤時還要高。

本章小結

本章主要介紹了服務補救的相關問題。首先，分析了服務失誤以及顧客對服務失誤的反應；其次，介紹了服務補救的定義，對服務補救與顧客抱怨的關係進行了分析，明確了服務補救的影響、原則和服務補救策略，分析了建立有效的服務補救系統的重要性。通過本章的學習，有利於明確服務企業進行服務補救的必要性，以及開展服務補救工作的方法，從而提升服務企業的顧客滿意度和忠誠度。

關鍵概念

服務失誤；服務補救；服務補救系統；顧客抱怨；服務補救系統

復習思考題

1. 服務失誤的含義是什麼？
2. 服務補救的定義是什麼？
3. 如何進行有效的服務補救？

國家圖書館出版品預行編目（CIP）資料

服務行銷學 / 沈鵬熠 主編. -- 第一版.
-- 臺北市：崧博出版：崧燁文化發行, 2019.05
　　面；　公分
POD版

ISBN 978-957-735-802-8(平裝)

1.服務業管理 2.行銷管理 3.顧客關係管理

489.1　　　　　　　　　　　　　　108005645

書　　名：服務行銷學
作　　者：沈鵬熠 主編
發 行 人：黃振庭
出 版 者：崧博出版事業有限公司
發 行 者：崧燁文化事業有限公司
E - m a i l：sonbookservice@gmail.com
粉 絲 頁：　　　　　網　址：
地　　址：台北市中正區重慶南路一段六十一號八樓 815 室
8F.-815, No.61, Sec. 1, Chongqing S. Rd., Zhongzheng
Dist., Taipei City 100, Taiwan (R.O.C.)
電　　話：(02)2370-3310 傳　真：(02) 2370-3210
總 經 銷：紅螞蟻圖書有限公司
地　　址：台北市內湖區舊宗路二段 121 巷 19 號
電　　話:02-2795-3656 傳真:02-2795-4100　　網址：
印　　刷：京峯彩色印刷有限公司（京峰數位）

　本書版權為西南財經大學所有授權崧博出版事業股份有限公司獨家發行電子
書及繁體書繁體字版。若有其他相關權利及授權需求請與本公司聯繫。

定　　價：380 元
發行日期：2019 年 05 月第一版
◎ 本書以 POD 印製發行